深度学习

模型、算法优化与实战

张洪朋◎编著

中国铁道出版社有限公司
CHINA RAILWAY PUBLISHING HOUSE CO., LTD.

北 京

内 容 简 介

本书循序渐进地讲解了开发深度学习程序的核心知识,并通过具体实例演练了 TensorFlow、Keras 和 Scikit-learn 在深度学习方面的开发方法和流程。书中首先介绍了深度学习开发基础,然后结合实例介绍了加载数据集、监督学习、无监督学习、模型选择和评估、核心算法、前馈神经网络、卷积神经网络的具体应用,最后讲解了 NBA 季后赛预测分析系统开发、AI 考勤管理系统开发、AI 智能问答系统开发、AI 声音识别系统开发、鲜花识别系统开发、情感文本识别系统开发、实时电影推荐系统开发等内容。

本书适合已经掌握了 Python 语言基础语法想进一步学习机器学习和深度学习技术的读者阅读,也可以作为大专院校和培训学校相关专业教材。

图书在版编目(CIP)数据

深度学习:模型、算法优化与实战/张洪朋编著 . —北京:
中国铁道出版社有限公司,2024. 2
ISBN 978-7-113-30648-9

Ⅰ . ①深… Ⅱ . ①张… Ⅲ . ①机器学习-教材 Ⅳ . ①TP181

中国国家版本馆 CIP 数据核字(2023)第 202698 号

书　　名:**深度学习——模型、算法优化与实战**
　　　　　SHENDU XUEXI:MOXING SUANFA YOUHUA YU SHIZHAN
作　　者:张洪朋

责任编辑:于先军　　　　编辑部电话:(010)51873026　　　　电子邮箱:46768089@ qq. com
封面设计:宿　萌
责任校对:安海燕
责任印制:赵星辰

出版发行:中国铁道出版社有限公司(100054,北京市西城区右安门西街 8 号)
网　　址:http://www.tdpress.com
印　　刷:三河市国英印务有限公司
版　　次:2024 年 2 月第 1 版　　2024 年 2 月第 1 次印刷
开　　本:787 mm×1 092 mm 1/16　印张:20.75　字数:554 千
书　　号:ISBN 978-7-113-30648-9
定　　价:79. 80 元

前　言

机器学习是涉及概率论、统计学、逼近论、凸分析、算法复杂度理论等多门学科的多领域交叉技术。机器学习专门研究计算机如何模拟或实现人类的学习行为，以获取新的知识或技能，重新组织已有的知识结构使之不断改善自身的性能。深度学习是一种实现机器学习的技术。深度学习本来并不是一种独立的学习方法，其本身也会用到有监督和无监督的学习方法来训练深度神经网络。但由于近几年该领域发展迅猛，一些特有的学习手段相继被提出（如残差网络），因此越来越多的人将其单独看作一种学习的方法。

本书循序渐进、深入讲解了使用 Python 开发深度学习程序的核心知识，并通过具体实例的实现过程演练了使用 TensorFlow、Keras 和 Scikit-learn 的方法和流程。全书共 15 章，分别讲解了深度学习开发基础、加载数据集实战、监督学习实战、无监督学习实战、模型选择和评估实战、核心算法实战、前馈神经网络实战、卷积神经网络实战、NBA 季后赛预测分析系统、AI 考勤管理系统、AI 智能问答系统、AI 声音识别系统、鲜花识别系统、情感文本识别系统、实时电影推荐系统。全书简洁而不失其技术深度，内容丰富全面，历史资料翔实齐全。并且本书易于阅读，以极简的文字介绍了复杂的案例，同时涵盖了其他同类图书中很少涉及的历史参考资料，是学习深度学习开发的完美教程。

本书主要特色如下：

1. 本书详细讲解了使用 TensorFlow、Keras 和 Scikit-learn 开发人工智能程序的技术知识，循序渐进地讲解了这些技术的使用方法和技巧，帮助读者快速步入人工智能开发高手之列。

2. 本书采用理论加实例的教学方式，通过这些实例的讲解实现了对知识点的横向切入和纵向比较，让读者有更多的实践演练机会，并且可以从不同的方位展现一个知识点的用法，真正实现了拔高的教学效果。

3. 书中从一开始便对深度学习开发的流程进行了详细介绍，而且在讲解中结合多个实用性很强的项目案例，带领读者掌握深度学习开发的相关知识，以解决实际工作中的问题。

4. 书中还介绍了很多开发经验和技巧，让读者可以在学习过程中更轻松地理解相关知识点及概念，更快地掌握关键技术的应用技巧。

  本书适用于已经了解了 Python 语言基础语法的读者，想进一步学习机器学习和深度学习技术的读者，还可以作为大专院校和培训机构人工智能及其相关专业的教材。

  本人水平毕竟有限，书中存在纰漏之处在所难免，诚请读者提出宝贵的意见或建议，以便修订并使之更臻完善。

  最后感谢您购买本书，希望本书能成为您编程路上的领航者，祝您阅读快乐！

张洪朋

2024 年 1 月

目　录

第 1 章　深度学习开发基础

近年来,随着人工智能技术的飞速发展,机器学习和深度学习技术已经摆在了人们的面前,一时间成为程序员们的学习热点。本章详细介绍 TensorFlow 深度学习的基础知识,为读者步入本书后面知识的学习夯实基础。

1.1　人工智能技术的兴起

人工智能就是我们平常所说的 AI(artificial intelligence)。人工智能是研究、开发用于模拟、延伸和扩展人类智能的理论、方法、技术及应用系统的一门新的技术科学。本节简要介绍人工智能技术的基本知识。

1.1.1　人工智能介绍

自从机器诞生以来,聪明的人类就尝试让机器具有智能,也就是人工智能。人工智能是一门极富挑战性的科学,从事这项工作的人必须懂得计算机知识、心理学和哲学。人工智能是包括十分广泛的科学,它由不同的领域组成,如机器学习、计算机视觉等。总的来说,人工智能研究的一个主要目标是使机器能够胜任一些通常需要人类智能才能完成的复杂工作。

人工智能不是一个非常庞大的概念,单从字面上理解,应该理解为人类创造的智能。那么什么是智能呢? 如果人类创造了一个机器人,这个机器人能有像人类一样甚至超过人类的推理、知识、学习和感知处理等能力,那么就可以将这个机器人称为是一个有智能的物体,也就是人工智能。

现在通常将人工智能分为弱人工智能和强人工智能,我们看到电影里的一些人工智能大部分都是强人工智能,它们能像人类一样思考如何处理问题,甚至能在一定程度上做出比人类更好的决定,它们能自适应周围的环境,解决一些程序中没有遇到的突发事件,具备这些能力的就是强人工智能。但是在目前的现实世界中,大部分人工智能只是实现了弱人工智能,这能够让机器具备观察和感知的能力,在经过一定的训练后能计算一些人类不能计算的事情,但是它并没有自适应能力,也就是它不会处理突发的情况,只能处理程序中已经写好的,已经预测到的事情,这就叫作弱人工智能。

1.1.2　人工智能的研究领域

人工智能的研究领域主要有五层,具体如图 1-1 所示。

在图 1-1 所示的分层中,从下往上的具体说明如下:

- 基础设施层:包含大数据和计算能力(硬件配置)两部分,数据越大,人工智能的能力越强。
- 算法层:如卷积神经网络、LSTM 序列学习、Q-Learning 和深度学习等算法等都是机器学习的算法。
- 技术方向层:如计算机视觉、语音工程和自然语言处理等。另外还有规划决策系统,如Reinforcement Learning(增强学习),或类似于大数据分析的统计系统,这些都能在机器学习算法上产生。

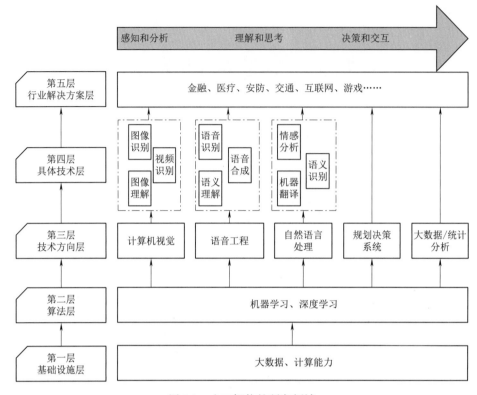

图 1-1　人工智能的研究领域

- 具体技术层：如图像识别、语音识别、语义理解、视频识别和机器翻译等。
- 行业解决方案层：如人工智能在金融、医疗、安防、交通、互联网和游戏等领域的应用。

1.1.3　和人工智能相关的几个重要概念

1. 监督学习

监督学习的任务是学习一个模型,这个模型可以处理任意的一个输入,并且针对每个输入都可以映射输出一个预测结果。这里的模型就相当于数学中的一个函数,输入就相当于数学中的 X,而预测的结果就相当于数学中的 Y。对于每一个 X,都可以通过一个映射函数映射出一个结果。

2. 非监督学习

直接对没有标记的训练数据进行建模学习,注意,在这里的数据是没有标记的数据,与监督学习最基本的区别是建模数据一个有标签而另一个是没有标签的。例如,聚类(将物理或抽象对象的集合分成由类似的对象组成的多个类的过程被称为聚类)就是一种典型的非监督学习,分类就是一种典型的监督学习。

3. 半监督学习

当我们拥有标记的数据很少,未被标记的数据很多,但是人工标注又比较昂贵时。可以根据一些条件(查询算法)查询(query)一些数据,让专家进行标记。这是半监督学习与其他算法本质的区别。所以,对主动学习的研究主要是设计一种框架模型,运用新的查询算法查询需要专家来认为标注的数据。最后用查询到的样本训练分类模型来提高模型的精确度。

4. 主动学习

当使用一些传统的监督学习方法做分类处理时,通常是训练样本的规模越大,分类的效果就越好。但是,在现实生活的很多场景中,标记样本的获取比较困难,这需要领域内的专家进行人工标注,所花费的时间成本和经济成本都是很大的。而且,如果训练样本的规模过于庞大,训练的时间花费也会较多。那么问题就来了:是否有一种有效办法,能够使用较少的训练样本来获得性能较好的分类器呢? 主动学习(active learning)为我们提供了这种可能。主动学习通过一定的算法查询最有用的未标记样本,并交由专家进行标记,然后用查询到的样本训练分类模型来提高模型的精确度。

在人类的学习过程中,通常利用已有的经验来学习新的知识,又依靠获得的知识来总结和积累经验,经验与知识不断交互。同样,机器学习模拟人类学习的过程,利用已有的知识训练出模型去获取新的知识,并且通过不断积累的信息去修正模型,以得到更加准确有用的新模型。不同于被动学习被动地接受知识,主动学习能够选择性地获取知识。

1.1.4　人工智能的两个重要发展阶段

1. 推理期

20 世纪 50 年代,人工智能的发展经历了"推理期",通过赋予机器逻辑推理能力使机器获得智能,当时的 AI 程序能够证明一些著名的数学定理,但由于机器缺乏知识,远不能实现真正的智能。

2. 知识期

20 世纪 70 年代,人工智能的发展进入"知识期",即将人类的知识总结出来教给机器,使机器获得智能。在这一时期,大量的专家系统问世,在很多领域取得大量成果,但由于人类知识量巨大,故出现"知识工程瓶颈"。

1.2　机器学习和深度学习

在人工智能的两个发展阶段中,无论是"推理期"还是"知识期"都会存在以下两个特点:

(1)机器都是按照人类设定的规则和总结的知识运作,永远无法超越其创造者:人类。

(2)人力成本太高,需要专业人才进行具体实现。

基于上述两个特点,人工智能技术的发展出现了一个瓶颈期。为了突破这个瓶颈期,一些权威学者就想到,如果机器能够自我学习问题不就迎刃而解了吗? 因此机器学习(machine learning,ML)技术应运而生,人工智能进入了"机器学习"时代。本节简要介绍机器学习的基本知识。

1.2.1　机器学习

机器学习是一门多领域交叉学科,涉及概率论、统计学、逼近论、凸分析、算法复杂度理论等多门学科。机器学习专门研究计算机如何模拟或实现人类的学习行为,以获取新的知识或技能,重新组织已有的知识结构使之不断改善自身的性能。

机器学习是一类算法的总称,这些算法企图从大量历史数据中挖掘出其中隐含的规律,并用于预测或者分类。更具体地说,机器学习可以看作是寻找一个函数,输入是样本数据,输出是期望的结果,只是这个函数过于复杂,以至于不太方便形式化表达。需要注意的是,机器学习的目标是使学到的函数很好地适用于"新样本",而不仅仅是在训练样本上表现很好。学到的函数适用于新样本的能力,称为泛化能力(generalization ability)。

机器学习有一个显著的特点，也是机器学习最基本的做法，就是使用一个算法从大量的数据中解析并得到有用的信息，且从中学习，然后对之后真实世界中会发生的事情进行预测或做出判断。机器学习需要海量的数据进行训练，并从这些数据中得到要用的信息，然后反馈到真实世界的用户中。

我们可以用一个简单的例子来说明机器学习，假设在淘宝或京东购物时，天猫和京东会向我们推送商品信息，这些推荐的商品往往是我们很感兴趣的东西，这个过程是通过机器学习完成的。其实这些推送商品是京东和天猫根据我们以前的购物订单和经常浏览的商品记录而得出的结论，可以从中得出商城中的哪些商品是我们感兴趣、并且会有大概率购买的，然后将这些商品定向推送给我们。

1.2.2　深度学习

前面介绍的机器学习是一种实现人工智能的方法，深度学习是一种实现机器学习的技术。深度学习本来并不是一种独立的学习方法，其本身也会用到有监督和无监督的学习方法来训练深度神经网络。但由于近几年该领域发展迅猛，一些特有的学习手段相继被提出（如残差网络），因此越来越多的人将其单独看作一种学习的方法。

假设我们需要识别某张照片是狗还是猫，如果是传统机器学习的方法，会首先定义一些特征，如是否有胡须、耳朵、鼻子和嘴巴的模样等。总之，首先要确定相应的"面部特征"作为我们的机器学习的特征，以此来对我们的对象进行分类识别。而深度学习的方法则更进一步，它自动地找出这个分类问题所需的重要特征，而传统的机器学习则需要我们人工地给出特征。那么，深度学习是如何做到这一点的呢？继续以猫狗识别的例子进行说明，步骤如下：

（1）确定出有哪些边和角与识别出猫狗关系最大；

（2）根据上一步找出的很多小元素（如边、角等）构建层级网络，找出它们之间的各种组合；

（3）在构建层级网络后，即可确定哪些组合可以识别出猫和狗。

注意：其实深度学习并不是一个独立的算法，在训练神经网络时也通常会用到监督学习和无监督学习。但是由于一些独特的学习方法被提出，笔者觉得把它看作是单独的一种学习算法应该也没什么问题。深度学习可以大致理解为包含多个隐含层的神经网络结构，深度学习的"深"是指隐藏层的深度。

1.2.3　机器学习和深度学习的区别

在机器学习方法中，几乎所有的特征都需要通过行业专家确定，然后手动就特征进行编码，而深度学习算法会自己从数据中学习特征。这也是深度学习十分引人注目的一点，毕竟特征工程是一项十分烦琐、耗费很多人力物力的工作，深度学习的出现大大减少了发现特征的成本。

在解决问题时，传统的机器学习算法通常先把问题分为几块，一个个地解决好之后，再重新组合。但是深度学习则是一次性地、端到端地解决。假如存在一个任务：识别出在某图片中有哪些物体，并找出它们的位置。

传统机器学习的做法是把问题分为两步：发现物体和识别物体。首先，我们有几个物体边缘的盒型检测算法，把所有可能的物体都框出来。然后，再使用物体识别算法，识别出这些物体中分别是什么。图 1-2 所示为一个机器学习识别例子。

但是深度学习则不同，它会直接在图片中把对应的物体识别出来，同时还能标明对应物体的名字。这样就可以做到实时的物体识别，如 YOLO net 可以在视频中实时识别物体。图 1-3 所示为 YOLO 在视频中实现深度学习识别的例子。

图 1-2 机器学习的识别   图 1-3 深度学习的识别

注意:机器学习是实现人工智能的方法,深度学习是机器学习众多算法中的一种,一种实现机器学习的技术和学习方法。

1.3 深度学习工具概览

在机器学习和学习开发应用中,常用的开发平台有 TensorFlow、Scikit-learn 和 Keras 等。本节简要介绍这三款平台工具的知识。

1.3.1 TensorFlow

TensorFlow 是谷歌公司推出的一个开源库,可以帮助我们开发和训练机器学习模型。TensorFlow 拥有一个全面而灵活的生态系统,其中包括各种工具、库和社区资源,可助力研究人员推动先进机器学习技术的发展,并使开发者能够轻松地构建和部署由机器学习提供支持的应用。

TensorFlow 是一个端到端开源机器学习平台,由谷歌人工智能团队谷歌大脑(google brain)负责开发和维护,拥有包括 TensorFlow Hub、TensorFlow Lite、TensorFlow Research Cloud 在内的多个项目以及各类应用程序接口(application programming interface, API)。自 2015 年 11 月 9 日起,TensorFlow 依据 Apache 2.0 协议开放源代码。

TensorFlow 是当前最受开发者欢迎的机器学习库,之所以能有现在的地位,主要原因有以下两点:

(1)"背靠大树好乘凉",Google 几乎在所有应用程序中都使用 TensorFlow 来实现机器学习。得益于 Google 在深度学习领域的影响力和强大的推广能力,TensorFlow 一经推出关注度就居高不下。

(2)TensorFlow 其本身设计宏大,不仅可以为深度学习提供强力支持,而且灵活的数值计算核心也能广泛应用于其他涉及大量数学运算的科学领域。

除了上述两点之外,库 TensorFlow 的主要优点如下:

- 支持 Python、JavaScript、C + +、Java 和 Go、C#和 Julia 等多种编程语言;
- 灵活的架构支持多 GPU、分布式训练,跨平台运行能力强;
- 自带 TensorBoard 组件,能够可视化计算图,便于让用户实时监控观察训练过程;
- 官方文档非常详尽,可供开发者查询的资料众多;
- 开发者社区庞大,大量开发者活跃于此,可以共同学习,互相帮助,一起解决学习过程中的问题。

在使用 TensorFlow 之前需要先安装 TensorFlow,安装 TensorFlow 的最简单方法是使用 pip 命令进行安装,在使用这种安装方式时,无须考虑你当前所使用的 Python 版本和操作系统的版本,

pip会自动为你安装适合你当前Python版本和操作系统版本的TensorFlow。在安装Python后，会自动安装pip。

（1）在Windows系统中单击左下角的图标█，弹出的界面中右击"命令提示符"，在弹出的快捷菜单中选择"更多"→"以管理员身份运行"命令，如图1-4所示。

图1-4　以管理员身份运行"命令提示符"

（2）在弹出的"命令提示符"界面中输入以下命令即可安装库TensorFlow：

```
pip install TensorFlow
```

在输入上述pip安装命令后，弹出下载并安装TensorFlow的界面，如图1-5所示。因为库TensorFlow的容量较大，并且还需要安装相关的其他库，所以整个下载安装过程较慢，需要耐心等待，确保TensorFlow能够正确安装成功。

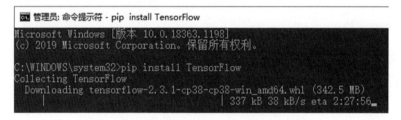

图1-5　下载、安装TensorFlow界面

使用pip命令安装的另外一个好处是，自动安装适合你当前最新版本的TensorFlow。因为在笔者计算机中安装的是Python 3.8，并且操作系统是64位的Windows 10操作系统。由图1-5可知，这时（在写作本书时）适合笔者最新版本的安装文件是tensorflow-2.3.1-cp38-cp38-win_amd64.whl。在这个安装文件的名字中，各个字段的含义如下：

- tensorflow-2.3.1：表示TensorFlow的版本号是2.3.1；
- cp38：表示适应于Python 3.8版本；
- win_amd64：表示适应于64位的Windows操作系统。

在使用前面介绍的pip方式下载安装TensorFlow时，能够安装成功的一个关键因素是网速。如果网速过慢，这时候可以考虑在百度中搜索一个TensorFlow下载包。因为目前适合笔者最新版本的安装文件是tensorflow-2.3.1-cp38-cp38-win_amd64.whl，那么可以在百度中搜索这个文件，然后下载。下载完成后保存到本地硬盘中，如保存位置是：D:\tensorflow-2.3.1-cp38-cp38-win_amd64.whl，那么在"命令提示符"界面中定位到D盘根目录，然后运行以下命令就可安装TensorFlow，具体安装过程如图1-6所示。

```
pip install tensorflow-2.3.1-cp38-cp38-win_amd64.whl
```

图 1-6　在 Windows 10 的"命令提示符"界面中安装 TensorFlow

1.3.2　Keras

Keras 是一个由 Python 编写的开源人工神经网络库,可以作为 Tensorflow、Microsoft-CNTK 和 Theano 的高阶应用程序接口,进行深度学习模型的设计、调试、评估、应用和可视化操作。

Keras 在代码结构上由面向对象方法编写,完全模块化并具有可扩展性,其运行机制和说明文档有将用户体验和使用难度纳入考虑,并试图简化复杂算法的实现难度。Keras 支持现代人工智能领域的主流算法,包括前馈结构和递归结构的神经网络,也可通过封装参与构建统计学习模型。在硬件和开发环境方面,Keras 支持多操作系统下的多 GPU 并行计算,可以根据后台设置转化为 Tensorflow、Microsoft-CNTK 等系统下的组件。

Keras 的主要开发者是谷歌工程师 François Chollet,此外其 GitHub 项目页面包含 6 名主要维护者和超过 800 名直接贡献者。Keras 在其正式版本公开后,除部分预编译模型外,按 MIT 许可证开放源代码。

1.3.3　Scikit-learn

Scikit-learn 主要是用 Python 编写的,并且广泛使用 numpy 进行高性能的线性代数和数组运算。Scikit-learn 与许多其他 Python 库很好地集成在一起,如 matplotlib 和 plotly 用于绘图,numpy 用于数组矢量化、pandas 数据帧、scipy 等。

Scikit-learn 最初由 David Cournapeau 于 2007 年在 Google 的夏季代码项目中开发。后来 Matthieu Brucher 加入该项目,并开始将其用作论文工作的一部分。2010 年,法国计算机科学与自动化研究所 INRIA 参与其中,并于 2010 年 1 月下旬发布了第一个公开版本(v0. 1 beta)。

Scikit-learn 是基于第三方库 NumPy、SciPy 和 Matplotlib 实现的,这三个库的具体说明如下:

- NumPy:Python 实现的开源科学计算包。它可以定义高维数组对象、矩阵计算和随机数生成等函数。
- SciPy:Python 实现的高级科学计算包。它和 Numpy 联系很密切,Scipy 一般都是操控 Numpy 数组进行科学计算的,因此可以说是基于 Numpy 之上。Scipy 有很多子模块可以应对不同的应用,如插值运算、优化算法、图像处理、数学统计等。
- Matplotlib:Python 实现的作图包。使用 Matplotlib 能够非常简单地可视化数据,仅需要几行代码,就可生成直方图、功率谱、条形图、错误图和散点图等。

在使用 Scikit-learn 之前需要先安装 Scikit-learn,安装 Scikit-learn 的最简单方法是使用 pip 命

令进行安装,在使用这种安装方式时,无须考虑你当前所使用的 Python 版本和操作系统的版本,pip 会自动为你安装适合你当前 Python 版本和操作系统版本的 Scikit-learn。在安装 Python 后,会自动安装 pip。

(1)在 Windows 系统中单击左下角的图标█,在弹出的界面中右击"命令提示符",在弹出的快捷菜单中选择"更多"→"以管理员身份运行"命令,如图 1-7 所示。

图 1-7　以管理员身份运行"命令提示符"

(2)在弹出的"命令提示符"界面中输入以下命令即可安装库 Scikit-learn:

```
pip install scikit-learn
```

在输入上述 pip 安装命令后,弹出下载并安装 Scikit-learn 界面,如图 1-8 所示。因为库 Scikit-learn 的容量较大,并且还需要安装相关的其他库,所以整个下载安装过程较慢,需要耐心等待,确保 Scikit-learn 能够正确安装成功。

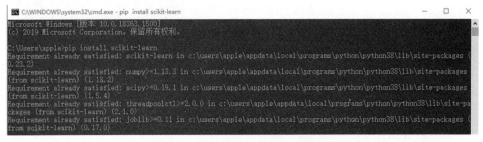

图 1-8　下载、安装 Scikit-Learn 界面

使用 pip 命令安装可以自动安装适合你当前最新版本的 Scikit-learn。因为在笔者计算机中安装的是 Python 3.8,并且操作系统是 64 位的 Windows 10 操作系统。在写作本书时,适合笔者最新版本的安装文件是 scikit_learn-0.24.2-cp38-cp38-win_amd64.whl。在这个安装文件的名字中,各个字段的含义如下:

- scikit_learn-0.24.2:表示 Scikit-learn 的版本号是 0.24.2。
- cp38:表示适应于 Python 3.8 版本。
- win_amd64:表示适应于 64 位的 Windows 操作系统。

在使用前面介绍的 pip 方式下载安装 Scikit-learn 时,能够安装成功的一个关键因素是网速。如果网速过慢,这时可以考虑在百度中搜索一个 Scikit-learn 下载包。因为目前适合笔者最新版本的安装文件是 scikit_learn-0.24.2-cp38-cp38-win_amd64.whl,那么可以在百度中搜索这个文件,然后下载。下载完成后保存到本地硬盘中,如保存位置是:D:\scikit_learn-0.24.2-cp38-cp38-win_amd64.whl,那么在"命令提示符"界面中定位到 D 盘根目录,然后运行以下命令就可以安装 Scikit-learn。

```
pip install scikit_learn-0.24.2-cp38-cp38-win_amd64.whl
```

第 2 章　加载数据集实战

为了帮助开发者提高开发效率,TensorFlow、Keras 和 Scikit-learn 提供了很多可直接调用的机器学习算法以及很多经典的数据集。本章详细介绍使用 TensorFlow、Keras 和 Scikit-learn 加载数据集的知识。

2.1　Scikit-learn 内置的标准数据集 API

在 Scikit-learn 中提供了一些内置的标准数据集,开发者不需要从外部网站下载任何数据集文件,可以直接使用表 2-1 中的函数加载这些数据集。

表 2-1　加载数据集函数

函　　数	加载的数据集
load_boston(* [, return_X_y])	加载并返回波士顿房价数据集(回归)
load_iris(* [, return_X_y, as_frame])	加载并返回 Iris 数据集(分类)
load_diabetes(* [, return_X_y, as_frame])	加载并返糖尿病数据集(回归)
load_digits(* [, n_class, return_X_y, as_frame])	加载并返回手写数字数据集(分类)
load_linnerud(* [, return_X_y, as_frame])	加载并返回与锻炼相关的数据集
load_wine(* [, return_X_y, as_frame])	加载并返回红酒数据集(分类)
load_breast_cancer(* [, return_X_y, as_frame])	加载并返回威斯康星州乳腺癌数据集(分类)

下面将详细讲解上述内置数据集的知识。

2.1.1　波士顿房价数据集(适用于回归任务)

波士顿房价数据集包括 506 处波士顿不同地理位置的房产的房价数据(因变量),和与之对应的包含房屋以及房屋周围的详细信息(自变量)。其中包括城镇犯罪率、一氧化氮浓度、住宅平均房间数、到中心区域的加权距离以及自住房平均房价等 13 个维度的数据。因此,波士顿房价数据集能够应用到回归问题上。这里使用 load_boston(return_X_y = False)方法来导出数据,其中参数 return_X_y 控制输出数据的结构,若选为 True,则将因变量和自变量独立导出。

```
from sklearn import datasets

'''清空 sklearn 环境下所有数据'''
datasets.clear_data_home()

'''载入波士顿房价数据'''

X,y = datasets.load_boston(return_X_y = True)

'''获取自变量数据的形状'''
```

```
print(X.shape)

'''获取因变量数据的形状'''

print(y.shape)
```

执行后会输出:

```
(506,13)
(506,)
```

2.1.2　威斯康星州乳腺癌数据集(适用于分类问题)

　　威斯康星州乳腺癌数据集包括威斯康星州记录的 569 个病人的乳腺癌恶性/良性(1/0)类别型数据(训练目标),以及与之对应的 30 个维度的生理指标数据;因此这是个非常标准的二类判别数据集,在这里使用 load_breast_cancer(return_X_y)来导出数据:

```
from sklearn import datasets

'''载入威斯康星州乳腺癌数据'''

X,y = datasets.load_breast_cancer(return_X_y = True)

'''获取自变量数据的形状'''

print(X.shape)

'''获取因变量数据的形状'''

print(y.shape)
```

执行后会输出:

```
In[21]:print(X,shape)
(569,30)
In[22]:print(y,shape)
(569,)
```

2.1.3　糖尿病数据集(适用于回归任务)

　　这是一个糖尿病的数据集,主要包括 442 行数据,10 个属性值,分别是:Age(年龄)、Sex(性别)、Body Mass Index(体质指数)、Average Blood Pressure(平均血压)、S1～S6 一年后疾病级数指标。Target 为一年后患疾病的定量指标,因此适合于回归任务;这里使用 load_diabetes(return_X_y)来导出数据:

```
from sklearn import datasets

'''载入糖尿病数据'''

X,y = datasets.load_diabetes(return_X_y = True)

'''获取自变量数据的形状'''
```

```
print(X.shape)

'''获取因变量数据的形状'''

print(y.shape)
```

执行后会输出：

```
(442,10)
(442,)
```

2.1.4　手写数字数据集（适用于分类任务）

手写数字数据集是结构化数据的经典数据,共有 1 797 个样本,每个样本有 64 的元素,对应到一个 8×8 像素点组成的矩阵,每一个值是其灰度值,我们都知道图片在计算机底层实际是矩阵,每个位置对应一个像素点,有二值图、灰度图、1 600 万色图等类型。在这个样本中对应的是灰度图,控制每一个像素的黑白浓淡,所以每个样本还原到矩阵后代表一个手写体数字,这与我们之前接触的数据有很大区别;在这里使用 load_digits(return_X_y) 来导出数据：

```
from sklearn import datasets
'''载入手写数字数据'''
data,target = datasets.load_digits(return_X_y = True)
print(data.shape)
print(target.shape)
```

执行后会输出：

```
(1798,64)
(1797,)
```

使用 matshow()绘制矩阵形式的数据示意图的代码如下：

```
import matplotlib.pyplot as plt
import numpy as np

'''绘制数字 0'''
num = np.array(data[0]).reshape((8,8))
plt.matshow(num)
print(target[0])

'''绘制数字 5'''
num = np.array(data[15]).reshape((8,8))
plt.matshow(num)
print(target[15])

'''绘制数字 9'''
num = np.array(data[9]).reshape((8,8))
plt.matshow(num)
print(target[9])
```

执行效果如图 2-1 所示。

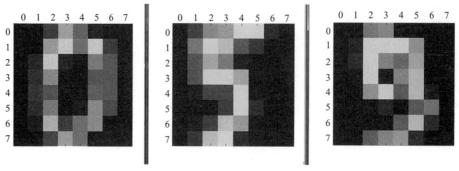

图 2-1   执行效果

2.1.5   Fisher 的鸢尾花数据集（适用于分类问题）

著名统计学家 Fisher 在研究判别分析问题时收集了关于鸢尾花的一些数据，这是一个非常经典的数据集，datasets 中自然也带有这个数据集；这个数据集包括 150 个鸢尾花样本，对应 3 种鸢尾花，各 50 个样本（target），以及它们各自对应的 4 种关于花外形的数据（自变量）；这里使用 load_iris(return_X_y) 来导出数据：

```
from sklearn import datasets

'''载入 Fisher 的鸢尾花数据'''

data,target = datasets.load_iris(return_X_y = True)

'''显示自变量的形状'''
print(data.shape)

'''显示训练目标的形状'''
print(target.shape)
```

执行后会输出：

```
(150,4)
(150,)
```

2.1.6   红酒数据集（适用于分类问题）

红酒数据是一个共 178 个样本，代表了红酒的三个档次（分别有 59,71,48 个样本），以及与之对应的 13 维的属性数据，非常适用于练习各种分类算法；在这里使用 load_wine(return_X_y) 来导出数据：

```
from sklearn import datasets

'''载入 wine 数据'''

data,target = datasets.load_wine(return_X_y = True)

'''显示自变量的形状'''
print(data.shape)

'''显示训练目标的形状'''
print(target.shape)
```

执行后会输出：

```
(178,13)
(178,)
```

2.2　自定义数据集

除了前面介绍的几种内置数据集外,在开发过程中,有时需要开发者自定义创建服从某些分布或者某些形状的数据集。这时,Scikit-learn 可以使用 datasets 中的内置方法来实现。

2.2.1　生成聚类数据

在 Scikit-learn 中,可以使用函数 datasets. make_blobs(n_samples = 100, n_features = 2, centers = 3, cluster_std = 1.0, center_box = (−10.0, 10.0) , shuffle = True, random_state = None) 生成各向同性的用于聚类的高斯点。其中：

- n_samples:控制随机样本点的个数;
- n_features:控制产生样本点的维度(对应 n 维正态分布);
- centers:控制产生的聚类簇的个数。

例如下面的代码：

```
from sklearn import datasets
import matplotlib.pyplot as plt

X,y = datasets.make_blobs(n_samples =1000, n_features =2, centers =4, cluster_
std =1.0, center_box = ( -10.0, 10.0), shuffle = True, random_state = None)

plt.scatter(X[ :,0],X[ :,1],c = y,s =8)
```

执行效果如图 2-2 所示。

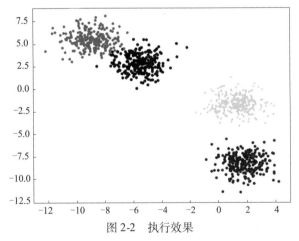

图 2-2　执行效果

2.2.2　生成同心圆样本点

在 Scikit-learn 中,可以使用函数 datasets. make_circles(n_samples = 100, shuffle = True, noise = 0. 04, random_state = None, factor = 0. 8) 生成同心圆样本点。其中：

- n_samples:控制样本点总数;

- noise：控制属于同一个圈的样本点附加的漂移程度；
- factor：控制内外圈的接近程度，越大越接近，上限为1。

例如下面的代码：

```
from sklearn import datasets
import matplotlib.pyplot as plt

X,y = datasets.make_circles(n_samples = 10000, shuffle = True, noise = 0.04,
random_state = None, factor = 0.8)

plt.scatter(X[:,0],X[:,1],c = y,s = 8)
```

执行效果如图2-3所示。

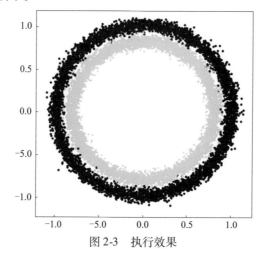

图2-3　执行效果

2.2.3　生成模拟分类数据集

在Scikit-learn中，可以使用函数datasets. make_classification(n_samples = 100，n_features = 20，n _informative = 2，n_redundant = 2，n_repeated = 0，n_classes = 2，n_clusters_per_class = 2，weights = None，flip_y = 0. 01，class_sep = 1. 0，hypercube = True，shift = 0. 0，scale = 1. 0，shuffle = True，random_state = None)生成模拟分类数据集。其中：

- n_samples：控制生成的样本点的个数；
- n_features：控制与类别有关的自变量的维数；
- n_classes：控制生成的分类数据类别的数量。

例如下面的代码：

```
from sklearn import datasets

X,y = datasets.make_classification(n_samples = 100, n_features = 20, n_
informative = 2,n_redundant = 2, n_repeated = 0, n_classes = 2, n_clusters_per_class =
2, weights = None, flip_y = 0.01, class_sep = 1.0, hypercube = True, shift = 0.0, scale =
1.0, shuffle = True, random_state = None)

print(X.shape)
print(y.shape)
set(y)
```

执行后会输出：

```
(100,20)
(100,)
Out[2]:{0,1}
```

2.2.4　生成太极型非凸集样本点

在 Scikit-learn 中，可以使用函数 datasets. make_moons(n_samples, shuffle, noise, random_state) 生成太极型非凸集样本点。例如下面的代码：

```
from sklearn import datasets
import matplotlib.pyplot as plt

X,y = datasets.make_moons(n_samples =1000, shuffle =True, noise =0.05, random_
state =None)

plt.scatter(X[:,0],X[:,1],c =y,s =8)
```

执行效果如图 2-4 所示。

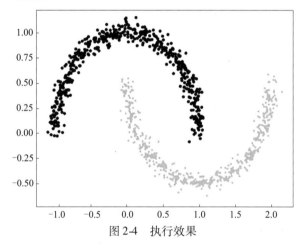

图 2-4　执行效果

2.3　使用 tf. data 处理数据集

从 TensorFlow 2.0 开始，提供了专门用于实现数据输入的接口 tf. data. Dataset，能够以快速且可扩展的方式加载和预处理数据，帮助开发者高效地实现数据的读入、打乱(shuffle)、增强(augment)等功能。

2.3.1　制作数据集并训练和评估

请看下面的实例文件 xun01. py，其演示了使用 tf. data 创建数据集并进行训练和评估的过程。

```
# 首先,创建一个训练数据集实例
train_dataset = tf.data.Dataset.from_tensor_slices((x_train, y_train))
# 洗牌并切片数据集
train_dataset = train_dataset.shuffle(buffer_size =1024).batch(64)

# 现在我们得到了一个测试数据集
```

```
test_dataset = tf.data.Dataset.from_tensor_slices((x_test, y_test))
test_dataset = test_dataset.batch(64)

# 由于数据集已经处理批处理，所以我们不传递"batch \u size"参数
model.fit(train_dataset, epochs = 3)

# 还可以对数据集进行评估或预测
print("Evaluate 评估:")
result = model.evaluate(test_dataset)
dict(zip(model.metrics_names, result))
```

在上述代码中，使用 dataset 的内置函数 shuffle()将数据打乱，此函数的参数值越大，混乱程度就越大。另外，还可以使用 dataset 的其他内置函数操作数据：
- batch(4):按照顺序取出 4 行数据，最后一次输出可能小于 batch；
- repeat():设置数据集重复执行指定的次数，在 batch 操作输出完毕后再执行。如果在之前，相当于先把整个数据集复制两次。为了配合输出次数，一般 repeat()的参数默认为空。

在笔者计算机中执行后会输出：

```
Epoch 1/3
782/782 [==============================] - 2s 2ms/step - loss: 0.3395 -
sparse_categorical_accuracy: 0.9036
Epoch 2/3
782/782 [==============================] - 2s 2ms/step - loss: 0.1614 -
sparse_categorical_accuracy: 0.9527
Epoch 3/3
782/782 [==============================] - 2s 2ms/step - loss: 0.1190 -
sparse_categorical_accuracy: 0.9648
Evaluate 评估:
157/157 [==============================] - 0s 2ms/step - loss: 0.1278 -
sparse_categorical_accuracy: 0.9633
{'loss': 0.12783484160900116,
 'sparse_categorical_accuracy': 0.9632999897003174}
```

需要注意的是，因为 tf.data 数据集会在每个周期结束时重置，所以可以在下一个周期中重复使用。如果只想在来自此数据集的特定数量批次上进行训练，则可以使用参数 steps_per_epoch，此参数可以指定在继续下一个周期之前，当前模型应该使用此数据集运行多少训练步骤。如果执行此操作，则不会在每个周期结束时重置数据集，而是会继续绘制接下来的批次，tf.data 数据集最终会用尽数据（除非它是无限循环的数据集）。

2.3.2 将 tf.data 作为验证数据集进行训练

如果只想对此数据集中的特定数量批次进行验证，则可以设置参数 validation_steps，此参数可以指定在中断验证并进入下一个周期之前，模型应使用验证数据集运行多少验证步骤。下面的实例文件 xun02.py，其功能是通过参数 validation_steps 设置只使用数据集中的前 10 个 batch 批处理运行验证。

```
#准备训练数据集
train_dataset = tf.data.Dataset.from_tensor_slices((x_train, y_train))
train_dataset = train_dataset.shuffle(buffer_size = 1024).batch(64)
```

```
#准备验证数据集
val_dataset = tf.data.Dataset.from_tensor_slices((x_val, y_val))
val_dataset = val_dataset.batch(64)

model.fit(
    train_dataset,
    epochs =1,
    #通过参数"validation_steps",设置只使用数据集中的前 10 个批处理运行验证
    validation_data =val_dataset,
    validation_steps =10,
)
```

验证会在当前 epoch 结束后进行,通过 validation_steps 设置了验证使用的 batch 数量,假如 validation batch size(没必要和 train batch 相等) = 64,而 validation_steps = 100,steps 相当于 batch 数,则会从 validation data 中取 6 400 个数据用于验证。如果在一次 step 后,在验证数据中剩下的数据足够下一次 step,则会继续从剩下的数据中选取,如果不够则会重新循环。在笔者计算机中执行后会输出:

```
782/782 [=============================] - 2s 2ms/step - loss: 0.3299 -
sparse_categorical_accuracy: 0.9067 - val_loss: 0.2966 - val_sparse_categorical_
accuracy: 0.9250
    < tensorflow.python.keras.callbacks.History at 0x7f698e35e400 >
```

注意:当时用 Dataset 对象进行训练时,不能使用参数 validation_split(从训练数据生成预留集),因为在使用 validation_split 功能时需要为数据集样本编制索引,而 Dataset API 通常无法做到这一点。

2.4 将模拟数据制作成内存对象数据集

在人工智能迅速发展的今天,已经出现了各种各样的深度学习框架,我们知道,深度学习要基于大量的样本数据来训练模型,那么数据集的制作或选取就显得尤为重要。本节详细讲解将模拟数据制作成内存对象数据集的知识。

2.4.1 可视化内存对象数据集

在下面的实例文件 data01.py 中,自定义创建了生成器函数 generate_data(),其功能是创建在 −1~1 连续的 100 个浮点数,然后在 Matplotlib 中可视化展示用这些浮点数构成的数据集。实例文件 data01.py 的具体实现代码如下:

```
import tensorflow as tf
import numpy as np
import matplotlib.pyplot as plt

plt.rcParams['font.sans -serif'] = ['SimHei']  #显示中文标签
plt.rcParams['axes.unicode_minus'] = False  # 这两行需要手动设置

print(tf.__version__)
print(np.__version__)
```

```
def generate_data(batch_size=100):
    """y = 2x 函数数据生成器"""
    x_batch = np.linspace(-1, 1, batch_size)  # 为 -1~1 连续的 100 个浮点数
    x_batch = tf.cast(x_batch, tf.float32)
    #   print("* x_batch.shape", * x_batch.shape)
    y_batch = 2 * x_batch + np.random.randn(x_batch.shape[0]) * 0.3  # y=2x,
但是加入了噪声
    y_batch = tf.cast(y_batch, tf.float32)

    yield x_batch, y_batch  # 以生成器的方式返回

#1.循环获取数据
train_epochs = 10
for epoch in range(train_epochs):
    for x_batch, y_batch in generate_data():
        print(epoch, "|x.shape:", x_batch.shape, "|x[:3]:", x_batch[:3].numpy())
        print(epoch, "|y.shape:", y_batch.shape, "|y[:3]:", y_batch[:3].numpy())

#2.显示一组数据
train_data = list(generate_data())[0]
plt.plot(train_data[0], train_data[1], 'ro', label='Original data')
plt.legend()
plt.show()
```

执行后会输出下面的结果，并在 Matplotlib 中绘制可视化结果，如图 2-5 所示。

```
2.6.0
1.19.5
0 |x.shape: (100,) |x[:3]: [ -1.         -0.97979796 -0.959596  ]
0 |y.shape: (100,) |y[:3]: [ -1.9194145 -2.426661  -1.8962196]
1 |x.shape: (100,) |x[:3]: [ -1.         -0.97979796 -0.959596  ]
1 |y.shape: (100,) |y[:3]: [ -1.6366603 -2.1575317 -1.2637805]
2 |x.shape: (100,) |x[:3]: [ -1.         -0.97979796 -0.959596  ]
2 |y.shape: (100,) |y[:3]: [ -2.1715505 -1.7276137 -2.1352115]
3 |x.shape: (100,) |x[:3]: [ -1.         -0.97979796 -0.959596  ]
3 |y.shape: (100,) |y[:3]: [ -2.2009645 -1.969894  -1.9827154]
4 |x.shape: (100,) |x[:3]: [ -1.         -0.97979796 -0.959596  ]
4 |y.shape: (100,) |y[:3]: [ -1.8537583 -1.1212573 -1.7960321]
5 |x.shape: (100,) |x[:3]: [ -1.         -0.97979796 -0.959596  ]
5 |y.shape: (100,) |y[:3]: [ -1.5608777 -1.7441161 -1.8731359]
6 |x.shape: (100,) |x[:3]: [ -1.         -0.97979796 -0.959596  ]
6 |y.shape: (100,) |y[:3]: [ -1.6598525 -2.7624342 -2.126709 ]
7 |x.shape: (100,) |x[:3]: [ -1.         -0.97979796 -0.959596  ]
7 |y.shape: (100,) |y[:3]: [ -1.7708246 -1.8593228 -1.875349 ]
8 |x.shape: (100,) |x[:3]: [ -1.         -0.97979796 -0.959596  ]
8 |y.shape: (100,) |y[:3]: [ -2.0270834 -1.8438468 -1.7587183]
9 |x.shape: (100,) |x[:3]: [ -1.         -0.97979796 -0.959596  ]
9 |y.shape: (100,) |y[:3]: [ -1.9673357 -1.6247914 -1.8439946]
```

通过上述输出结果可以看到，每次生成的 x 的数据都是相同的，这是由 x 的生成方式决定的，如果你觉得这种数据不是你想要的，那么接下来可以生成乱序数据以消除这种影响，只需对上述代码稍加修改即可。

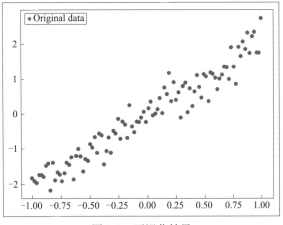

图 2-5　可视化结果

2.4.2　改进的方案

在下面的实例文件 data02.py 中，通过添加迭代器的方式生成乱序数据，这样可以消除每次生成的 x 的数据都是相同的这种影响。实例文件 data02.py 的具体实现代码如下：

```python
plt.rcParams['font.sans-serif'] = ['SimHei']   #显示中文标签
plt.rcParams['axes.unicode_minus'] = False    #这两行需要手动设置

print(tf.__version__)
print(np.__version__)

def generate_data(epochs, batch_size=100):
    """y = 2x 函数数据生成器 增加迭代器"""
    for i in range(epochs):
        x_batch = np.linspace(-1, 1, batch_size)     #为 -1 ~1 连续的 100 个浮点数
        # print("* x_batch.shape", * x_batch.shape)
        y_batch = 2 * x_batch + np.random.randn(x_batch.shape[0]) * 0.3   #y =2x,但
是加入了噪声

        yield shuffle(x_batch, y_batch), i            #以生成器的方式返回

#1.循环获取数据
train_epochs = 10

for (x_batch, y_batch), epoch_index in generate_data(train_epochs):
    x_batch =tf.cast(x_batch, tf.float32)
    y_batch =tf.cast(y_batch, tf.float32)
    print(epoch_index, "|x.shape:", x_batch.shape, "|x[:3]:", x_batch[:3].numpy())
    print(epoch_index, "|y.shape:", y_batch.shape, "|y[:3]:", y_batch[:3].numpy())

#2.显示一组数据
train_data = list(generate_data(1))[0]
plt.plot(train_data[0][0], train_data[0][1], 'ro', label ='Original data')
plt.legend()
plt.show()
```

此时执行后会输出下面的结果，会发现每次生成的 x 的数据都是不同的。

```
2.6.0
1.19.5
0 |x.shape: (100,) |x[:3]: [ -0.15151516  0.7171717   0.53535354]
0 |y.shape: (100,) |y[:3]: [0.05597204 1.304756   0.83463794]
1 |x.shape: (100,) |x[:3]: [ -0.11111111 -0.5151515   0.83838385]
1 |y.shape: (100,) |y[:3]: [ 0.4798906 -1.1424009  1.1031219]
2 |x.shape: (100,) |x[:3]: [ -0.8989899 -0.959596   0.8989899]
2 |y.shape: (100,) |y[:3]: [ -2.444981   -1.5715022  1.3514851]
3 |x.shape: (100,) |x[:3]: [ 0.4949495  0.8181818  -0.03030303]
3 |y.shape: (100,) |y[:3]: [ 1.3379701  1.1126918  -0.11468022]
4 |x.shape: (100,) |x[:3]: [ 0.47474748 -0.21212122 0.5959596 ]
4 |y.shape: (100,) |y[:3]: [ 1.1210855  -0.90032357 1.3082465]
5 |x.shape: (100,) |x[:3]: [0.35353535 0.13131313 0.43434343]
5 |y.shape: (100,) |y[:3]: [ 0.7534245  -0.0981291  0.90445507]
6 |x.shape: (100,) |x[:3]: [ -0.6969697  -0.21212122 0.8787879 ]
6 |y.shape: (100,) |y[:3]: [ -1.4252775  -0.28825748 1.73506  ]
7 |x.shape: (100,) |x[:3]: [ -0.67676765 0.21212122 -0.75757575]
7 |y.shape: (100,) |y[:3]: [ -1.5350174  0.316071  -1.4615428]
8 |x.shape: (100,) |x[:3]: [ 0.15151516 -0.35353535 0.7979798 ]
8 |y.shape: (100,) |y[:3]: [ 0.6063673  -0.34562942 1.8686969]
9 |x.shape: (100,) |x[:3]: [ -0.47474748 0.05050505 -0.7777778]
9 |y.shape: (100,) |y[:3]: [ -1.398643   0.50217235 -1.5945572 ]
```

并且也会在 Matplotlib 中绘制可视化结果，如图 2-6 所示。

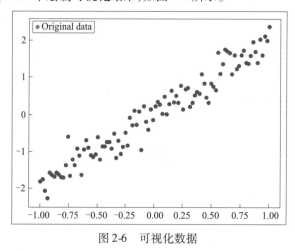

图 2-6　可视化数据

2.5　将图片制作成数据集实战

在现实应用中，我们经常将自己的图片作为素材，然后制作数据集。本节通过具体实例讲解将图片制作成 TensorFlow 数据集的知识。

2.5.1　制作简易图片数据集

准备好需要训练的图片，然后将图片分类好，并且给每一类图片所在的文件夹命名。如

图 2-7 所示,这里共分为 2 类,分别为 0 和 1 连个文件夹。

编写实例文件 data03. py,其功能是将图 2-7 中的图片制作成数据集。实例文件 data03. py 的具体实现流程如下:

(1)导入需要的包,获取图片和标签并存入对应的列表中。代码如下:

0　　　1

图 2-7　图片数据

```
import tensorflow as tf
import os
os.environ['TF_CPP_MIN_LOG_LEVEL'] = '2'
import numpy as np
import cv2 as cv
import random
import csv
import time

#训练图片的路径
train_dir = 'pic\\train'
test_dir = 'pic\\test'
AUTOTUNE = tf.data.experimental.AUTOTUNE
```

(2)获取“pic\train”文件夹中的图片,并存入对应的列表中,同时贴上标签,存入 label 列表中。代码如下:

```
#获取图片,存入对应的列表中,同时贴上标签,存入 label 列表中
def get_files(file_dir):
    #存放图片类别和标签的列表:第 0 类
    list_0 = []
    label_0 = []
    #存放图片类别和标签的列表:第 1 类
    list_1 = []
    label_1 = []
    #存放图片类别和标签的列表:第 2 类
    list_2 = []
    label_2 = []
    #存放图片类别和标签的列表:第 3 类
    list_3 = []
    label_3 = []
    #存放图片类别和标签的列表:第 4 类
    list_4 = []
    label_4 = []



    for file in os.listdir(file_dir):
        # print(file)
        #拼接出图片文件路径
        image_file_path = os.path.join(file_dir,file)
        for image_name in os.listdir(image_file_path):
            # print('image_name',image_name)
            #图片的完整路径
            image_name_path = os.path.join(image_file_path,image_name)
            # print('image_name_path',image_name_path)
```

21

```
                    #将图片存入对应的列表
                    if image_file_path[-1:] == '0':
                        list_0.append(image_name_path)
                        label_0.append(0)
                    elif image_file_path[-1:] == '1':
                        list_1.append(image_name_path)
                        label_1.append(1)
                    elif image_file_path[-1:] == '2':
                        list_2.append(image_name_path)
                        label_2.append(2)
                    elif image_file_path[-1:] == '3':
                        list_3.append(image_name_path)
                        label_3.append(3)
                    else:
                        list_4.append(image_name_path)
                        label_4.append(4)

    #合并数据
    image_list = np.hstack((list_0, list_1, list_2, list_3, list_4))
    label_list = np.hstack((label_0, label_1, label_2, label_3, label_4))
    #利用 shuffle 打乱数据
    temp = np.array([image_list, label_list])
    temp = temp.transpose()    #转置
    np.random.shuffle(temp)

    #将所有的 image 和 label 转换成 list
    image_list = list(temp[:, 0])
    image_list = [i for i in image_list]
    label_list = list(temp[:, 1])
    label_list = [int(float(i)) for i in label_list]
    #print(image_list)
    #print(label_list)
    return image_list, label_list
```

如果此时打印输出 image_list 和 label_list,会看到两个列表分别存放图片路径和对应的标签。

(3)编写函数 get_tensor()将图片转成 tensor 对象。代码如下:

```
def get_tensor(image_list, label_list):
    ims = []
    for image in image_list:
        #读取路径下的图片
        x = tf.io.read_file(image)
        #将路径映射为照片,3 通道
        x = tf.image.decode_jpeg(x, channels = 3)
        #修改图像大小
        x = tf.image.resize(x,[32,32])
        #将图像压入列表中
        ims.append(x)
    #将列表转换成 tensor 类型
    img = tf.convert_to_tensor(ims)
    y = tf.convert_to_tensor(label_list)
    return img,y
```

（4）编写函数 preprocess(x,y)实现图像预处理功能。代码如下：

```
def preprocess(x,y):
    #归一化
    x = tf.cast(x,dtype = tf.float32) / 255.0
    y = tf.cast(y, dtype = tf.int32)
    return x,y
```

（5）将图像与标签写入 CSV 文件，格式为：[图像，标签]。代码如下：

```
if __name__ == "__main__":
    #训练图片与标签
    image_list, label_list = get_files(train_dir)
    #测试图片与标签
    test_image_list,test_label_list = get_files(test_dir)
    for i in range(len(image_list)):
        print('图片路径 [{}] : 类型 [{}]'.format(image_list[i], label_list[i]))
    x_train, y_train = get_tensor(image_list, label_list)
    x_test, y_test = get_tensor(test_image_list,test_label_list)
    print('image_list:{}, label_list{}'.format(image_list, label_list))
    print(' ------------------------------------------------------- ')
    #print('x_train:', x_train.shape, 'y_train:', y_train.shape)
    #生成图片,对应标签的 CSV 文件(只用保存一次即可)
    with open('./image_label.csv',mode = 'w', newline = '') as f:
        Write = csv.writer(f)
        for i in range(len(image_list)):
            Write.writerow([image_list[i],str(label_list[i])])
    f.close()
    #载入训练数据集
    db_train = tf.data.Dataset.from_tensor_slices((x_train, y_train))
    ##shuffle:打乱数据,map:数据预处理,batch:一次取喂入 10 样本训练
    db_train = db_train.shuffle(1000).map(preprocess).batch(10)

    #载入训练数据集
    db_test = tf.data.Dataset.from_tensor_slices((x_test, y_test))
    ##shuffle:打乱数据,map:数据预处理,batch:一次取喂入 10 样本训练
    db_test = db_test.shuffle(1000).map(preprocess).batch(10)
    #生成一个迭代器输出查看其形状
    sample_train = next(iter(db_train))
    print(sample_train)
    print('sample_train:', sample_train[0].shape, sample_train[1].shape)
```

执行后会输出显示以下数据集的结果，并在创建的 CSV 文件 image_label. csv 中保存图片的标签信息，如图 2-8 所示。

```
图片路径 [pic\train\0\0.png] : 类型 [0]
图片路径 [pic\train\1\1.png] : 类型 [1]
(<tf.Tensor: shape = (2, 32, 32, 3), dtype = float32, numpy =
array([[[[0.8862745 , 0.9411765 , 0.9882353 ],
        [0.8834559 , 0.9355392 , 0.98259807],
        [0.8781863 , 0.9291667 , 0.9762255 ],
        ...,
        [0.85490197,0.9098039 , 0.9529412 ],
```

```
      [0.85490197,0.9098039 , 0.9529412 ],
      [0.85490197,0.9098039 , 0.9529412 ]],

     [[0.2492647 , 0.2647059 , 0.27794117],
      [0.24847196,0.2631204 , 0.27635568],
      [0.24698989, 0.26132813, 0.27456343],
      ...,
      [0.24044117, 0.25588235,0.2680147 ],
      [0.24044117, 0.25588235,0.2680147 ],
      [0.24044117, 0.25588235,0.2680147 ]],

     [[0.        , 0.        , 0.        ],
      [0.        , 0.        , 0.        ],
      [0.        , 0.        , 0.        ],
      ...,
      [0.        , 0.        , 0.        ],
      [0.        , 0.        , 0.        ],
      [0.        , 0.        , 0.        ]],

     ...,

     [[0.        , 0.        , 0.        ],
      [0.        , 0.        , 0.        ],
      [0.        , 0.        , 0.        ],
      ...,
      [0.        , 0.        , 0.        ],
      [0.        , 0.        , 0.        ],
      [0.        , 0.        , 0.        ]],

     [[0.        , 0.        , 0.        ],
      [0.        , 0.        , 0.        ],
      [0.        , 0.        , 0.        ],
      ...,
      [0.        , 0.        , 0.        ],
      [0.        , 0.        , 0.        ],
      [0.        , 0.        , 0.        ]],

     [[0.        , 0.        , 0.        ],
      [0.        , 0.        , 0.        ],
      [0.        , 0.        , 0.        ],
      ...,
      [0.        , 0.        , 0.        ],
      [0.        , 0.        , 0.        ],
      [0.        , 0.        , 0.        ]]],

    [[[0.        , 0.        , 0.        ],
      [0.        , 0.        , 0.        ],
      [0.        , 0.        , 0.        ],
      ...,
```

```
        [0.        , 0.        , 0.        ],
        [0.        , 0.        , 0.        ],
        [0.        , 0.        , 0.        ]],

       [[0.        , 0.        , 0.        ],
        [0.        , 0.        , 0.        ],
        [0.        , 0.        , 0.        ],
        ...,
        [0.        , 0.        , 0.        ],
        [0.        , 0.        , 0.        ],
        [0.        , 0.        , 0.        ]],

       [[0.        , 0.        , 0.        ],
        [0.        , 0.        , 0.        ],
        [0.        , 0.        , 0.        ],
        ...,
        [0.        , 0.        , 0.        ],
        [0.        , 0.        , 0.        ],
        [0.        , 0.        , 0.        ]],

       ...,

       [[0.        , 0.        , 0.        ],
        [0.        , 0.        , 0.        ],
        [0.        , 0.        , 0.        ],
        ...,
        [0.        , 0.        , 0.        ],
        [0.        , 0.        , 0.        ],
        [0.        , 0.        , 0.        ]],

       [[0.        , 0.        , 0.        ],
        [0.        , 0.        , 0.        ],
        [0.        , 0.        , 0.        ],
        ...,
        [0.        , 0.        , 0.        ],
        [0.        , 0.        , 0.        ],
        [0.        , 0.        , 0.        ]],

       [[0.        , 0.        , 0.        ],
        [0.        , 0.        , 0.        ],
        [0.        , 0.        , 0.        ],
        ...,
        [0.        , 0.        , 0.        ],
        [0.        , 0.        , 0.        ],
        [0.        , 0.        , 0.        ]]]], dtype = float32) >, < tf.Tensor:
shape = (2,), dtype = int32, numpy = array([0, 1]) >)
    sample_train: (2, 32, 32, 3) (2,)
```

```
pic\train\0\0.png,0
pic\train\1\1.png,1
```

图 2-8　文件 image_label. csv 中保存的标签

2.5.2　制作手势识别数据集

下面的实例文件 data04.py,其功能是基于"Dataset"目录中的手势图片制作数据集。实例文件 data04.py 的具体实现流程如下:

(1)读取"Dataset"目录中的手势图片。代码如下:

```
data_root =pathlib.Path('gesture_recognition \Dataset')
print(data_root)
for item in data_root.iterdir():
 print(item)
```

(2)将读取的图片路径保存到 list 中。代码如下:

```
all_image_paths = list(data_root.glob('* /* '))
all_image_paths = [str(path) for path in all_image_paths]
random.shuffle(all_image_paths)
image_count = len(all_image_paths)
print(image_count) ##统计共有多少张图片
for i in range(10):
print(all_image_paths[i])

label_names = sorted(item.name for item in data_root.glob('* /') if item.is_dir())
print(label_names)   #其实就是文件夹的名字
label_to_index =dict((name, index) for index, name in enumerate(label_names))
print(label_to_index)
all_image_labels = [label_to_index[pathlib.Path(path).parent.name]
                for path in all_image_paths]

print("First 10 labels indices: ", all_image_labels[:10])
```

(3)分别编写函数 preprocess_image(image)和 load_and_preprocess_image(path,label)实现预处理功能。代码如下:

```
def preprocess_image(image):
    image = tf.image.decode_jpeg(image, channels =3)
    image = tf.image.resize(image, [100, 100])
    image / = 255.0   # normalize to [0,1] range
    # image = tf.reshape(image,[100* 100* 3])
    return image


def load_and_preprocess_image(path, label):
    image = tf.io.read_file(path)
    return preprocess_image(image), label
```

(4)构建一个 tf.data.Dataset。代码如下:

```
ds = tf.data.Dataset.from_tensor_slices((all_image_paths, all_image_labels))
train_data =ds.map(load_and_preprocess_image).batch(16)
```

第3章 监督学习实战

监督学习是指利用一组已知类别的样本调整分类器的参数,使其达到所要求性能的过程,也被称为监督训练或有教师学习。在监督学习中,每个实例都是由一个输入对象(通常为矢量)和一个期望的输出值(也称为监督信号)组成的。监督学习算法的目的是分析该训练数据,并产生一个推断的功能,其可以用于映射出新的实例。本章详细讲解使用 Scikit-learn 实现监督学习的知识。

3.1 广义线性模型

广义线性模型是线性模型的扩展,通过联结函数建立响应变量的数学期望值与线性组合的预测变量之间的关系。其特点是不强行改变数据的自然度量,数据可以具有非线性和非恒定方差结构,是线性模型在研究响应值的非正态分布以及非线性模型简洁直接的线性转化时的一种发展。

下面是一组用于回归的方法,其中目标值 y 是输入变量 x 的线性组合。在数学概念中,如果 $\hat{y}$ 是预测值,则:

$$\hat{y}(w, x) = w_0 + w_1 x_1 + \cdots + w_p x_p$$

在整个模型中,我们定义向量 $w = (w_1, \cdots, w_p)$ 作为 coef_ ,定义 w_0 作为 intercept_ 。

3.1.1 普通最小二乘法

在 Scikit-learn 应用中,模块 LinearRegression 用于拟合一个带有系数 $w = (w_1, \cdots, w_p)$ 的线性模型,使得数据集实际观测数据和预测数据(估计值)之间的残差平方和最小。其数学表达式为:

$$\min_{w} \| Xw - y \|_2^2$$

LinearRegression 会调用方法 fit()拟合数组 X、y,并且将线性模型的系数 w 存储在其成员变量 coef_中。

然而,对于普通最小二乘的系数估计问题,其依赖于模型各项的相互独立性。当各项是相关的,且设计矩阵 X 的各列近似线性相关,那么设计矩阵会趋向于奇异矩阵,这会导致最小二乘估计对于随机误差非常敏感,会产生很大的方差。例如,在没有实验设计的情况下收集到的数据,这种多重共线性(multicollinearity)的情况可能真的会出现。

下面的实例文件 linear01. py,使用数据集 diabetes 中的第一个特征说明二维图中的数据点。在图中可以看到直线,显示了使用线性回归绘制一条直线的方法,以最小化数据集中观察到的响应与线性近似预测的响应之间的残差平方和。

```
import matplotlib.pyplot as plt
import numpy as np
from sklearn import datasets, linear_model
from sklearn.metrics import mean_squared_error, r2_score
```

```
#加载糖尿病数据集
diabetes_X, diabetes_y = datasets.load_diabetes(return_X_y = True)

#只使用一个功能
diabetes_X = diabetes_X[:, np.newaxis, 2]

#将数据拆分为"训练/测试"集
diabetes_X_train = diabetes_X[:-20]
diabetes_X_test = diabetes_X[-20:]

#将目标划分为"训练/测试"集
diabetes_y_train = diabetes_y[:-20]
diabetes_y_test = diabetes_y[-20:]

#创建线性回归对象
regr = linear_model.LinearRegression()

#使用训练集训练模型
regr.fit(diabetes_X_train, diabetes_y_train)

#使用测试集进行预测
diabetes_y_pred = regr.predict(diabetes_X_test)

#系数
print('系数: \n', regr.coef_)
#均方误差
print('均方误差:% .2f'
      % mean_squared_error(diabetes_y_test, diabetes_y_pred))
# 决定系数:如果是1则为完美预测
print('确定系数:% .2f'
      % r2_score(diabetes_y_test, diabetes_y_pred))

#输出绘图
plt.scatter(diabetes_X_test, diabetes_y_test,  color = 'black')
plt.plot(diabetes_X_test, diabetes_y_pred, color = 'blue', linewidth = 3)

plt.xticks(())
plt.yticks(())

plt.show()
```

执行后会输出下面的结果,会绘制可视化图表,如图 3-1 所示。

```
系数:
[938.23786125]
均方误差:2548.07
确定系数:0.47
```

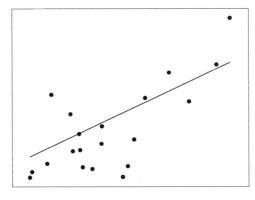

图 3-1　可视化图表

3.1.2　岭回归

岭回归是一种专用于共线性数据分析的有偏估计回归方法,实质上是一种改良的最小二乘估计法,通过放弃最小二乘法的无偏性,以损失部分信息、降低精度为代价获得回归系数更为符合实际、更可靠的回归方法,对病态数据的拟合要强于最小二乘法。

在 Scikit-learn 应用中,使用模块 Ridge 实现岭回归功能,Ridge 回归通过对系数的大小施加惩罚来解决普通最小二乘法的一些问题。岭系数最小化的是带罚项的残差平方和:

$$\min_{w} \| Xw - y \|_2^2 + \alpha \| w \|_2^2$$

其中,$\alpha \geqslant 0$ 是控制系数收缩量的复杂性参数:α 的值越大,收缩量越大,这样系数对共线性的鲁棒性也更强。与其他线性模型一样,Ridge 用方法 fit() 将模型系数 w 存储在其 coef_成员中,代码如下:

```
>>> from sklearn import linear_model
>>> reg = linear_model.Ridge (alpha = .5)
>>> reg.fit ([[0, 0], [0, 0], [1, 1]], [0, .1, 1])
Ridge(alpha = 0.5, copy_X = True, fit_intercept = True, max_iter = None,
normalize = False, random_state = None, solver = 'auto', tol = 0.001)
>>> reg.coef_
array([ 0.34545455,  0.34545455])
>>> reg.intercept_
0.13636...
```

下面的实例文件 linear02. py,其功能是绘制岭系数作为正则化函数,可视化显示估计量系数中共线性的影响。

```
import numpy as np
import matplotlib.pyplot as plt
from sklearn import linear_model


#X 是 10×10 的希尔伯特矩阵
X = 1. / (np.arange(1, 11) + np.arange(0, 10)[:, np.newaxis])
y = np.ones(10)


#计算路径
```

```
n_alphas = 200
alphas = np.logspace(-10, -2, n_alphas)

coefs = []
for a in alphas:
    ridge = linear_model.Ridge(alpha=a, fit_intercept=False)
    ridge.fit(X, y)
    coefs.append(ridge.coef_)


#显示结果
ax = plt.gca()
ax.plot(alphas, coefs)
ax.set_xscale('log')
ax.set_xlim(ax.get_xlim()[::-1])  # reverse axis
plt.xlabel('alpha')
plt.ylabel('weights')
plt.title('作为正则化函数的岭系数')
plt.axis('tight')
plt.show()
```

在上述代码中，Ridge 回归是本例中使用的估计量，每种绘图颜色代表系数向量的不同特征，这显示为正则化参数的函数。本实例还展示了将 Ridge 回归应用于高度病态矩阵的有用性，对于此类矩阵来说，即使目标变量的微小变化也会导致计算出的权重出现巨大差异。在这种情况下，设置某个正则化(alpha)以减少这种变化(噪声)很有用。

当 alpha 非常大时，正则化效应在平方损失函数中占主导地位，系数趋近于 0。在路径的末端，由于 alpha 趋近于 0 且解趋于普通最小二乘法，系数表现出很大的振荡。在实践中，有必要以在两者之间保持平衡的方式调整 alpha。

3.1.3　Lasso 回归

在 Scikit-learn 应用中，使用模块实现 Lasso 回归功能。Lasso 是估计稀疏系数的线性模型，这在一些情况下是有用的，因为它倾向于使用具有较少参数值的情况，有效地减少给定解决方案所依赖变量的数量。因此，Lasso 及其变体是压缩感知领域的基础。在一定条件下，它可以恢复一组非零权重的精确集。

在数学公式表达上，Lasso 由一个带有 e_1 先验的正则项的线性模型组成。其最小化的目标函数为：

$$\min_{w} \frac{1}{2n_{samples}} \| Xw - y \|_2^2 + \alpha \| w \|_1$$

lasso estimate 解决了加上罚项 $\alpha \| w \|_1$ 的最小二乘法的最小化问题，其中，α 是一个常数，$\| w \|_1$ 是参数向量的 e_1-norm 范数，代码如下：

```
>>> from sklearn import linear_model
>>> reg = linear_model.Lasso(alpha=0.1)
>>> reg.fit([[0, 0], [1, 1]], [0, 1])
Lasso(alpha=0.1)
>>> reg.predict([[1, 1]])
array([0.8])
```

下面的实例文件 linear03. py，其功能是实现稀疏信号的 lasso 和弹性网。

```python
import numpy as np
import matplotlib.pyplot as plt

from sklearn.metrics import r2_score

# ############################################################################
#生成一些稀疏数据以供使用
np.random.seed(42)

n_samples, n_features = 50, 100
X = np.random.randn(n_samples, n_features)

#递减系数，可视化的交替标志
idx = np.arange(n_features)
coef = (-1) ** idx * np.exp(-idx / 10)
coef[10:] = 0   #稀疏系数
y = np.dot(X, coef)

#Add noise
y += 0.01 * np.random.normal(size=n_samples)

#分割、训练数据
n_samples = X.shape[0]
X_train, y_train = X[:n_samples // 2], y[:n_samples // 2]
X_test, y_test = X[n_samples // 2:], y[n_samples // 2:]

# ############################################################################
#
from sklearn.linear_model import Lasso

alpha = 0.1
lasso = Lasso(alpha=alpha)

y_pred_lasso = lasso.fit(X_train, y_train).predict(X_test)
r2_score_lasso = r2_score(y_test, y_pred_lasso)
print(lasso)
print("r^2 on test data : % f" % r2_score_lasso)

# ############################################################################
#弹力网
from sklearn.linear_model import ElasticNet

enet = ElasticNet(alpha=alpha, l1_ratio=0.7)

y_pred_enet = enet.fit(X_train, y_train).predict(X_test)
r2_score_enet = r2_score(y_test, y_pred_enet)
```

```
print(enet)
print("r^2 on test data : % f" % r2_score_enet)

m, s, _ = plt.stem(np.where(enet.coef_)[0], enet.coef_[enet.coef_! = 0],
                   markerfmt = 'x', label = 'Elastic net coefficients',
                   use_line_collection = True)
plt.setp([m, s], color = "#2ca02c")
m, s, _ = plt.stem(np.where(lasso.coef_)[0], lasso.coef_[lasso.coef_! = 0],
                   markerfmt = 'x', label = 'Lasso coefficients',
                   use_line_collection = True)
plt.setp([m, s], color = '#ff7f0e')
plt.stem(np.where(coef)[0], coef[coef! = 0], label = 'true coefficients',
         markerfmt = 'bx', use_line_collection = True)

plt.legend(loc = 'best')
plt.title("Lasso $R^2$: % .3f, Elastic Net $R^2$: % .3f"
          % (r2_score_lasso, r2_score_enet))
plt.show()
```

执行效果如图 3-2 所示。

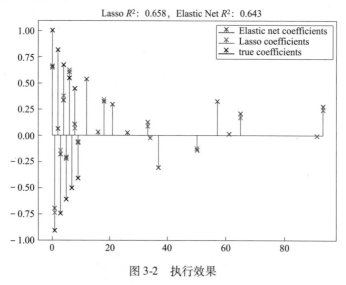

图 3-2　执行效果

3.2　线性和二次判别分析

线性判别分析（discriminant_analysis. LinearDiscriminantAnalysis）和二次判别分析（discriminant_analysis. QuadraticDiscriminantAnalysis）是两个经典的分类器，它们分别代表了线性决策平面和二次决策平面。如图 3-3 所示，这些图像展示了 Linear Discriminant Analysis（LDA，线性判别分析）和 Quadratic Discriminant Analysis（QDA，二次判别分析）的决策边界。其中，最后一行表明线性判别分析只能学习线性边界，而二次判别分析则可以学习二次边界，因此它相对而言更加灵活。

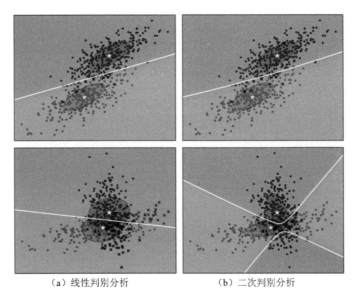

（a）线性判别分析　　　　　　　（b）二次判别分析

图 3-3　线性判别分析和二次判别分析对比

3.2.1　使用线性判别分析来降维

在 Scikit-learn 应用中，discriminant_analysis. LinearDiscriminantAnalysis 通过把输入的数据投影到由最大化类之间分离的方向所组成的线性子空间，可以执行有监督降维。输出的维度必然会比原来的类别数量更少，总体而言它是十分强大的降维方式。

关于维度的数量可通过参数 n_components 来调节，需要注意的是，该参数不会对 discriminant_analysis. LinearDiscriminantAnalysis. fit 或者 discriminant_analysis. LinearDiscriminantAnalysis. predict 产生影响。

下面的实例文件 linear04. py，其功能是在 Iris 数据集中对比 LDA 和 PCA 之间的降维差异。在 Iris 数据集中保存了 3 种鸢尾花（setosa、versicolour 和 virginica）信息，有 4 个属性：萼片长度、萼片宽度、花瓣长度和花瓣宽度。本实例将基于 Iris 分析应用于此数据的主成分分析（PCA）可以识别出造成数据差异最大的属性（主要成分或特征空间中的方向）组合。在这里，我们在两个第一主成分上绘制了不同的样本。

```
import matplotlib.pyplot as plt

from sklearn import datasets
from sklearn.decomposition import PCA
from sklearn.discriminant_analysis import LinearDiscriminantAnalysis

iris = datasets.load_iris()

X = iris.data
y = iris.target
target_names = iris.target_names

pca = PCA(n_components=2)
X_r = pca.fit(X).transform(X)
```

```
lda = LinearDiscriminantAnalysis(n_components=2)
X_r2 = lda.fit(X, y).transform(X)

# Percentage of variance explained for each components
print('explained variance ratio (first two components): % s'
      % str(pca.explained_variance_ratio_))

plt.figure()
colors = ['navy', 'turquoise', 'darkorange']
lw = 2

for color, i, target_name in zip(colors, [0, 1, 2], target_names):
    plt.scatter(X_r[y == i, 0], X_r[y == i, 1], color=color, alpha=.8, lw=lw,
                label=target_name)
plt.legend(loc='best', shadow=False, scatterpoints=1)
plt.title('PCA of IRIS dataset')

plt.figure()
for color, i, target_name in zip(colors, [0, 1, 2], target_names):
    plt.scatter(X_r2[y == i, 0], X_r2[y == i, 1], alpha=.8, color=color,
                label=target_name)
plt.legend(loc='best', shadow=False, scatterpoints=1)
plt.title('LDA of IRIS dataset')

plt.show()
```

运行上述代码,LDA 会试图识别出类别之间差异最大的属性。尤其是与 PCA 相比,LDA 是使用已知类别标签的受监督方法。执行后会输出下面的结果,并绘制如图 3-4 所示的可视化对比图。

```
explained variance ratio (first two components): [0.92461872 0.05306648]
```

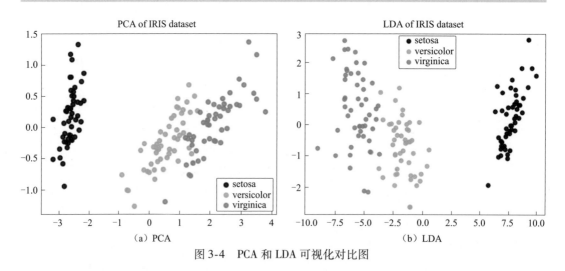

图 3-4　PCA 和 LDA 可视化对比图

3.2.2　Shrinkage(收缩)

收缩是一种在训练样本数量相比特征而言很小的情况下,可以提升的协方差矩阵预测(准确性)的工具。在这种情况下,经验样本协方差是一个很差的预测器。收缩 LDA 可以通过设置类 discriminant_analysis. LinearDiscriminantAnalysis 的参数 shrinkage 为'auto'来实现。

可以手动将 shrinkage parameter(收缩参数)的值设置在 0 ~ 1,其中 0 对应没有收缩(这说明经验协方差矩阵将会被使用),而 1 则对应完全使用收缩(说明方差的对角矩阵将被当作协方差矩阵的估计)。设置该参数在两个极端值之间会估计一个(特定的)协方差矩阵的收缩形式。

下面的实例文件 linear05. py,其功能是实现用于分类的正态、Ledoit-Wolf 和 OAS 线性判断分析。本实例演示了使用 Ledoit-Wolf 和 Oracle Shrinkage Approximating(OAS)协方差估计器改进分类的方法。

```python
import numpy as np
import matplotlib.pyplot as plt

from sklearn.datasets import make_blobs
from sklearn.discriminant_analysis import LinearDiscriminantAnalysis
from sklearn.covariance import OAS


n_train = 20    #训练样本
n_test = 200    #测试样本
n_averages = 50   #重复分类的频率
n_features_max = 75   #最大功能数
step = 4   #计算的步长
def generate_data(n_samples, n_features):
    """生成带有噪声特征的随机斑点数据,这将返回一个具有形状"(n_samples, n_features)'的
输入数据数组'以及 'n_samples'目标标签数组。只有一个特征包含鉴别信息,其他特征只包含
噪声
    """
    X, y = make_blobs(n_samples =n_samples, n_features =1, centers =[[ -2], [2]])

    #添加非歧视性特征
    if n_features > 1:
        X =np.hstack([X, np.random.randn(n_samples, n_features - 1)])
    return X, y


acc_clf1, acc_clf2, acc_clf3 = [], [], []
n_features_range = range(1, n_features_max + 1, step)
for n_features in n_features_range:
    score_clf1, score_clf2, score_clf3 = 0, 0, 0
    for _ in range(n_averages):
        X, y = generate_data(n_train, n_features)

        clf1 = LinearDiscriminantAnalysis(solver ='lsqr',
                                 shrinkage ='auto').fit(X, y)
        clf2 = LinearDiscriminantAnalysis(solver ='lsqr',
                                 shrinkage =None).fit(X, y)
        oa = OAS(store_precision =False, assume_centered =False)
        clf3 = LinearDiscriminantAnalysis(solver ='lsqr',
                                 covariance_estimator =oa).fit(X, y)
```

```
        X, y = generate_data(n_test, n_features)
        score_clf1 += clf1.score(X, y)
        score_clf2 += clf2.score(X, y)
        score_clf3 += clf3.score(X, y)

    acc_clf1.append(score_clf1 / n_averages)
    acc_clf2.append(score_clf2 / n_averages)
    acc_clf3.append(score_clf3 / n_averages)

features_samples_ratio =np.array(n_features_range) / n_train

plt.plot(features_samples_ratio, acc_clf1, linewidth =2,
        label = "Linear Discriminant Analysis with Ledoit Wolf", color = 'navy')
plt.plot(features_samples_ratio, acc_clf2, linewidth =2,
        label = "Linear Discriminant Analysis", color = 'gold')
plt.plot(features_samples_ratio, acc_clf3, linewidth =2,
        label = "Linear Discriminant Analysis with OAS", color = 'red')

plt.xlabel('n_features / n_samples')
plt.ylabel('Classification accuracy')

plt.legend(loc =3, prop = {'size': 12})
plt.suptitle('Linear Discriminant Analysis vs. ' + '\n'
        + 'Shrinkage Linear Discriminant Analysis vs. ' + '\n'
        + 'OAS Linear Discriminant Analysis (1 discriminative feature)')
plt.show()
```

执行后的效果如图 3-5 所示。

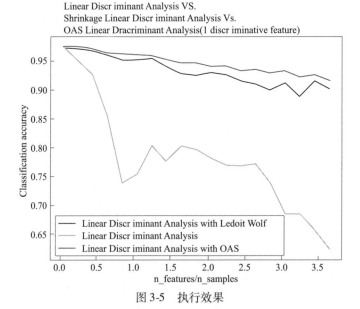

图 3-5　执行效果

3.3　支持向量机

支持向量机(support vector machine,SVM)可用于监督学习算法中的分类、回归和异常检测等应用,支持向量机的优势如下:

- 在高维空间中非常高效;
- 即使在数据维度比样本数量大的情况下仍然有效;
- 在决策函数(称为支持向量)中使用训练集的子集,因此它也是高效利用内存的。

在 Scikit-learn 中提供了 dense(numpy.ndarray,可通过 numpy.asarray 进行转换)和 sparse(任何 scipy.sparse)实现支持向量机功能,要使用 SVW 来对 sparse 数据进行预测,它必须已经拟合这样的数据。

3.3.1　分类

在 Scikit-learn 应用中,SVC、NuSVC 和 LinearSVC 能在数据集中实现多元分类功能。一方面,SVC 和 NuSVC 是相似的方法,但是接受稍许不同的参数设置并且有不同的数学方程。另一方面,LinearSVC 是另一个实现线性核函数的支持向量分类。LinearSVC 不接受关键词 kernel,因为它被假设为线性的,也缺少一些 SVC 和 NuSVC 的成员(members),如 support_。

和其他分类器一样,SVC、NuSVC 和 LinearSVC 将两个数组作为输入,其中[n_samples, n_features]大小的数组 X 作为训练样本,[n_samples]大小的数组 y 作为类别标签(字符串或者整数),代码如下:

```
>>> from sklearn import svm
>>> X = [[0, 0], [1, 1]]
>>> y = [0, 1]
>>> clf = svm.SVC()
>>> clf.fit(X, y)
SVC(C=1.0, cache_size=200, class_weight=None, coef0=0.0,
    decision_function_shape='ovr', degree=3, gamma='auto', kernel='rbf',
    max_iter=-1, probability=False, random_state=None, shrinking=True,
    tol=0.001, verbose=False)
```

在拟合后,可以使用这个模型预测新的值:

```
>>> clf.predict([[2., 2.]])
array([1])
```

SVMs 决策函数取决于训练集的一些子集,称为支持向量。这些支持向量的部分特性可以在 support_vectors_, support_和 n_support 找到,代码如下:

```
>>> #获得支持向量
>>> clf.support_vectors_
array([[ 0.,  0.],
    [ 1.,  1.]])
>>> #获得支持向量的索引 get indices of support vectors
>>> clf.support_
array([0, 1]...)
>>> #为每一个类别获得支持向量的数量
>>> clf.n_support_
array([1, 1]...)
```

下面的实例文件 linear06.py，其功能是使用具有线性核的 SVM 分类器在二类可分离数据集中绘制最大边距分离超平面。

```python
import numpy as np
import matplotlib.pyplot as plt
from sklearn import svm
from sklearn.datasets import make_blobs


#创造40个可分离的点
X, y = make_blobs(n_samples=40, centers=2, random_state=6)

#适合模型,不要为了说明而正则化
clf = svm.SVC(kernel='linear', C=1000)
clf.fit(X, y)

plt.scatter(X[:, 0], X[:, 1], c=y, s=30, cmap=plt.cm.Paired)

# 绘制决策函数
ax = plt.gca()
xlim = ax.get_xlim()
ylim = ax.get_ylim()

#创建网格以评估模型
xx = np.linspace(xlim[0], xlim[1], 30)
yy = np.linspace(ylim[0], ylim[1], 30)
YY, XX = np.meshgrid(yy, xx)
xy = np.vstack([XX.ravel(), YY.ravel()]).T
Z = clf.decision_function(xy).reshape(XX.shape)

# 绘图决策边界和边距
ax.contour(XX, YY, Z, colors='k', levels=[-1, 0, 1], alpha=0.5,
        linestyles=['--', '-', '--'])
# 绘制支持向量
ax.scatter(clf.support_vectors_[:, 0], clf.support_vectors_[:, 1], s=100,
        linewidth=1, facecolors='none', edgecolors='k')
plt.show()
```

执行后的效果如图 3-6 所示。

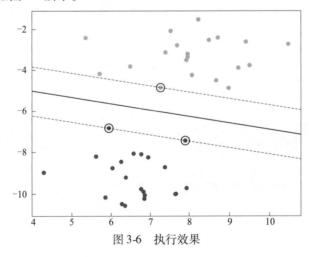

图 3-6　执行效果

3.3.2　回归

支持向量分类的方法可以被扩展用作解决回归问题,该方法被称为支持向量回归。支持向量分类生成的模型(如前所述)只依赖于训练集的子集,因为构建模型的 cost function 不在乎边缘之外的训练点。类似的,支持向量回归生成的模型只依赖于训练集的子集,因为构建模型的 cost function 忽略任何接近于模型预测的训练数据。

支持向量分类有三种不同的实现形式:SVR、NuSVR 和 LinearSVR。在只考虑线性核的情况下,LinearSVR 比 SVR 提供了一个更快的实现形式,然而比起 SVR 和 LinearSVR,NuSVR 能够实现一个稍微不同的构思(formulation)。

方法 fit() 会调用参数向量 X、y,y 是浮点数而不是整数型,代码如下:

```
>>> from sklearn import svm
>>> X = [[0, 0], [2, 2]]
>>> y = [0.5, 2.5]
>>> clf = svm.SVR()
>>> clf.fit(X, y)
SVR(C=1.0, cache_size=200, coef0=0.0, degree=3, epsilon=0.1, gamma='auto',
 kernel='rbf', max_iter=-1, shrinking=True, tol=0.001, verbose=False)
>>> clf.predict([[1, 1]])
array([ 1.5])
```

下面的实例文件 linear07.py,其功能是使用线性和非线性内核的支持向量回归。

```python
import numpy as np
from sklearn.svm import SVR
import matplotlib.pyplot as plt


# #############################################################################
#生成示例数据
X = np.sort(5 * np.random.rand(40, 1), axis=0)
y = np.sin(X).ravel()


# #############################################################################
#向目标添加噪波
y[::5] += 3 * (0.5 - np.random.rand(8))


# #############################################################################
#拟合回归模型
svr_rbf = SVR(kernel='rbf', C=100, gamma=0.1, epsilon=.1)
svr_lin = SVR(kernel='linear', C=100, gamma='auto')
svr_poly = SVR(kernel='poly', C=100, gamma='auto', degree=3, epsilon=.1,
               coef0=1)


# #############################################################################
#查看结果
lw = 2

svrs = [svr_rbf, svr_lin, svr_poly]
kernel_label = ['RBF', 'Linear', 'Polynomial']
model_color = ['m', 'c', 'g']
```

```
fig, axes = plt.subplots(nrows=1, ncols=3, figsize=(15, 10), sharey=True)
for ix, svr in enumerate(svrs):
    axes[ix].plot(X, svr.fit(X, y).predict(X), color=model_color[ix], lw=lw,
                  label='{} model'.format(kernel_label[ix]))
    axes[ix].scatter(X[svr.support_], y[svr.support_], facecolor="none",
                     edgecolor=model_color[ix], s=50,
                     label='{} support vectors'.format(kernel_label[ix]))
    axes[ix].scatter(X[np.setdiff1d(np.arange(len(X)), svr.support_)],
                     y[np.setdiff1d(np.arange(len(X)), svr.support_)],
                     facecolor="none", edgecolor="k", s=50,
                     label='other training data')
    axes[ix].legend(loc='upper center', bbox_to_anchor=(0.5, 1.1),
                    ncol=1, fancybox=True, shadow=True)

fig.text(0.5, 0.04, 'data', ha='center', va='center')
fig.text(0.06, 0.5, 'target', ha='center', va='center', rotation='vertical')
fig.suptitle("Support Vector Regression", fontsize=14)
plt.show()
```

执行效果如图3-7所示。

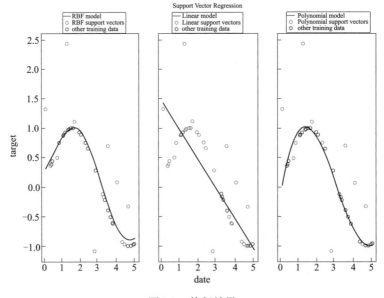

图3-7 执行效果

3.3.3 密度估计和异常(novelty)检测

类别的SVM可用于异常检测，即给予一个样例集会检测这个样例集的soft boundary，以便给新的数据点分类，看它是否属于这个样例集，生成的类被称为OneClassSVM。在这种情况下，因为它属于非监督学习的一类，所以没有类标签，方法fit()只会考虑输入数组X。

下面的实例文件linear08.py，其功能是使用一类SVM实现新颖性检测功能。一类SVM是一种无监督算法，学习用于新颖性检测的决策函数：将新数据分类为与训练集相似或不同。代码如下：

```
import numpy as np
import matplotlib.pyplot as plt
import matplotlib.font_manager
from sklearn import svm

xx, yy = np.meshgrid(np.linspace(-5, 5, 500), np.linspace(-5, 5, 500))
#生成训练数据
X = 0.3 * np.random.randn(100, 2)
X_train = np.r_[X + 2, X - 2]
#产生一些有规律的新的观察结果
X = 0.3 * np.random.randn(20, 2)
X_test = np.r_[X + 2, X - 2]
#产生一些不正常的新的观察结果
X_outliers = np.random.uniform(low=-4, high=4, size=(20, 2))

# fit 模型
clf = svm.OneClassSVM(nu=0.1, kernel="rbf", gamma=0.1)
clf.fit(X_train)
y_pred_train = clf.predict(X_train)
y_pred_test = clf.predict(X_test)
y_pred_outliers = clf.predict(X_outliers)
n_error_train = y_pred_train[y_pred_train == -1].size
n_error_test = y_pred_test[y_pred_test == -1].size
n_error_outliers = y_pred_outliers[y_pred_outliers == 1].size

#绘制线、点和到平面最近的向量
Z = clf.decision_function(np.c_[xx.ravel(), yy.ravel()])
Z = Z.reshape(xx.shape)

plt.title("Novelty Detection")
plt.contourf(xx, yy, Z, levels=np.linspace(Z.min(), 0, 7), cmap=plt.cm.PuBu)
a = plt.contour(xx, yy, Z, levels=[0], linewidths=2, colors='darkred')
plt.contourf(xx, yy, Z, levels=[0, Z.max()], colors='palevioletred')

s = 40
b1 = plt.scatter(X_train[:, 0], X_train[:, 1], c='white', s=s, edgecolors='k')
b2 = plt.scatter(X_test[:, 0], X_test[:, 1], c='blueviolet', s=s,
edgecolors='k')
c = plt.scatter(X_outliers[:, 0], X_outliers[:, 1], c='gold', s=s,
edgecolors='k')
plt.axis('tight')
plt.xlim((-5, 5))
plt.ylim((-5, 5))
plt.legend([a.collections[0], b1, b2, c],
           ["learned frontier", "training observations",
            "new regular observations", "new abnormal observations"],
           loc="upper left",
           prop=matplotlib.font_manager.FontProperties(size=11))
plt.xlabel(
    "error train: % d/200 ; errors novel regular: % d/40 ; "
```

```
        "errors novel abnormal: % d/40"
        % (n_error_train, n_error_test, n_error_outliers))
    plt.show()
```

执行效果如图 3-8 所示。

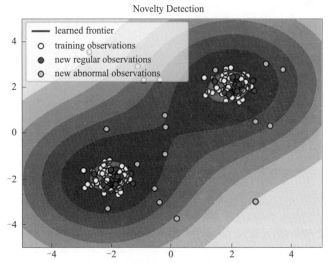

error train: 21/200；errors novel regular: 4/40；errors novel abnormal: 1/40

图 3-8　执行效果

3.4　随机梯度下降

随机梯度下降（stuchastic gradient descent，SGD）是一种简单但又非常高效的方法，主要用于凸损失函数下线性分类器的判别式学习，如（线性）支持向量机和 Logistic 回归。尽管 SGD 在机器学习社区已经存在了很长时间，但是最近在 large-scale learning（大规模学习）方面 SGD 获得了相当大的关注。SGD 已成功应用于在文本分类和自然语言处理中经常遇到的大规模和稀疏的机器学习问题。对于稀疏数据来说，本模块的分类器可以轻易地处理超过 105 的训练样本和超过 105 的特征。

3.4.1　分类

在拟合模型前，需要确保重新排列（打乱）训练数据，或者在每次迭代后用 shuffle = True 来打乱。类 SGDClassifier 实现了一个简单的 SGD 学习过程，支持不同的 loss functions（损失函数）和 penalties for classification（分类处罚）。作为另一个 classifier（分类器），拟合 SGD 需要两个 array（数组）。其中将训练样本的 size 保存为[n_samples, n_features]的数组 X，将训练样本目标值（类标签）的 size 保存为[n_samples]的数组 Y。代码如下：

```
>>> from sklearn.linear_model import SGDClassifier
>>> X = [[0., 0.], [1., 1.]]
>>> y = [0, 1]
>>> clf = SGDClassifier(loss = "hinge", penalty = "l2")
>>> clf.fit(X, y)
SGDClassifier(alpha = 0.0001, average = False, class_weight = None, epsilon = 0.1,
```

```
eta0 = 0.0, fit_intercept = True, l1_ratio = 0.15,
learning_rate = 'optimal', loss = 'hinge', max_iter = 5, n_iter = None,
n_jobs = 1, penalty = 'l2', power_t = 0.5, random_state = None,
shuffle = True, tol = None, verbose = 0, warm_start = False)
```

拟合后可以用该模型来预测新值：

```
>>> clf.predict([[2., 2.]])
array([1])
```

SGD 通过训练数据来拟合一个线性模型，成员 coef_用于保存模型参数：

```
>>> clf.coef_
array([[ 9.9...,  9.9...]])
```

成员 intercept_用于保存 intercept［截距，又称为 offset（偏移）或 bias（偏差）］：

```
>>> clf.intercept_
array([ -9.9...])
```

使用 SGDClassifier. decision_function 来获得到此超平面的 signed distance（符号距离）：

```
>>> clf.decision_function([[2., 2.]])
array([ 29.6...])
```

具体的 loss function（损失函数）可以通过 loss 参数来设置，SGDClassifier 支持以下 loss functions（损失函数）：

- loss = "hinge"：（软-间隔）线性支持向量机；
- loss = "modified_huber"：平滑的 hinge 损失；
- loss = "log"：logistic 回归；
- 以及所有的回归损失。

其中前两个 loss function（损失函数）是懒惰的，如果一个例子违反了 margin constraint（边界约束），它们仅更新模型的参数，这使得训练非常有效率，即使使用 L2 penalty（惩罚）仍然可能得到稀疏的模型结果。

使用 loss = "log" 或者 loss = "modified_huber" 来启用 predict_proba 方法，其给出每个样本 x 的概率估计 P（y|x）的一个向量：

```
>>> clf = SGDClassifier(loss = "log").fit(X, y)
>>> clf.predict_proba([[1., 1.]])
array([[ 0.00...,  0.99...]])
```

下面的实例文件 linear09. py，其功能是使用 SGD 训练的线性支持向量机分类器在两类可分离数据集中绘制最大间隔分离超平面。

```
#创建 50 个可分离点
X, Y = make_blobs(n_samples = 50, centers = 2, random_state = 0, cluster_std = 0.60)

# fit 模型
clf = SGDClassifier(loss = "hinge", alpha = 0.01, max_iter = 200)

clf.fit(X, Y)

#绘制线、点和到平面最近的向量
```

```
xx = np.linspace(-1, 5, 10)
yy = np.linspace(-1, 5, 10)

X1, X2 = np.meshgrid(xx, yy)
Z = np.empty(X1.shape)
for (i, j), val in np.ndenumerate(X1):
    x1 = val
    x2 = X2[i, j]
    p = clf.decision_function([[x1, x2]])
    Z[i, j] = p[0]
levels = [-1.0, 0.0, 1.0]
linestyles = ['dashed', 'solid', 'dashed']
colors = 'k'
plt.contour(X1, X2, Z, levels, colors=colors, linestyles=linestyles)
plt.scatter(X[:, 0], X[:, 1], c=Y, cmap=plt.cm.Paired,
            edgecolor='black', s=20)

plt.axis('tight')
plt.show()
```

执行效果如图 3-9 所示。

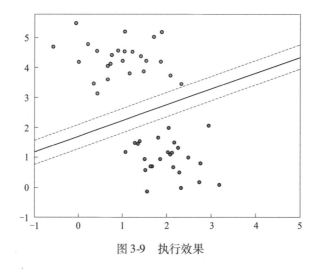

图 3-9　执行效果

3.4.2　回归

SGDRegressor 类实现了一个简单的 SGD 学习例程,它支持用不同的损失函数和惩罚来拟合线性回归模型。SGDRegressor 非常适用于有大量训练样本(>10.000)的回归问题,对于其他问题,建议使用 Ridge、Lasso 或 ElasticNet。具体的损失函数可通过 loss 参数设置,SGDRegressor 支持的损失函数:

- loss = "squared_loss":普通最小二乘法;
- loss = "huber":Huber 回归;
- loss = "epsilon_insensitive":线性支持向量回归。

huber 和 epsilon_insensitive 损失函数可用于 robust regression(鲁棒回归)。不敏感区域的宽度必须通过参数 epsilon 来设定,该参数取决于目标变量的规模。

SGDRegressor 支持 ASGD(平均随机梯度下降)作为 SGDClassifier,均值化可通过设置 average = True 来启用。

对于利用了 squared loss(平方损失)和 l2 penalty(l2 惩罚)的回归,在 Ridge 中提供了另一个采取 averaging strategy(平均策略)的 SGD 变体,其使用了随机平均梯度(SAG)算法。

3.4.3　稀疏数据的随机梯度下降

由于在截距部分收敛学习速率方面的差异,稀疏实现与密集实现相比产生的结果略有不同。在 scipy. sparse 支持的格式中,任意矩阵都有对稀疏数据的内置支持方法。但是,为了获得最高的效率,需使用在 scipy. sparse. csr_matrix 中定义的 CSR 矩阵格式。

下面的实例文件 linear10. py,其功能是展示使用词袋模型按主题对文档进行分类的过程。本实例使用 scipy. sparse 矩阵来存储特征,并演示了可以有效处理稀疏矩阵的各种分类器。实例文件 linear10. py 的具体实现流程如下:

(1)本实例使用的数据集由 20 个新闻组数据集组成,将自动下载该数据集并缓存,代码如下:

```python
if opts.all_categories:
    categories = None
else:
    categories = [
        'alt.atheism',
        'talk.religion.misc',
        'comp.graphics',
        'sci.space',
    ]

if opts.filtered:
    remove = ('headers', 'footers', 'quotes')
else:
    remove = ()

print("Loading 20 newsgroups dataset for categories:")
print(categories if categories else "all")

data_train = fetch_20newsgroups(subset = 'train', categories = categories,
                                shuffle = True, random_state = 42,
                                remove = remove)

data_test = fetch_20newsgroups(subset = 'test', categories = categories,
                               shuffle = True, random_state = 42,
                               remove = remove)
print('data loaded')

#'target_names'中标签的顺序可以不同于'categories'
target_names = data_train.target_names

def size_mb(docs):
    return sum(len(s.encode('utf-8')) for s in docs) / 1e6

data_train_size_mb = size_mb(data_train.data)
```

```
    data_test_size_mb = size_mb(data_test.data)

    print("% d documents - % 0.3fMB (training set)" % (
        len(data_train.data), data_train_size_mb))
    print("% d documents - % 0.3fMB (test set)" % (
        len(data_test.data), data_test_size_mb))
    print("% d categories" % len(target_names))
    print()

    #拆分训练集和测试集
    y_train, y_test = data_train.target, data_test.target

    print("Extracting features from the training data using a sparse vectorizer")
    t0 = time()
    if opts.use_hashing:
        vectorizer = HashingVectorizer(stop_words = 'english', alternate_sign = False,
                            n_features = opts.n_features)
        X_train = vectorizer.transform(data_train.data)
    else:
        vectorizer = TfidfVectorizer(sublinear_tf = True, max_df = 0.5,
                            stop_words = 'english')
        X_train = vectorizer.fit_transform(data_train.data)
    duration = time() - t0
    print("done in % fs at % 0.3fMB/s" % (duration, data_train_size_mb / duration))
    print("n_samples: % d, n_features: % d" % X_train.shape)
    print()

    print("Extracting features from the test data using the same vectorizer")
    t0 = time()
    X_test = vectorizer.transform(data_test.data)
    duration = time() - t0
    print("done in % fs at % 0.3fMB/s" % (duration, data_test_size_mb / duration))
    print("n_samples: % d, n_features: % d" % X_test.shape)
    print()

    #从整数特征名称到原始标记字符串的映射
    if opts.use_hashing:
        feature_names = None
    else:
        feature_names = vectorizer.get_feature_names()

    if opts.select_chi2:
        print("Extracting % d best features by a chi - squared test" %
            opts.select_chi2)
        t0 = time()
        ch2 = SelectKBest(chi2, k = opts.select_chi2)
        X_train = ch2.fit_transform(X_train, y_train)
        X_test = ch2.transform(X_test)
        if feature_names:
            #保留选定的要素名称
```

```
        feature_names = [feature_names[i] for i
                         in ch2.get_support(indices = True)]
print("done in % fs" % (time() - t0))
print()

if feature_names:
    feature_names = np.asarray(feature_names)


def trim(s):
    """修剪字符串以适合终端(假设显示80列)"""
    return s if len(s) < = 80 else s[:77] + "..."
```

通过上述代码,从新闻组数据集加载数据,该数据集包含关于 20 个主题的约 18 000 个新闻组帖子,分为两个子集:一个用于训练(或开发),另一个用于测试(或用于性能评估)。

(2)用 15 个不同的分类模型训练和测试数据集,并获得每个模型的性能结果。代码如下:

```
def benchmark(clf):
    print('_' * 80)
    print("Training: ")
    print(clf)
    t0 = time()
    clf.fit(X_train, y_train)
    train_time = time() - t0
    print("train time: % 0.3fs" % train_time)

    t0 = time()
    pred = clf.predict(X_test)
    test_time = time() - t0
    print("test time:  % 0.3fs" % test_time)

    score = metrics.accuracy_score(y_test, pred)
    print("accuracy:   % 0.3f" % score)

    if hasattr(clf, 'coef_'):
    print("dimensionality: % d" % clf.coef_.shape[1])
    print("density: % f" % density(clf.coef_))

    if opts.print_top10 and feature_names is not None:
        print("top 10 keywords per class:")
        for i, label in enumerate(target_names):
            top10 = np.argsort(clf.coef_[i])[-10:]
            print(trim("% s: % s" % (label, " ".join(feature_names[top10]))))
    print()

if opts.print_report:
    print("classification report:")
    print(metrics.classification_report(y_test, pred,
                                target_names = target_names))

if opts.print_cm:
```

```
        print("confusion matrix:")
        print(metrics.confusion_matrix(y_test, pred))

    print()
    clf_descr = str(clf).split('(')[0]
    return clf_descr, score, train_time, test_time


results = []
for clf, name in ((RidgeClassifier(tol=1e-2, solver="sag"), "Ridge Classifier"),
    (Perceptron(max_iter=50), "Perceptron"), (PassiveAggressiveClassifier(max_iter=50), "
    Passive - Aggressive"), (KNeighborsClassifier(n_neighbors=10), "kNN"),
    (RandomForestClassifier(), "Random forest")):
    print('=' * 80)
    print(name)
    results.append(benchmark(clf))

for penalty in ["12", "l1"]:
    print('=' * 80)
    print("%s penalty" % penalty.upper())
    #训练 Liblinear 模型
    results.append(benchmark(LinearSVC(penalty=penalty, dual=False,
                                       tol=1e-3)))

    # Train SGD model
    results.append(benchmark(SGDClassifier(alpha=.0001, max_iter=50,
                                           penalty=penalty)))

#训练 SGD
print('=' * 80)
print("Elastic - Net penalty")
results.append(benchmark(SGDClassifier(alpha=.0001, max_iter=50,
                                       penalty="elasticnet")))

# 无阈值训练
print('=' * 80)
print("NearestCentroid (aka Rocchio classifier)")
results.append(benchmark(NearestCentroid()))

# 训练稀疏朴素贝叶斯分类器
print('=' * 80)
print("Naive Bayes")
results.append(benchmark(MultinomialNB(alpha=.01)))
results.append(benchmark(BernoulliNB(alpha=.01)))
results.append(benchmark(ComplementNB(alpha=.1)))

print('=' * 80)
print("LinearSVC with L1 - based feature selection")
#C 越小,正则化越强。正则化越多,稀疏性越强
results.append(benchmark(Pipeline([
```

```
    ('feature_selection',SelectFromModel(LinearSVC(penalty = "l1", dual = False,
                                          tol = 1e - 3))),
    ('classification',LinearSVC(penalty = "l2"))])])
```

(3)开始绘图,条形图分别表示每个分类器的准确度、训练时间(归一化)和测试时间(归一化)。代码如下:

```
indices = np.arange(len(results))

results = [[x[i] for x in results] for i in range(4)]

clf_names, score, training_time, test_time = results
training_time = np.array(training_time) / np.max(training_time)
test_time = np.array(test_time) / np.max(test_time)

plt.figure(figsize = (12, 8))
plt.title("Score")
plt.barh(indices, score, .2, label = "score", color = 'navy')
plt.barh(indices + .3, training_time, .2, label = "training time",
        color = 'c')
plt.barh(indices + .6, test_time, .2, label = "test time", color = 'darkorange')
plt.yticks(())
plt.legend(loc = 'best')
plt.subplots_adjust(left = .25)
plt.subplots_adjust(top = .95)
plt.subplots_adjust(bottom = .05)

for i, c in zip(indices, clf_names):
    plt.text(- .3, i, c)

plt.show()
```

执行后的效果如图 3-10 所示。

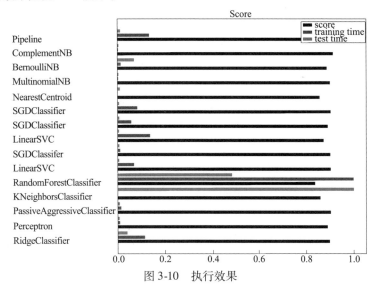

图 3-10　执行效果

3.5　邻近算法

邻近算法,也称为 k 最邻近(k-nearest neighbor,kNN)分类算法,是数据挖掘分类技术中最简单的方法之一。k 最邻近是指 k 个最近的邻居的意思,即每个样本都可以用它最接近的 k 个邻近值来代表,kNN 算法就是将数据集合中每一个记录进行分类的方法。Scikit-learn 提供了对 kNN 算法的支持,本节详细讲解 Scikit-learn 实现 kNN 算法的知识。

3.5.1　邻近算法基础

在 Scikit-learn 的 sklearn.neighbors 模块中,提供了 neighbors-based(基于近邻的)无监督学习和监督学习方法的功能。无监督的最邻近是许多其他学习方法的基础,尤其是 manifold learning(流形学习)和 spectral clustering(谱聚类)。neighbors-based 监督学习分为以下两种:

- classification(分类):针对具有离散标签的数据;
- regression(回归):针对具有连续标签的数据。

在 Scikit-learn 邻近算法的背后,其原理是从训练样本中找到与新点在距离上最近的预定数量的几个点,然后从这些点中预测标签。这些点的数量可以是用户自定义的常量,也可以根据不同的点的局部密度(基于半径的最近邻学习)确定。通常可以通过任何度量来衡量距离,其中 standard Euclidean distance(标准欧式距离)是最常用的方法。neighbors-based 方法被称为非泛化机器学习方法,因为它们只是简单地"记住"了其所有的训练数据(可能转换为一个快速索引结构,如 Ball Tree 或 KD Tree)。

尽管 kNN 算法非常简单,但是已经成功地应用于分类问题和回归问题,如识别手写数字或卫星图像的应用场景。作为一个 non-parametric(非参数化)方法,kNN 算法经常被用于解决决策边界非常不规则的分类情景。

在 Scikit-learn 中,通过使用 sklearn.neighbors 可以将 Numpy 数组或 scipy.sparse 矩阵作为其输入。对于密集矩阵,大多数可能的距离度量都是支持的。对于稀疏矩阵,支持搜索任意的 Minkowski 度量。

3.5.2　无监督最近邻

在 Scikit-learn 中,NearestNeighbors 实现了无监督的最近邻学习。NearestNeighbors 充当三个不同的最邻近算法的统一接口:BallTree 和 KDTree 及一个基于 sklearn.emeics.pair 中规则的暴力算法。最邻近搜索算法的选择是通过关键字 algorithm 来控制的,其选择必须是['auto', 'ball_tree', 'kd_tree', 'brute']中的一个。当传递默认值'auto'时,该算法尝试从训练数据中自动查出最佳的方法。

(1)找到最近邻

如果只是想在两组数据之间寻找最近邻,可以使用 sklearn.neighbors 中的无监督算法实现。例如:

```
>>> from sklearn.neighbors import NearestNeighbors
>>> import numpy as np
>>> X = np.array([[ -1, -1], [ -2, -1], [ -3, -2], [1, 1], [2, 1], [3, 2]])
>>> nbrs = NearestNeighbors(n_neighbors=2, algorithm='ball_tree').fit(X)
>>> distances, indices = nbrs.kneighbors(X)
>>> indices
array([[0, 1],
       [1, 0],
       [2, 1],
```

```
        [3, 4],
        [4, 3],
        [5, 4]]...)
>>> distances
array([[0.        , 1.        ],
       [0.        , 1.        ],
       [0.        , 1.41421356],
       [0.        , 1.        ],
       [0.        , 1.        ],
       [0.        , 1.41421356]])
```

因为查询集与训练集相互匹配,所以每个点的最近的邻居就是该点本身,距离为 0。

另外,还可以使用 NearestNeighbors 生成表示相邻点之间连接的稀疏图。例如:

```
>>> nbrs.kneighbors_graph(X).toarray()
array([[1., 1., 0., 0., 0., 0.],
       [1., 1., 0., 0., 0., 0.],
       [0., 1., 1., 0., 0., 0.],
       [0., 0., 0., 1., 1., 0.],
       [0., 0., 0., 1., 1., 0.],
       [0., 0., 0., 0., 1., 1.]])
```

这样便形成了一个 k-最邻近的块对角矩阵,这样的稀疏图在利用点之间的空间关系进行无监督学习的各种情况下十分有用。

（2）KDTree 和 BallTree

在 Scikit-learn 中,可以直接使用类 KDTree 或类 BallTree 来查找最近的邻居。BallTree 和 KDTree 具有相同的接口,下面是使用 KDTree 的例子。

```
>>> from sklearn.neighbors import KDTree
>>> import numpy as np
>>> X = np.array([[-1, -1], [-2, -1], [-3, -2], [1, 1], [2, 1], [3, 2]])
>>> kdt = KDTree(X, leaf_size = 30, metric = 'euclidean')
>>> kdt.query(X, k = 2, return_distance = False)
array([[0, 1],
[1, 0],
[2, 1],
[3, 4],
[4, 3],
[5, 4]]...)
```

3.5.3　最近邻分类

如果数据标签是连续的,而不是离散的变量,此时可以使用基于邻居的回归。分配给查询点的标签是根据其最近的邻居的标签的平均值计算的。Scikit-learn 实现了以下两个不同的近邻回归器:

- KNeighborsRegressor:实现了基于每个查询点的 k 个最近邻的学习,其中 k 是用户指定的整数值;
- RadiusNeighborsRegressor:实现了基于查询点的固定半径 r 内的近邻的学习,其中 r 是用户指定的浮点数值。

最基本的最近邻回归使用相同的权重,即局部邻域中的每个点对查询点的分类都有一样的贡献。在某些情况下,即距离更近的点对回归的贡献要大于更远的点,这可以通过 weights 关键字来实现。默认值是 weights = 'uniform',为所有点分配一样的权重。通过 weights = 'distance'分配的权重与到查询点的距离成反比。或者可以提供用户定义的距离函数,该函数将用于计算权重。

下面的实例文件 linear11. py,演示了使用近邻回归的过程。本实例将使用 load_iris()加载鸢尾花数据集,绘制每个类别的决策边界。实例文件 linear11. py 的具体实现流程如下:

```python
import numpy as np
import matplotlib.pyplot as plt
from matplotlib.colors import ListedColormap
from sklearn import neighbors, datasets

n_neighbors = 15

# 导入需要处理的数据
iris = datasets.load_iris()

# 我们仅采用前两个特征。可以通过使用二维数据集来避免使用复杂的切片
X = iris.data[:, :2]
y = iris.target
h = .02    #设置网格中的步长

# 提取色谱
cmap_light = ListedColormap(['orange', 'cyan', 'cornflowerblue'])
cmap_bold = ListedColormap(['darkorange', 'c', 'darkblue'])

for weights in ['uniform', 'distance']:
    # 我们创建最近邻分类器的实例并拟合数据
    clf = neighbors.KNeighborsClassifier(n_neighbors, weights = weights)
    clf.fit(X, y)

    # 绘制决策边界。为此,我们将为网格[x_min, x_max] x [y_min, y_max]中的每个点分配颜色
    x_min, x_max = X[:, 0].min() - 1, X[:, 0].max() + 1
    y_min, y_max = X[:, 1].min() - 1, X[:, 1].max() + 1
    xx, yy = np.meshgrid(np.arange(x_min, x_max, h),
                         np.arange(y_min, y_max, h))
    Z = clf.predict(np.c_[xx.ravel(), yy.ravel()])

    # 将结果放入颜色图
    Z = Z.reshape(xx.shape)
    plt.figure()
    plt.pcolormesh(xx, yy, Z, cmap = cmap_light)

    # 绘制训练数据
    plt.scatter(X[:, 0], X[:, 1], c = y, cmap = cmap_bold,
                edgecolor = 'k', s = 20)
    plt.xlim(xx.min(), xx.max())
    plt.ylim(yy.min(), yy.max())
    plt.title("3 - Class classification (k = % i, weights = '% s')"
              % (n_neighbors, weights))

plt.show()
```

执行后将绘制鸢尾花数据每个类别的决策边界,效果如图 3-11 所示。

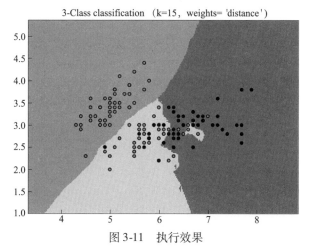

图 3-11　执行效果

第4章　无监督学习实战

在现实生活中常常会遇到这样的问题:缺乏足够的先验知识,因此难以人工标注类别或进行人工类别标注的成本太高。很自然地,我们希望计算机能代替我们完成这些工作,或者至少提供一些帮助。根据类别未知(没有被标记)的训练样本解决模式识别中的各种问题,称为无监督学习。本章详细介绍使用 Scikit-learn 实现无监督学习的知识。

4.1　高斯混合模型

混合模型是可以用来表示在总体分布(distribution)中含有 K 个子分布的概率模型。换句话说,混合模型表示观测数据在总体中的概率分布,它是一个由 K 个子分布组成的混合分布。混合模型不要求观测数据提供关于子分布的信息,来计算观测数据在总体分布中的概率。

高斯混合模型可以看作是由 K 个单高斯模型组合而成的模型,这 K 个子模型是混合模型的隐变量(hidden variable)。一般来说,一个混合模型可以使用任何概率分布。这里使用高斯混合模型是因为高斯分布具备很好的数学性质以及良好的计算性能。

比如现在有一组狗的样本数据,不同种类的狗,体型、颜色、长相各不相同,但都属于狗这个种类。此时,单高斯模型可能不能很好地描述这个分布,因为样本数据分布并不是一个单一的椭圆,所以用混合高斯分布可以更好地描述这个问题,如图4-1所示。

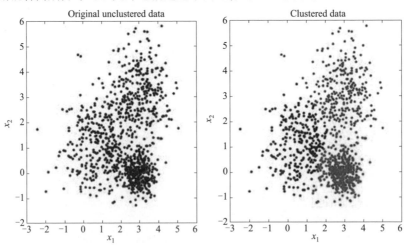

图4-1　图中的每个点都由 K 个子模型中的某一个生成

4.1.1　使用 sklearn. mixture 实现高斯混合

在 Scikit-learn 应用中,sklearn. mixture 是一个应用高斯混合模型进行非监督学习的包,支持 diagonal、spherical、tied、full 四种协方差矩阵:

* diagonal:指每个分量有各自不同对角协方差矩阵;

- spherical:指每个分量有各自不同的简单协方差矩阵;
- tied:指所有分量有相同的标准协方差矩阵;
- full:指每个分量有各自不同的标准协方差矩阵。

sklearn. mixture 对数据进行抽样,并且根据数据估计模型。同时包也提供了相关支持,来帮助用户决定合适的分量数(分量个数)。在高斯混合模型中,将每一个高斯分布称为一个分量,即component。

在 Scikit-learn 中,GaussianMixture 对象实现了用来拟合高斯混合模型的期望最大化(EM)算法。GaussianMixture 还可以为多变量模型绘制置信区间,同时计算 BIC(bayesian information criterion,贝叶斯信息准则)来评估数据中聚类的数量。GaussianMixture. fit 提供了从训练数据中学习高斯混合模型的方法。

如果提供了测试数据,通过使用 GaussianMixture. predict()方法可以为每个样本分配最有可能对应的高斯分布。在 GaussianMixture 方法中自带不同的选项来约束不同估类的协方差:spherical、diagonal、tied 或 full 协方差。

在现实应用中,经常使用 BIC 选择高斯混合的分量数。理论上,它仅当在近似状态下可以恢复正确的分量数(如果有大量数据可用,并且假设这些数据实际上是一个混合高斯模型独立同分布生成的)。注意,使用变分贝叶斯高斯混合可以避免高斯混合模型中分量数的选择。

下面的实例文件 gaussian01. py,这是一个用典型的高斯混合进行的模型选择的例子。本实例使用高斯混合模型对信息理论标准(BIC)执行模型选择。模型选择涉及协方差类型和模型中的组件数量。在这种情况下,AIC 也会提供正确的结果(为了节省时间本实例未显示),但如果是识别正确的模型,则 BIC 更适合。在这种情况下,选择具有两个分量和完全协方差的模型(对应于真正的生成模型)。

```
#每个组件的样本数
n_samples = 500

#生成随机样本,两个分量
np.random.seed(0)
C = np.array([[0., -0.1], [1.7, .4]])
X = np.r_[np.dot(np.random.randn(n_samples, 2), C),
          .7 * np.random.randn(n_samples, 2) + np.array([-6, 3])]

lowest_bic = np.infty
bic = []
n_components_range = range(1, 7)
cv_types = ['spherical', 'tied', 'diag', 'full']
for cv_type in cv_types:
    for n_components in n_components_range:
        #用 EM 拟合高斯混合
        gmm = mixture.GaussianMixture(n_components = n_components,
                            covariance_type = cv_type)
        gmm.fit(X)
        bic.append(gmm.bic(X))
        if bic[-1] < lowest_bic:
            lowest_bic = bic[-1]
            best_gmm = gmm
```

```
bic = np.array(bic)
color_iter = itertools.cycle(['navy', 'turquoise', 'cornflowerblue',
                              'darkorange'])
clf = best_gmm
bars = []

#绘制 BIC 分数
plt.figure(figsize = (8, 6))
spl = plt.subplot(2, 1, 1)
for i, (cv_type, color) in enumerate(zip(cv_types, color_iter)):
    xpos = np.array(n_components_range) + .2 * (i - 2)
    bars.append(plt.bar(xpos, bic[i * len(n_components_range):
                                  (i + 1) * len(n_components_range)],
                        width = .2, color = color))
plt.xticks(n_components_range)
plt.ylim([bic.min() * 1.01 - .01 * bic.max(), bic.max()])
plt.title('BIC score per model')
xpos = np.mod(bic.argmin(), len(n_components_range)) + .65 + \
    .2 * np.floor(bic.argmin() / len(n_components_range))
plt.text(xpos, bic.min() * 0.97 + .03 * bic.max(), '* ', fontsize = 14)
spl.set_xlabel('Number of components')
spl.legend([b[0] for b in bars], cv_types)

#绘制赢家
splot = plt.subplot(2, 1, 2)
Y_ = clf.predict(X)
for i, (mean, cov, color) in enumerate(zip(clf.means_, clf.covariances_,
                                           color_iter)):
    v, w = linalg.eigh(cov)
    if not np.any(Y_ == i):
        continue
    plt.scatter(X[Y_ == i, 0], X[Y_ == i, 1], .8, color = color)

    #绘制一个椭圆以显示高斯分量
    angle = np.arctan2(w[0][1], w[0][0])
    angle = 180. * angle / np.pi  #转换为度
    v = 2. * np.sqrt(2.) * np.sqrt(v)
    ell = mpl.patches.Ellipse(mean, v[0], v[1], 180. + angle, color = color)
    ell.set_clip_box(splot.bbox)
    ell.set_alpha(.5)
    splot.add_artist(ell)

plt.xticks(())
plt.yticks(())
plt.title(f'Selected GMM: {best_gmm.covariance_type} model, '
          f'{best_gmm.n_components} components')
plt.subplots_adjust(hspace = .35, bottom = .02)
plt.show()
```

执行后的效果如图 4-2 所示。

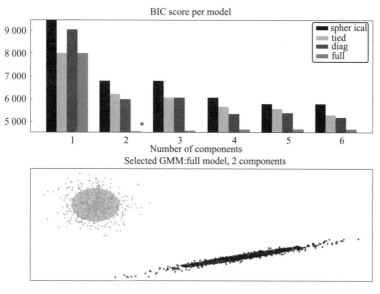

图 4-2　执行效果

4.1.2　使用 BayesianGaussianMixture 实现变分贝叶斯高斯混合

在 Scikit-learn 应用中,BayesianGaussianMixture 对象实现了具有变分的高斯混合模型的变体推理算法,这个 API 的功能和 GaussianMixture 相似。

变分推断是期望最大化(EM)的扩展,它最大化模型证据(包括先验)的下界,而不是数据似然函数。变分方法的原理与期望最大化相同(二者都是迭代算法,在寻找由混合产生的每个点的概率和根据所分配的点拟合之间两步交替),但是变分方法通过整合先验分布信息来增加正则化限制。这避免了期望最大化解决方案中常出现的奇异性,但是也给模型带来了微小的偏差。变分方法计算过程通常明显较慢,但通常不会慢到无法使用。

由于它的贝叶斯特性,变分算法比预期最大化需要更多的超参数(先验分布中的参数),其中最重要的就是浓度参数 weight_concentration_prior。指定一个低浓度先验,将会使模型将大部分的权重放在少数分量上,其余分量的权重则趋近于 0。而高浓度先验将使混合模型中的大部分分量都有一定的权重。BayesianGaussianMixture 类的参数实现提出了两种权重分布先验:一种是利用 Dirichlet distribution(狄利克雷分布)的有限混合模型,另一种是利用 Dirichlet process(狄利克雷过程)的无限混合模型。在实际应用上,狄利克雷过程推理算法是近似的,并且使用具有固定最大分量数的截尾分布(称为 Stick-breaking representation)。使用的分量数实际上几乎总是取决于数据。

下面的实例文件 gaussian02. py,其功能是使用 GaussianMixture 和 BayesianGaussianMixture 绘制置信椭圆体。使用期望最大化(GaussianMixture 类)和变分推理(BayesianGaussianMixture 先验狄利克雷过程的类模型)绘制获得的两个高斯混合的置信椭圆体。

```
color_iter = itertools.cycle(['navy', 'c', 'cornflowerblue', 'gold',
                              'darkorange'])
def plot_results(X, Y_, means, covariances, index, title):
    splot = plt.subplot(2, 1, 1 + index)
    for i, (mean, covar, color) in enumerate(zip(
            means, covariances, color_iter)):
```

```
            v, w = linalg.eigh(covar)
            v = 2. * np.sqrt(2.) * np.sqrt(v)
            u = w[0] / linalg.norm(w[0])
            #由于DP不会使用它可以访问的所有组件,除非它需要它,所以我们不应该绘制冗余组件
            if not np.any(Y_ == i):
                continue
            plt.scatter(X[Y_ == i, 0], X[Y_ == i, 1], .8, color=color)

            #绘制一个椭圆以显示高斯分量
            angle = np.arctan(u[1] / u[0])
            angle = 180. * angle / np.pi     #转换为度
            ell = mpl.patches.Ellipse(mean, v[0], v[1], 180. + angle, color=color)
            ell.set_clip_box(splot.bbox)
            ell.set_alpha(0.5)
            splot.add_artist(ell)

    plt.xlim(-9., 5.)
    plt.ylim(-3., 6.)
    plt.xticks(())
    plt.yticks(())
    plt.title(title)


#每个组件的样本数
n_samples = 500

#生成随机样本,两个分量
np.random.seed(0)
C = np.array([[0., -0.1], [1.7, .4]])
X = np.r_[np.dot(np.random.randn(n_samples, 2), C),
          .7 * np.random.randn(n_samples, 2) + np.array([-6, 3])]

#用五个分量拟合高斯混合电磁波
gmm = mixture.GaussianMixture(n_components=5, covariance_type='full').fit
(X)
plot_results(X, gmm.predict(X), gmm.means_, gmm.covariances_, 0,
             'Gaussian Mixture')

#用五个分量拟合Dirichlet过程高斯混合
dpgmm = mixture.BayesianGaussianMixture(n_components=5,
                                        covariance_type='full').fit(X)
plot_results(X, dpgmm.predict(X), dpgmm.means_, dpgmm.covariances_, 1,
             'Bayesian Gaussian Mixture with a Dirichlet process prior')


plt.show()
```

在本实例中,两种模型都可以访问五个用于拟合数据的组件。注意,期望最大化模型必须使用所有五个组件,而变分推理模型将有效地仅使用良好拟合所需的数量。在这里可以看到,期望最大化模型任意拆分了一些组件,因为它试图拟合太多组件,而狄利克雷过程模型会自动适应它的状态数。

4.2　流形学习

流形学习是一种非线性降维方法。其算法基于的思想是:许多数据集的维度过高只是由人为导致的。高维数据集非常难以可视化,虽然可以绘制两维或三维的数据来显示数据的固有结构,但是与之等效的高维图不太直观。为了帮助数据集结构的可视化,必须以某种方式降低维度。

4.2.1　对数据进行随机投影

通过对数据的随机投影来实现降维是最简单的方法,虽然这样做能实现数据结构一定程度的可视化,但随机选择投影仍有许多有待改进之处。在随机投影中,很可能会丢失数据中更有趣的结构。为了解决这一问题,设计出来一些监督和无监督的线性降维框架,如主成分分析(PCA)、独立成分分析和线性判别分析等。这些算法定义了明确的规定来选择数据的“有趣的”线性投影。它们虽然强大,但是会经常错失数据中重要的非线性结构。

可以将流形学习认为是一种将线性框架(如 PCA)推广为对数据中非线性结构敏感的尝试,虽然存在监督变量,但是典型的流形学习问题是无监督的:它从数据本身学习数据的高维结构,而不使用预定的分类。

下面的实例文件 gaussian03.py,其功能是使用各种流形学习方法对 S 曲线数据集进行降维。注意,MDS 的目的是找到数据的低维表示(此处为 2D),其中距离很好地尊重原始高维空间中的距离,与其他流形学习算法不同,它不寻求低维空间中数据的各向同性表示。

```
Axes3D

n_points = 1000
X, color = datasets.make_s_curve(n_points, random_state=0)
n_neighbors = 10
n_components = 2

#创建图形
fig = plt.figure(figsize=(15, 8))
fig.suptitle("Manifold Learning with % i points, % i neighbors"
            % (1000, n_neighbors), fontsize=14)

#添加三维散点图
ax = fig.add_subplot(251, projection='3d')
ax.scatter(X[:, 0], X[:, 1], X[:, 2], c=color, cmap=plt.cm.Spectral)
ax.view_init(4, -72)

#设置多种方法
LLE = partial(manifold.LocallyLinearEmbedding,
                n_neighbors, n_components, eigen_solver='auto')

methods = OrderedDict()
methods['LLE'] = LLE(method='standard')
methods['LTSA'] = LLE(method='ltsa')
methods['Hessian LLE'] = LLE(method='hessian')
methods['Modified LLE'] = LLE(method='modified')
methods['Isomap'] = manifold.Isomap(n_neighbors, n_components)
```

```
methods['MDS'] = manifold.MDS(n_components, max_iter=100, n_init=1)
methods['SE'] = manifold.SpectralEmbedding(n_components=n_components,
                                n_neighbors=n_neighbors)
methods['t-SNE'] = manifold.TSNE(n_components=n_components, init='pca',
                                random_state=0)

#绘制结果
for i, (label, method) in enumerate(methods.items()):
    t0 = time()
    Y = method.fit_transform(X)
    t1 = time()
    print("% s: % .2g sec" % (label, t1 - t0))
    ax = fig.add_subplot(2, 5, 2 + i + (i > 3))
    ax.scatter(Y[:, 0], Y[:, 1], c=color, cmap=plt.cm.Spectral)
    ax.set_title("% s (% .2g sec)" % (label, t1 - t0))
    ax.xaxis.set_major_formatter(NullFormatter())
    ax.yaxis.set_major_formatter(NullFormatter())
    ax.axis('tight')

plt.show()
```

执行效果如图 4-3 所示。

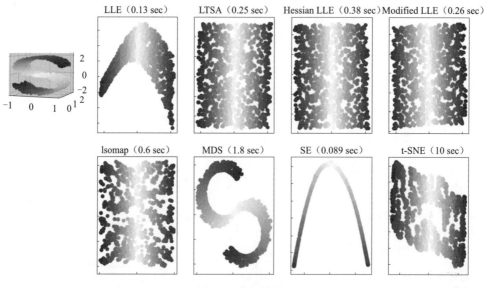

图 4-3　执行效果

4.2.2　Isomap 算法

在现实应用中,Isomap 算法是最早的流形学习方法之一。Isomap 算法是等距映射的缩写,可以将其看作是多维尺度(multidimensional scaling,MDS)分析或核主成分分析的扩展。Isomap 算法寻求一种更低维度的嵌入,以保持所有点之间的测地线距离(geodesic distances)。Isomap 可以通过 Isomap 对象来执行。

具体来说，Isomap 算法包括以下三个阶段：

（1）最近邻搜索：Isomap 算法使用 sklearn. neighbors. BallTree 高效地进行近邻搜索。对于 D 维度中 N 个点的 k 个最近邻，其代价近似为：$O[D\log(k)N\log(N)]$。

（2）最短路径图搜索：这方面算法中已知最有效的算法是 Dijkstra 算法或 Floyd-Warshall 算法，复杂度分别为约 $O[N^2(k+\log(N))]$ 和 $O[N^3]$。可以通过使用 Isomap 算法的 path_method 关键字来选择算法。如果未指定算法，则尝试为输入数据选择最佳算法。

（3）部分特征值分解：嵌入编码在对应的 xisomap 核的最大特征值的特征向量中。对于一个密集求解器，代价约为 $O[dN^2]$。这个代价通常可以通过 ARPACK 求解器来提高。用户可以使用 Isomap 算法的 path_method 关键字指定特征求解器。如果未指定，将尝试为输入数据选择最佳算法。

Isomap 算法的总体复杂度为：

$$O[D\log(k)N\log(N)]+O[N^2(k+\log(N))]+O[dN^2]$$

式中：N 为训练数据点个数；D 为输入维度；k 为最近邻个数；d 为输出维度。

4.3　聚类

在 Scikit-learn 应用中，可以使用模块 sklearn. cluster 来实现未标记的数据 Clustering（聚类）。每个 clustering algorithm（聚类算法）有以下两个变体：

- class：实现方法 fit()来学习 train data（训练数据）的 clusters（聚类）；
- function（函数）：用于提供训练数据，返回与不同 clusters（聚类）对应的整数标签 array（数组）。

需要注意的是，在模块 sklearn. cluster 中的算法可以采用不同种类的 matrix（矩阵）作为输入。所有这些都接受 shape［n_samples，n_features］的标准数据矩阵，这些可以从以 sklearn. feature_extraction 模块的 classes（类）中获得。对于 AffinityPropagation（AP 聚类算法）来说，SpectralClustering 和 DBSCAN 也可以输入 shape［n_samples，n_samples］的相似矩阵，这些可以从 sklearn. metrics. pairwise 模块中的函数获得。

4.3.1　K-Means 聚类算法

在 Scikit-learn 应用中，K-Means 聚类算法通过试图分离 n groups of equal variance（n 个相等方差组）的样本来聚集数据，minimizing（最小化）称为 inertia 或者 within-cluster sum-of-squares（簇内和平方）的 criterion（标准）。该算法需要指定 number of clusters（簇的数量）。它可以很好地 scales（扩展）到 large number of samples（大量样本），并已经被广泛应用于许多不同领域的应用领域。

K-Means 聚类算法将一组 N 样本 X 划分成 K 不相交的 clusters（簇）C，每个都用 cluster（该簇）中的样本均值 μ_i 来描述。这个 means（均值）通常被称为 cluster（簇）的"centroids（质心）"。注意，一般不是从 X 中挑选出的点，虽然它们是处在同一个 space（空间）。K-Means 聚类算法旨在选择最小化 inertia（惯性）或 within-cluster sum of squared（簇内和的平方和）的标准的 centroids（质心）：

$$\sum_{i=0}^{n}\min_{\mu_i\in C}(\|x_j-\mu_i\|^2)$$

下面的实例文件 gaussian04. py，其功能是说明 K-Means 是否直观执行、何时不执行的情况。

```
import numpy as np
import matplotlib.pyplot as plt

from sklearn.cluster import KMeans
from sklearn.datasets import make_blobs


plt.figure(figsize = (12, 12))

n_samples = 1500
random_state = 170
X, y = make_blobs(n_samples = n_samples, random_state = random_state)

#簇数不正确
y_pred = KMeans(n_clusters = 2, random_state = random_state).fit_predict(X)

plt.subplot(221)
plt.scatter(X[:, 0], X[:, 1], c = y_pred)
plt.title("Incorrect Number of Blobs")

#各向异性分布数据
transformation = [[0.60834549, -0.63667341], [-0.40887718, 0.85253229]]
X_aniso = np.dot(X, transformation)
y_pred = KMeans(n_clusters = 3, random_state = random_state).fit_predict(X_aniso)

plt.subplot(222)
plt.scatter(X_aniso[:, 0], X_aniso[:, 1], c = y_pred)
plt.title("Anisotropicly Distributed Blobs")

#差异
X_varied, y_varied = make_blobs(n_samples = n_samples,
                        cluster_std = [1.0, 2.5, 0.5],
                        random_state = random_state)
y_pred = KMeans(n_clusters = 3, random_state = random_state).fit_predict(X_varied)

plt.subplot(223)
plt.scatter(X_varied[:, 0], X_varied[:, 1], c = y_pred)
plt.title("Unequal Variance")

#大小不均的斑点
X_filtered = np.vstack((X[y == 0][:500], X[y == 1][:100], X[y == 2][:10]))
y_pred = KMeans(n_clusters = 3,
            random_state = random_state).fit_predict(X_filtered)

plt.subplot(224)
plt.scatter(X_filtered[:, 0], X_filtered[:, 1], c = y_pred)
plt.title("Unevenly Sized Blobs")

plt.show()
```

执行效果如图 4-4 所示，在前三个图中，输入数据不符合 K-Means 做出的一些隐含假设，结果产生了不需要的集群。在最后一个图中，尽管 blob 大小不均匀，但 K-Means 返回了直观的集群。

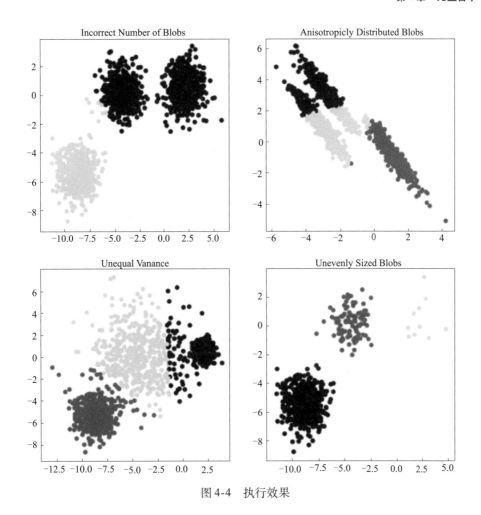

图 4-4　执行效果

4.3.2　小批量 K-Means 算法

小批量 K-Means 算法是 K-Means 聚类算法的一个变体,其使用 mini-batches(小批量)来减少计算时间,同时仍然尝试优化相同的 objective function(目标函数)。mini-batches 是输入数据的子集,在每次 training iteration(训练迭代)中 randomly sampled(随机抽样)。这些小批量大大减少了融合到本地解决方案所需的计算量。与其他降低 K-Means 收敛时间的算法相反,小批量 K-Means产生的结果通常只比标准算法略差。

小批量 K-Means 算法在两个主要步骤之间进行迭代,类似于 vanilla K-Means。在第一步,b 样本是从数据集中随机抽取的,形成一个 mini-batch。然后将它们分配到最近的 centroid。在第二步,centroids 被更新。与 k-means 相反,这是在每个样本的基础上完成的。对于 mini-batch 中的每个样本,通过取样本的 streaming average(流平均值)和分配给该质心的所有先前样本来更新分配的质心。这具有随时间降低 centroid 的 rate(变化率)的效果。执行这些步骤直到达到收敛或达到预定次数的迭代。小批量 K-Means 收敛速度比 K-Means 快,但是结果的质量会降低。在实践应用中,质量差异可能会相当小。

下面的实例文件 gaussian05.py,其功能是比较 K-Means 聚类算法与小批量 K-Means 算法。本实例将对一组数据进行聚类,首先使用 K-Means,然后使用小批量 K-Means 并绘制结果,且将绘制两种算法之间的不同点。

```
#生成示例数据
np.random.seed(0)

batch_size = 45
centers = [[1, 1], [-1, -1], [1, -1]]
n_clusters = len(centers)
X, labels_true = make_blobs(n_samples=3000, centers=centers, cluster_std=0.7)


k_means = KMeans(init='k-means++', n_clusters=3, n_init=10)
t0 = time.time()
k_means.fit(X)
t_batch = time.time() - t0

# ###########################################################################
mbk = MiniBatchKMeans(init='k-means++', n_clusters=3, batch_size=batch_size,
                      n_init=10, max_no_improvement=10, verbose=0)
t0 = time.time()
mbk.fit(X)
t_mini_batch = time.time() - t0

# ###########################################################################
# 绘制

fig = plt.figure(figsize=(8, 3))
fig.subplots_adjust(left=0.02, right=0.98, bottom=0.05, top=0.9)
colors = ['#4EACC5', '#FF9C34', '#4E9A06']

# 我们希望 MiniBatchKMeans 和 KMeans 算法中的同一簇具有相同的颜色。让我们把每个最近
的中心配对
k_means_cluster_centers = k_means.cluster_centers_
order = pairwise_distances_argmin(k_means.cluster_centers_,
                                  mbk.cluster_centers_)
mbk_means_cluster_centers = mbk.cluster_centers_[order]

k_means_labels = pairwise_distances_argmin(X, k_means_cluster_centers)
mbk_means_labels = pairwise_distances_argmin(X, mbk_means_cluster_centers)

# KMeans
ax = fig.add_subplot(1, 3, 1)
for k, col in zip(range(n_clusters), colors):
    my_members = k_means_labels == k
    cluster_center = k_means_cluster_centers[k]
    ax.plot(X[my_members, 0], X[my_members, 1], 'w',
            markerfacecolor=col, marker='.')
    ax.plot(cluster_center[0], cluster_center[1], 'o', markerfacecolor=col,
            markeredgecolor='k', markersize=6)
ax.set_title('KMeans')
ax.set_xticks(())
```

```
ax.set_yticks(())
plt.text(-3.5, 1.8,  'train time: % .2fs \ ninertia: % f' % (
    t_batch, k_means.inertia_))

# MiniBatchKMeans
ax = fig.add_subplot(1, 3, 2)
for k, col in zip(range(n_clusters), colors):
    my_members = mbk_means_labels = = k
    cluster_center = mbk_means_cluster_centers[k]
    ax.plot(X[my_members, 0], X[my_members, 1], 'w',
            markerfacecolor = col, marker = '.')
    ax.plot(cluster_center[0], cluster_center[1], 'o', markerfacecolor = col,
            markeredgecolor = 'k', markersize = 6)
ax.set_title('MiniBatchKMeans')
ax.set_xticks(())
ax.set_yticks(())
plt.text(-3.5, 1.8, 'train time: % .2fs \ ninertia: % f' %
        (t_mini_batch, mbk.inertia_))

#将不同的数组初始化为 False
different = (mbk_means_labels = = 4)
ax = fig.add_subplot(1, 3, 3)

for k in range(n_clusters):
    different += ((k_means_labels == k) ! = (mbk_means_labels == k))

identic = np.logical_not(different)
ax.plot(X[identic, 0], X[identic, 1], 'w',
        markerfacecolor = '#bbbbbb', marker = '.')
ax.plot(X[different, 0], X[different, 1], 'w',
        markerfacecolor = 'm', marker = '.')
ax.set_title('Difference')
ax.set_xticks(())
ax.set_yticks(())

plt.show()
```

执行后的效果如图 4-5 所示。

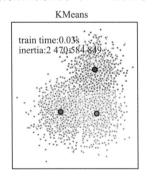
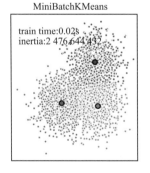
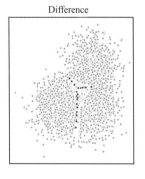

图 4-5　执行效果

4.4 双聚类算法

在 Scikit-learn 应用中,可以使用 sklearn. cluster. bicluster 模块实现 Biclustering(双聚类)。通过使用 Biclustering 算法,对数据矩阵的行列同时进行聚类,将同时对行和列进行的聚类称为 biclusters。每一次聚类都会通过原始数据矩阵的一些属性确定一个子矩阵。例如,一个矩阵 $(10, 10)$,一个 Biclustering,有三列两行,就是一个子矩阵 $(3, 2)$:

```
>>> import numpy as np
>>> data = np.arange(100).reshape(10, 10)
>>> rows = np.array([0, 2, 3])[:, np.newaxis]
>>> columns = np.array([1, 2])
>>> data[rows, columns]
array([[ 1,  2],
       [21, 22],
       [31, 32]])
```

为了实现可视化效果,设置一个 Biclustering,数据矩阵的行列可以重新分配,使得 bi-cluster 是连续的。

4.4.1 谱聚类算法

谱聚类算法找到的 bicluster 值比相应的其他行和列更高,因为每一个行和列都只属于一个 bicluster,所以重新分配行和列,使得分区连续显示对角线上的 high 值。

找到最优归一化剪切的近似解,可以通过图形的 Laplacian 的广义特征值分解。通常这表明可以直接使用 Laplacian 矩阵。如果原始数据矩阵 A 有形状 $m*n$,则对应的 bipartite 图的 Laplacian 矩阵具有形状 $(m+n)*(m+n)$。但是,在这种情况下直接使用 A,因为它更小,更有作用。

输入矩阵 A 被预处理为:

$$A_n = R^{-1/2}AC^{-1/2}$$

式中:R 为 i 对角线矩阵,和 $\sum_j A_{ij}$ 相同;C 为 j 的对角吸纳矩阵,等同于 $\sum_j A_{ij}A\_\{ij\}$。奇异值分解,$A\_n = A_n = U\sum V^T$,提供了 A 行列的分区。左边的奇异值向量给予行分区,右边的奇异值向量给予列分区。

$\ell = [\log_2 k]$ 奇异值向量从第二个开始,提供所需的分区信息。这些用于形成矩阵 Z:

$$Z = \begin{bmatrix} R^{-1/2} & U \\ C^{-1/2} & V \end{bmatrix}$$

U 的列是 u_2,u_{e+1},和 V 相似。然后 Z 的 rows 通过使用 K-Means 进行聚类。n_rows 标签提供行分区,剩下的 $n\_columns$ 标签提供列分区。

下面的实例文件 gaussian06. py,演示了在 20 个新闻组数据集上使用谱聚类算法的过程。在数据集中,将‘comp. os. ms-windows. misc 类别排除在外,因为它包含许多只包含数据的帖子。各个 TF-IDF 矢量化帖子形成一个词频矩阵,然后使用 Dhillon 的谱聚类算法对其进行双聚类处理。生成的文档词双簇表示在这些子集文档中更被经常使用的子集词。

```
def number_normalizer(tokens):
    """将所有数字标记映射到占位符。
        对于许多应用程序,以数字开头的令牌并不是直接有用的,但是这样一个令牌的存在可能是相关的。
```

通过应用这种形式的降维,某些方法的性能可能会更好

```python
    """
    return ("#NUMBER" if token[0].isdigit() else token for token in tokens)


class NumberNormalizingVectorizer(TfidfVectorizer):
    def build_tokenizer(self):
        tokenize = super().build_tokenizer()
        return lambda doc: list(number_normalizer(tokenize(doc)))


# exclude 'comp.os.ms-windows.misc'
categories = ['alt.atheism', 'comp.graphics',
              'comp.sys.ibm.pc.hardware', 'comp.sys.mac.hardware',
              'comp.windows.x', 'misc.forsale', 'rec.autos',
              'rec.motorcycles', 'rec.sport.baseball',
              'rec.sport.hockey', 'sci.crypt', 'sci.electronics',
              'sci.med', 'sci.space', 'soc.religion.christian',
              'talk.politics.guns', 'talk.politics.mideast',
              'talk.politics.misc', 'talk.religion.misc']
newsgroups = fetch_20newsgroups(categories=categories)
y_true = newsgroups.target

vectorizer = NumberNormalizingVectorizer(stop_words='english', min_df=5)
cocluster = SpectralCoclustering(n_clusters=len(categories),
                                 svd_method='arpack', random_state=0)
kmeans = MiniBatchKMeans(n_clusters=len(categories), batch_size=20000,
                         random_state=0)

print("Vectorizing...")
X = vectorizer.fit_transform(newsgroups.data)

print("Coclustering...")
start_time = time()
cocluster.fit(X)
y_cocluster = cocluster.row_labels_
print("Done in {:.2f}s. V-measure: {:.4f}".format(
    time() - start_time,
    v_measure_score(y_cocluster, y_true)))

print("MiniBatchKMeans...")
start_time = time()
y_kmeans = kmeans.fit_predict(X)
print("Done in {:.2f}s. V-measure: {:.4f}".format(
    time() - start_time,
    v_measure_score(y_kmeans, y_true)))

feature_names = vectorizer.get_feature_names()
document_names = list(newsgroups.target_names[i] for i in newsgroups.target)
```

```
def bicluster_ncut(i):
    rows, cols = cocluster.get_indices(i)
    if not (np.any(rows) and np.any(cols)):
        import sys
        return sys.float_info.max
    row_complement = np.nonzero(np.logical_not(cocluster.rows_[i]))[0]
    col_complement = np.nonzero(np.logical_not(cocluster.columns_[i]))[0]
    #注意:以下内容与 X[rows[:, np.newaxis], cols].sum()相同,但在 scipy 中要快得多
<=0.16
    weight = X[rows][:, cols].sum()
    cut = (X[row_complement][:, cols].sum() +
        X[rows][:, col_complement].sum())
    return cut / weight


def most_common(d):
    """defaultdict(int)中具有最高值的项,类似于 Counter.most_common
    """
    return sorted(d.items(), key=operator.itemgetter(1), reverse=True)


bicluster_ncuts = list(bicluster_ncut(i)
                    for i in range(len(newsgroups.target_names)))
best_idx = np.argsort(bicluster_ncuts)[:5]

print()
print("Best biclusters:")
print("----------------")
for idx, cluster in enumerate(best_idx):
    n_rows, n_cols = cocluster.get_shape(cluster)
    cluster_docs, cluster_words = cocluster.get_indices(cluster)
    if not len(cluster_docs) or not len(cluster_words):
        continue

    # categories 类别
    counter = defaultdict(int)
    for i in cluster_docs:
        counter[document_names[i]] += 1
    cat_string = ", ".join("{:.0f}% {}".format(float(c) / n_rows * 100, name)
                    for name, c in most_common(counter)[:3])

    # words 单词
    out_of_cluster_docs = cocluster.row_labels_ != cluster
    out_of_cluster_docs = np.where(out_of_cluster_docs)[0]
    word_col = X[:, cluster_words]
    word_scores = np.array(word_col[cluster_docs, :].sum(axis=0) -
                    word_col[out_of_cluster_docs, :].sum(axis=0))
    word_scores = word_scores.ravel()
    important_words = list(feature_names[cluster_words[i]]
                    for i in word_scores.argsort()[:-11:-1])
```

```
print("bicluster {} : {} documents, {} words".format(
    idx, n_rows, n_cols))
print("categories   : {}".format(cat_string))
print("words        : {}\n".format(', '.join(important_words)))
```

为了进行对比,在上述代码中还使用小批量 K-Means 算法对文档进行了聚类处理。从双聚类导出的文档聚类比小批量 K-Means 发现的聚类实现了更好的 V-measure。执行后会输出：

```
Vectorizing...
Coclustering...
Done in 2.18s. V-measure: 0.4431
MiniBatchKMeans...
Done in 7.83s. V-measure: 0.3344

Best biclusters:
----------------
bicluster 0 : 1961 documents, 4388 words
categories   : 23% talk.politics.guns, 18% talk.politics.misc, 17% sci.med
words        : gun, geb, guns, banks, gordon, clinton, pitt, cdt, surrender, veal

bicluster 1 : 1269 documents, 3558 words
categories   : 27% soc.religion.christian, 25% talk.politics.mideast, 24%
alt.atheism
words        : god, jesus, christians, sin, objective, kent, belief, christ,
faith, moral

bicluster 2 : 2201 documents, 2747 words
categories   : 18% comp.sys.mac.hardware, 17% comp.sys.ibm.pc.hardware, 16%
comp.graphics
words        : voltage, board, dsp, packages, receiver, stereo, shipping,
package, compression, image

bicluster 3 : 1773 documents, 2620 words
categories   : 27% rec.motorcycles, 23% rec.autos, 13% misc.forsale
words        : bike, car, dod, engine, motorcycle, ride, honda, bikes, helmet, bmw

bicluster 4 : 201 documents, 1175 words
categories   : 81% talk.politics.mideast, 10% alt.atheism, 7% soc.
religion.christian
words        : turkish, armenia, armenian, armenians, turks, petch, sera, zuma,
argic, gvg47
```

4.4.2　光谱共聚类算法

光谱共聚类算法找到的值高于相应的其他行和列中的值,每行和每列只属于一个双聚类,因此重新排列行和列中的这些高值,使这些分区沿着对角线连续显示。

在 Scikit-learn 应用中,实现光谱共聚类算法的函数是 sklearn. cluster. bicluster. SpectralCoclustering,主要参数的具体说明如下：

- n_clusters:聚类中心的数目,默认为 3；

- svd_method：计算 singular vectors 的算法,'randomized'(默认)或'arpack';
- n_svd_vecs：计算 singular vectors 值时使用的向量数目;
- n_jobs：计算时采用的线程或进程数量。

在 Scikit-learn 应用中,实现光谱共聚类算法的主要属性如下:

- rows_：二维数组,表示聚类的结果。其中的值均为 True 或 False。如果 rows_[i,r]为 True,表示聚类 i 包含行 r。
- columns_：二维数组,表示聚类的结果。
- row_labels_：每行的聚类标签列表。
- column_labels_：每列的聚类标签列表。

下面的实例文件 gaussian07. py,其功能是使用光谱共聚类算法生成数据集并对其进行双聚类处理的过程。

```python
data, rows, columns = make_biclusters(
    shape = (300, 300), n_clusters = 5, noise = 5,
    shuffle = False, random_state = 0)

plt.matshow(data, cmap = plt.cm.Blues)
plt.title("Original dataset")

# 洗牌群集
rng = np.random.RandomState(0)
row_idx = rng.permutation(data.shape[0])
col_idx = rng.permutation(data.shape[1])
data = data[row_idx][:, col_idx]

plt.matshow(data, cmap = plt.cm.Blues)
plt.title("Shuffled dataset")

model = SpectralCoclustering(n_clusters = 5, random_state = 0)
model.fit(data)
score = consensus_score(model.biclusters_,
                        (rows[:, row_idx], columns[:, col_idx]))

print("consensus score: {:.3f}".format(score))

fit_data = data[np.argsort(model.row_labels_)]
fit_data = fit_data[:, np.argsort(model.column_labels_)]

plt.matshow(fit_data, cmap = plt.cm.Blues)
plt.title("After biclustering; rearranged to show biclusters")

plt.show()
```

在上述代码中,使用函数 make_biclusters()生成数据集,该函数创建一个小值矩阵并植入大值的双簇。然后将行和列打乱并传递给光谱共聚类算法。重新排列混洗矩阵以使 biclusters 连续显示算法找到 biclusters 的准确程度。执行后的效果如图 4-6 所示,三个可视化图依次表示:原始数据、打乱后的数据和聚类后的效果图。

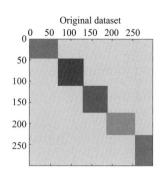
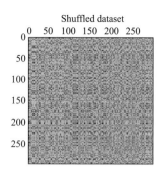
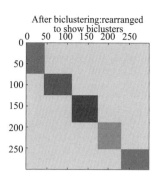

图 4-6　执行效果

4.5　分解成分中的信号（矩阵分解问题）

主成分分析（PCA）用于对一组连续正交分量的多变量数据集进行方差最大化的分解。在 Scikit-learn 中，PCA 通过 fit 方法可以拟合出 n 个成分来实现一个 transformer 对象，并且将新的数据集投影到这些成分中。

4.5.1　使用 PCA 降维处理鸢尾花数据集

在应用 SVD（奇异值分解）之前，PCA 会把输入数据的每个特征聚集，而不是缩放输入数据。可选参数 whiten = True 使得将数据投影到奇异空间成为可能，同时将每个分量缩放到单位方差。如果下游模型对信号的各向同性做了强假设，这通常是有用的：如使用 RBF 内核的 SVW 算法和 K-Means 聚类算法就是这样。下面的实例文件 gaussian08.py，其功能是加载使用鸢尾花 Iris 数据集，它由四个特征组成，通过 PCA 降维处理后将结果投影到方差最大的二维空间上。实例文件 gaussian08.py 的具体实现代码如下：

```
import matplotlib.pyplot as plt

from sklearn import datasets
from sklearn.decomposition import PCA
from sklearn.discriminant_analysis import LinearDiscriminantAnalysis

iris = datasets.load_iris()

X = iris.data
y = iris.target
target_names = iris.target_names

pca = PCA(n_components = 2)
X_r = pca.fit(X).transform(X)

lda = LinearDiscriminantAnalysis(n_components = 2)
X_r2 = lda.fit(X, y).transform(X)

# 为每个组成部分输出的差异百分比,输出显示解释差异率(前两部分)
print('explained variance ratio (first two components): % s'
    % str(pca.explained_variance_ratio_))
```

71

```
plt.figure()
colors = ['navy', 'turquoise', 'darkorange']
lw = 2

for color, i, target_name in zip(colors, [0, 1, 2], target_names):
    plt.scatter(X_r[y == i, 0], X_r[y == i, 1], color=color, alpha=.8, lw=lw,
            label=target_name)
plt.legend(loc='best', shadow=False, scatterpoints=1)
plt.title('PCA of IRIS dataset')

plt.figure()
for color, i, target_name in zip(colors, [0, 1, 2], target_names):
    plt.scatter(X_r2[y == i, 0], X_r2[y == i, 1], alpha=.8, color=color,
            label=target_name)
plt.legend(loc='best', shadow=False, scatterpoints=1)
plt.title('LDA of IRIS dataset')

plt.show()
```

在上述代码加载的 Iris 数据集表示 3 种鸢尾花(setosa、versicolour 和 virginica),具有 4 个属性:萼片长度、萼片宽度、花瓣长度和花瓣宽度。本实例对这些数据进行 PCA 处理,可以识别占数据差异最大的属性组合(主成分或特征空间中的方向)在本实例中,在 2 个第一主成分上绘制不同的样本。线性判别分析(LDA)试图识别占类之间差异最大的属性。与 PCA 相比,LDA 是一种使用已知类标签的监督方法。执行后的效果如图 4-7 所示。

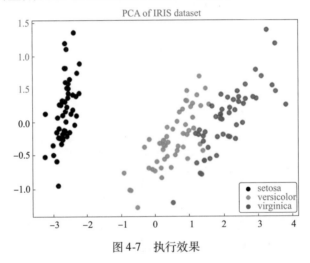

图 4-7　执行效果

4.5.2　带有预计算词典的稀疏编码

在 Scikit-learn 模块中,因为 SparseCoder 对象是一种估计器,所以此对象不会实现 fit 方法。这种转换相当于一个稀疏编码问题,将数据表示为尽可能少的词典原子的线性组合。词典学习的所有变体以尽可能少的字典原子的线性组合来寻找数据的表示。字典学习的所有变体实现可以通过以下的变换方法解决,通过 transform_method 初始化参数进行控制:

* Orthogonal matching pursuit[正交匹配追踪法(OMP)];
* Least-angle regression(最小角度回归);

- Lasso computed by least-angle regression（最小角度回归的 Lasso 计算）；
- Lasso using coordinate descent（使用坐标下降的 Lasso）（Lasso）；
- Thresholding（阈值）。

在上述方法中，虽然阈值方法的实现速度非常快，但是不能产生精确的重建，它们在文献分类任务中被证明是有用的。对于图像重建任务，正交匹配追踪可以得到最精确、无偏的重建结果。

字典学习对象通过 split_code 参数提供稀疏编码结果中分离正值和负值的可能性。当使用词典学习提取将用于监督学习的特征时，这是很有用的，因为它允许学习算法将不同的权重从正加载（loading）分配给相应的负加载。

单个样本的分割编码长度为 2 * n_components，并使用以下规则进行构造：

- 计算长度为 n_components 的常规编码。
- split_code 的第一个 n_components 条目填充常规编码向量的正部分。分割编码的另一半用编码向量的负部分填充，只有一个正号。因此，split_code 是非负的。

下面的实例文件 gaussian09. py，其功能是使用预先计算好的字典进行稀疏编码。实例文件 gaussian09. py 的具体实现代码如下：

```python
from sklearn.decomposition import SparseCoder
from sklearn.utils.fixes import np_version, parse_version

def ricker_function(resolution, center, width):
    """Discrete sub - sampled Ricker (Mexican hat) wavelet"""
    x = np.linspace(0, resolution - 1, resolution)
    x = ((2 / (np.sqrt(3 * width) * np.pi ** .25))
        * (1 - (x - center) ** 2 / width ** 2)
        * np.exp(-(x - center) ** 2 / (2 * width ** 2)))
    return x


def ricker_matrix(width, resolution, n_components):
    """Ricker 小波词典"""
    centers = np.linspace(0, resolution - 1, n_components)
    D = np.empty((n_components, resolution))
    for i, center in enumerate(centers):
        D[i] = ricker_function(resolution, center, width)
    D /= np.sqrt(np.sum(D ** 2, axis =1))[:, np.newaxis]
    return D


resolution = 1024
subsampling = 3  # 次采样因子
width = 100
n_components = resolution // subsampling

# 计算波的字典
D_fixed = ricker_matrix(width = width, resolution = resolution,
                    n_components = n_components)
D_multi = np.r_[tuple(ricker_matrix(width = w, resolution = resolution,
                n_components = n_components // 5)
            for w in (10, 50, 100, 500, 1000))]
```

```python
# 发出信号
y = np.linspace(0, resolution - 1, resolution)
first_quarter = y < resolution / 4
y[first_quarter] = 3.
y[np.logical_not(first_quarter)] = -1.

# 按以下格式列出不同的稀疏编码方法:
# (title, transform_algorithm, transform_alpha, transform_n_nozero_coefs, color)
estimators = [('OMP', 'omp', None, 15, 'navy'),
              ('Lasso', 'lasso_lars', 2, None, 'turquoise'), ]
lw = 2
# 避免将来当 numpy >= 1.14 时出现有关默认值更改的警告
lstsq_rcond = None if np_version >= parse_version('1.14') else -1

plt.figure(figsize=(13, 6))
for subplot, (D, title) in enumerate(zip((D_fixed, D_multi),
                                         ('fixed width', 'multiple widths'))):
    plt.subplot(1, 2, subplot + 1)
    plt.title('Sparse coding against % s dictionary' % title)
    plt.plot(y, lw=lw, linestyle='--', label='Original signal')
    # 小波近似处理
    for title, algo, alpha, n_nonzero, color in estimators:
        coder = SparseCoder(dictionary=D, transform_n_nonzero_coefs=n_nonzero,
                            transform_alpha=alpha, transform_algorithm=algo)
        x = coder.transform(y.reshape(1, -1))
        density = len(np.flatnonzero(x))
        x = np.ravel(np.dot(x, D))
        squared_error = np.sum((y - x) ** 2)
        plt.plot(x, color=color, lw=lw,
                 label='% s: % s nonzero coefs, \n% .2f error'
                 % (title, density, squared_error))

    # 脱离软阈值
    coder = SparseCoder(dictionary=D, transform_algorithm='threshold',
                        transform_alpha=20)
    x = coder.transform(y.reshape(1, -1))
    _, idx = np.where(x != 0)
    x[0, idx], _, _, _ = np.linalg.lstsq(D[idx, :].T, y, rcond=lstsq_rcond)
    x = np.ravel(np.dot(x, D))
    squared_error = np.sum((y - x) ** 2)
    plt.plot(x, color='darkorange', lw=lw,
             label='Thresholding w/ debiasing: \n% d nonzero coefs, % .2f error'
             % (len(idx), squared_error))
    plt.axis('tight')
    plt.legend(shadow=False, loc='best')
plt.subplots_adjust(.04, .07, .97, .90, .09, .2)
plt.show()
```

通过上述代码，将信号转换为 Ricker 小波的稀疏组合。在本实例中，使用 SparseCoder 估计器直观地比较了不同的稀疏编码方法。Ricker(也称为墨西哥帽或高斯的二阶导数)的重要性，可以激发学习字典以最适合的信号类型。执行效果如图 4-8 所示,会发现图 4-8(b)更丰富的字典大小其实并不大,为了保持在相同的数量级,进行了更重的子采样处理。

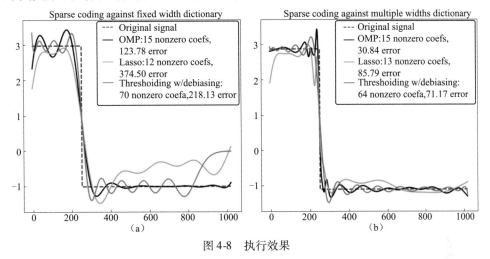

图 4-8　执行效果

第 5 章　模型选择和评估实战

前面介绍了监督学习算法和无监督学习算法的知识。当我们使用这些算法制作模型时,应该如何挑选使用某一种具体算法呢? 我们需要先比较模型的性能,然后再做出选择,这就需要用到模型评估与选择的知识。本章详细介绍基于 Scikit-learn 实现模型选择和评估的知识。

5.1　交叉验证:评估模型的表现

在学习一个数据集中的信息后,如果在相同数据集上进行测试是一种错误的做法。这样一个仅给出测试用例标签的模型将会获得极高的分数,但对于尚未出现过的数据它则无法预测出任何有用的信息,我们将这种情况称为 overfitting(过拟合)。为了避免这种情况发生,在进行(监督)机器学习实验时,通常取出部分可利用数据作为测试数据集:X_test 和 y_test。

5.1.1　训练线性支持向量机

在 Scikit-learn 应用中,通过使用 train_test_split 库中的辅助函数,可以很快地将测试数据集划分为任何训练集(training sets) 和测试集(test sets) 。例如,在下面的代码中加载了 Iris 数据集,并在此数据集上训练出线性支持向量机。

```
>>> import numpy as np
>>> from sklearn.model_selection import train_test_split
>>> from sklearn import datasets
>>> from sklearn import svm

>>> iris = datasets.load_iris()
>>> iris.data.shape, iris.target.shape
((150, 4), (150,))
接下来可以快速采样到原数据集的 40% 作为测试集,从而测试(评估)我们的分类器:
>>> X_train, X_test, y_train, y_test = train_test_split(
...     iris.data, iris.target, test_size =0.4, random_state =0)

>>> X_train.shape, y_train.shape
((90, 4), (90,))
>>> X_test.shape, y_test.shape
((60, 4), (60,))

>>> clf = svm.SVC(kernel = 'linear', C =1).fit(X_train, y_train)
>>> clf.score(X_test, y_test)
0.96...
```

当设置评估器的不同设置["hyperparameters(超参数)"]参数时,如手动为 SVM 设置参数,C 由于在训练集上,通过调整参数设置使估计器的性能达到最佳状态。但是在测试集上可能会出现过拟合的情况。此时,测试集上的信息反馈足以颠覆训练好的模型,评估的指标不再有效反映出模型的泛化性能。为了解决此类问题,还应该准备另一部分被称为"validation set(验证集)"的数据集。这样,当模型训练完成以后,在验证集上对模型进行评估。当验证集上的评估实验比较成功时,在测试集上进行最后评估。

然而,通过将原始数据分为 3 个数据集的做法,会大大减少可用于模型学习的样本数量,并且得到的结果依赖于集合对(训练,验证)的随机选择。这个问题可以通过交叉验证(cv)来解决。交叉验证仍需要测试集做最后的模型评估,但不再需要验证集。其中最基本的方法被称为:k-折交叉验证。k-折交叉验证将训练集划分为 k 个较小的集合(其他方法会在下面进行描述,主要原则基本相同)。每一个 k 折都会遵循的过程如下:

- 将 $k-1$ 份训练集子集作为 training data(训练集)训练模型;
- 将剩余的 1 份训练集子集作为验证集用于模型验证(也就是利用该数据集计算模型的性能指标,如准确率)。

k-折交叉验证得出的性能指标是循环计算中每个值的平均值。虽然该方法的计算代价很高,但是它不会浪费太多的数据(如固定任意测试集的情况一样),这一点在处理样本数据集较少的问题(如逆向推理)时比较有优势。

5.1.2 计算交叉验证的指标

在 Scikit-learn 应用中,使用交叉验证最简单的方法是在估计器和数据集上调用 cross_val_score 辅助函数。例如下面的演示代码,其功能是通过分割数据拟合模型和计算连续 5 次的分数(每次不同分割),来估计 Linear Kernel 支持向量机在 Iris 数据集上的精度。

```
>>> from sklearn.model_selection import cross_val_score
>>> clf = svm.SVC(kernel = 'linear', C =1)
>>> scores = cross_val_score(clf, iris.data, iris.target, cv =5)
>>> scores
array([ 0.96..., 1. ..., 0.96..., 0.96..., 1.        ])
```

评分估计的平均得分和95% 置信区间会输出:

```
>>> print("Accuracy: % 0.2f (+/- % 0.2f)" % (scores.mean(), scores.std() * 2))
Accuracy: 0.98 (+/- 0.03)
```

在默认情况下,每个 cv 迭代计算的分数是估计器的 score 方法。可以通过使用参数 scoring 来改变计算方式:

```
>>> from sklearn import metrics
>>> scores = cross_val_score(
...     clf, iris.data, iris.target,cv =5, scoring ='f1_macro')
>>> scores
array([ 0.96..., 1 \. ..., 0.96..., 0.96..., 1 \.        ])
```

在使用 Iris 数据集的情形下,样本在各个目标类别之间是平衡的,因此得到准确度和F1-score 几乎相等。当 cv 参数是一个整数时,cross_val_score 默认使用 KFold 或 StratifiedKFold 策略,后者会在估计器派生自 ClassifierMixin 时使用。也可以通过传入一个交叉验证迭代器来使用其他交叉验证策略,比如:

```
>>> from sklearn.model_selection import ShuffleSplit
>>> n_samples =iris.data.shape[0]
>>> cv = ShuffleSplit(n_splits =3, test_size =0.3, random_state =0)
>>> cross_val_score(clf, iris.data, iris.target, cv =cv)
...
array([ 0.97..., 0.97..., 1 \.        ])
```

正如在训练集中保留的数据上测试一个 predictor（预测器）很重要的，也应该从训练集中学习预处理（如标准化、特征选择等）和类似的数据转换，并进行预测：

```
>>> from sklearn import preprocessing
>>> X_train, X_test, y_train, y_test = train_test_split(
...     iris.data, iris.target, test_size=0.4, random_state=0)
>>> scaler = preprocessing.StandardScaler().fit(X_train)
>>> X_train_transformed = scaler.transform(X_train)
>>> clf = svm.SVC(C=1).fit(X_train_transformed, y_train)
>>> X_test_transformed = scaler.transform(X_test)
>>> clf.score(X_test_transformed, y_test)
0.9333...
```

pipeline 可以更加容易地组合估计器，在交叉验证下的使用代码如下：

```
>>> from sklearn.pipeline import make_pipeline
>>> clf = make_pipeline(preprocessing.StandardScaler(), svm.SVC(C=1))
>>> cross_val_score(clf, iris.data, iris.target, cv=cv)
...
array([ 0.97...,  0.93...,  0.95...])
```

1. 函数 cross_validate 和多度量评估

在 Scikit-learn 应用中，函数 cross_validate 与函数 cross_val_score 的区别是它允许指定多个指标进行评估。除了测试得分之外，它还会返回一个包含训练得分、拟合次数和 score-times（得分次数）的一个字典。对于单个度量评估来说，其中参数 scoring 是一个字符串，可以调用或 None，参数 keys 将是- ['test_score', 'fit_time', 'score_time']。

而对于多度量评估来说，返回值是一个带有以下的 keys 的字典：['test_<scorer1_name>', 'test_<scorer2_name>', 'test_<scorer...>', 'fit_time', 'score_time']

参数 return_train_score 的默认值为 True，它增加了所有 scorers（得分器）的训练得分 keys。如果不需要训练 scores，则应将其明确设置为 False。

在使用函数 cross_validate 时，可以将多个指标指定为 predefined scorer names（预定义的得分器的名称）list、tuple 或者 set。例如：

```
>>> from sklearn.model_selection import cross_validate
>>> from sklearn.metrics import recall_score
>>> scoring = ['precision_macro', 'recall_macro']
>>> clf = svm.SVC(kernel='linear', C=1, random_state=0)
>>> scores = cross_validate(clf, iris.data, iris.target, scoring=scoring,
...                     cv=5, return_train_score=False)
>>> sorted(scores.keys())
['fit_time', 'score_time', 'test_precision_macro', 'test_recall_macro']
>>> scores['test_recall_macro']
array([ 0.96...,  1\. ...,  0.96...,  0.96...,  1\.        ])
```

也可以作为一个字典 mapping 得分器名称预定义或自定义的得分函数，例如：

```
>>> from sklearn.metrics.scorer import make_scorer
>>> scoring = {'prec_macro': 'precision_macro',
...            'rec_micro': make_scorer(recall_score, average='macro')}
>>> scores = cross_validate(clf, iris.data, iris.target, scoring=scoring,
...                     cv=5, return_train_score=True)
```

```
>>> sorted(scores.keys())
['fit_time', 'score_time', 'test_prec_macro', 'test_rec_micro',
'train_prec_macro', 'train_rec_micro']
>>> scores['train_rec_micro']
array([ 0.97...,  0.97...,  0.99...,  0.98...,  0.98...])
```

下面是一个使用单一指标的 cross_validate 的例子：

```
>>> scores = cross_validate(clf, iris.data, iris.target,
...                         scoring = 'precision_macro')
>>> sorted(scores.keys())
['fit_time', 'score_time', 'test_score', 'train_score']
```

2. 通过交叉验证获取预测

除了返回值的结果不同之外，函数 cross_val_predict 具有和函数 cross_val_score 相同的接口。对于每一个输入的元素来说，如果其在测试集合中，将会得到预测结果。交叉验证策略会将可用的元素提交到测试集合有且仅有一次（否则会抛出一个异常）。这些预测可以用于评价分类器的效果，例如：

```
>>> from sklearn.model_selection import cross_val_predict
>>> predicted = cross_val_predict(clf, iris.data, iris.target, cv =10)
>>> metrics.accuracy_score(iris.target, predicted)
0.973...
```

注意，上述计算的结果和 cross_val_score 有轻微的差别，因为后者用另一种方式组织元素。

下面的实例文件 jiaocha01. py，演示了嵌套与非嵌套交叉验证的实现过程。本实例比较了鸢尾花数据集分类器上的非嵌套和嵌套交叉验证策略。嵌套交叉验证（CV）通常用于训练超参数也需要优化的模型，嵌套 CV 估计基础模型及其（超）参数搜索的泛化误差。选择最大化非嵌套 CV 的参数会使模型偏向于数据集，从而产生过于乐观的分数。在本实例中，使用具有非线性内核的支持向量分类器通过网格搜索构建具有优化超参数的模型，通过计算非嵌套和嵌套 CV 策略的分数之间的差异来比较它们的性能。

```
#随机试验次数
NUM_TRIALS = 30

# Load the dataset
iris = load_iris()
X_iris = iris.data
y_iris = iris.target

#设置可能的参数值以优化
p_grid = {"C": [1, 10,100],
          "gamma": [.01, .1]}

#将使用带有"rbf"核的支持向量分类器
svm = SVC(kernel = "rbf")

#存储分数的数组
non_nested_scores = np.zeros(NUM_TRIALS)
nested_scores = np.zeros(NUM_TRIALS)
```

```
#循环训练
for i in range(NUM_TRIALS):

        #为内部和外部循环选择交叉验证技术,独立于数据集。例如"GroupKFold""LeaveOneOut"
"LeaveOneGroupOut"等
        inner_cv = KFold(n_splits = 4, shuffle = True, random_state = i)
        outer_cv = KFold(n_splits = 4, shuffle = True, random_state = i)

        # 非嵌套参数搜索与评分
        clf = GridSearchCV(estimator = svm, param_grid = p_grid, cv = inner_cv)
        clf.fit(X_iris, y_iris)
        non_nested_scores[i] = clf.best_score_

        #参数优化的嵌套 CV
        nested_score = cross_val_score(clf, X = X_iris, y = y_iris, cv = outer_cv)
        nested_scores[i] = nested_score.mean()

score_difference = non_nested_scores - nested_scores

print("Average difference of {:6f} with std. dev. of {:6f}."
        .format(score_difference.mean(), score_difference.std()))

#绘制嵌套和非嵌套 CV 每次试验的得分
plt.figure()
plt.subplot(211)
non_nested_scores_line, = plt.plot(non_nested_scores, color = 'r')
nested_line, = plt.plot(nested_scores, color = 'b')
plt.ylabel("score", fontsize = "14")
plt.legend([non_nested_scores_line, nested_line],
        ["Non - Nested CV", "Nested CV"],
        bbox_to_anchor = (0, .4, .5, 0))
plt.title("Non - Nested and Nested Cross Validation on Iris Dataset",
        x = .5, y = 1.1, fontsize = "15")

#绘制差异条形图
plt.subplot(212)
difference_plot = plt.bar(range(NUM_TRIALS), score_difference)
plt.xlabel("Individual Trial #")
plt.legend([difference_plot],
        ["Non - Nested CV - Nested CV Score"],
        bbox_to_anchor = (0, 1, .8, 0))
plt.ylabel("score difference", fontsize = "14")

plt.show()
```

执行后的效果如图 5-1 所示。

没有嵌套 CV 的模型选择使用相同的数据来调整模型参数和评估模型性能,因此,信息可能会"泄漏"到模型中并过度拟合数据。这种影响的大小主要取决于数据集的大小和模型的稳定性。为了避免这个问题,嵌套 CV 有效地使用了一系列"训练/验证/测试集"拆分功能。在内部循环中(此处执行 GridSearchCV),通过将模型拟合到每个训练集来近似最大化分数,然后在验

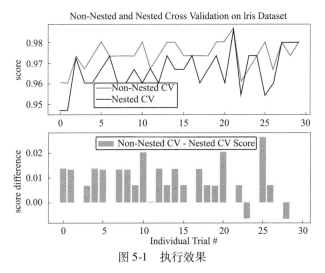

图 5-1　执行效果

证集上选择(超)参数时直接最大化。在外部循环中(此处为 cross_val_score),通过对多个数据集拆分的测试集分数进行平均来估计泛化误差。

5.1.3　交叉验证迭代器

假设一些数据是独立的和相同分布的(i.i.d),假定所有的样本来源于相同的生成过程,并假设生成过程没有记忆过去生成的样本,在这种情况下可以使用下面的交叉验证器。

注意:i.i.d 数据是机器学习理论中的一个常见假设,在实践中很少成立。如果知道样本是使用时间相关的过程生成的,则使用 time-series aware cross-validation scheme 更安全。同样,如果我们知道生成过程具有 group structure(群体结构)[从不同 subjects(主体),experiments(实验),measurement devices(测量设备)收集的样本],则使用 group-wise cross-validation 更安全。

(1)k 折

k 折(k-fold)将所有的样例划分为 k 个组,称为折叠(fold)[如果 $k = n$,这等价于 Leave One Out(留一)策略],都具有相同的大小(如果可能)。预测函数学习时使用 $k - 1$ 个折叠中的数据,最后一个剩下的折叠会用于测试。

下面是一个在 4 个样例的数据集上使用 2-fold 进行交叉验证的例子:

```
>>> import numpy as np
>>> from sklearn.model_selection import KFold

>>> X = ["a", "b", "c", "d"]
>>> kf = KFold(n_splits=2)
>>> for train, test in kf.split(X):
...     print("%s %s"% (train, test))
[2 3] [0 1]
[0 1] [2 3]
```

每个折叠由两个 arrays 组成:一个作为 training set,另一个作为 test set。此时可以使用 numpy 的索引创建"训练/测试"集合:

```
>>> X =np.array([[0., 0.], [1., 1.], [-1., -1.], [2., 2.]])
>>> y =np.array([0, 1, 0, 1])
>>> X_train, X_test, y_train, y_test = X[train], X[test],y[train], y[test]
```

（2）重复 k-折交叉验证

在 Scikit-learn 应用中，RepeatedKFold 用于重复运行 n 次 k-fold，当需要运行时可以 n 次使用 k-fold，在每次重复中产生不同的分割。下面是 2 折 k-fold 重复 2 次的例子：

```
>>> import numpy as np
>>> from sklearn.model_selection import RepeatedKFold
>>> X =np.array([[1, 2], [3, 4], [1, 2], [3, 4]])
>>> random_state = 12883823
>>> rkf = RepeatedKFold(n_splits =2, n_repeats =2, random_state = random_state)
>>> for train, test in rkf.split(X):
...     print("% s  % s"% (train, test))
...
[2 3] [0 1]
[0 1] [2 3]
[0 2] [1 3]
[1 3] [0 2]
```

类似地，RepeatedStratifiedKFold 在每个重复中以不同的随机化重复 n 次分层的 k-fold。

5.2　调整估计器的超参数

超参数即不直接在估计器内学习的参数。在 Scikit-learn 应用中，超参数作为估计器类中构造函数的参数进行传递。搜索超参数空间以便获得最好交叉验证分数的方法是可行的，而且建议使用。搜索的对象包括：

- 估计器［回归器或分类器，如 sklearn. svm. SVC()］；
- 参数空间；
- 搜寻或采样候选的方法；
- 交叉验证方案；
- 计分函数。

通过这种方式构造估计器时被提供的任何参数或许都能被优化。具体来说，要获取到给定估计器的所有参数的名称和当前值，可以使用函数 estimator. get_params()实现。

有些模型支持专业化的、高效的参数搜索策略。在 Scikit-learn 应用中提供了两种采样搜索候选的通用方法：

- 对于给定的值，GridSearchCV 考虑了所有参数组合；
- RandomizedSearchCV 可以从具有指定分布的参数空间中抽取给定数量的候选。

5.2.1　网格追踪法：穷尽的网格搜索

在 Scikit-learn 应用中，GridSearchCV 提供的网格搜索从通过 param_grid 参数确定的网格参数值中全面生成候选。例如存在下面的 param_grid：

```
param_grid = [
  {'C': [1, 10, 100, 1000], 'kernel': ['linear']},
  {'C': [1, 10, 100, 1000], 'gamma': [0.001, 0.0001], 'kernel': ['rbf']},
  ]
```

在上述搜索网格中，一个具有线性内核且 C 在［1,10,100,1000］中取值；另一个具有 RBF 内核，C 值的交叉乘积范围在［1,10,100,1000］，gamma 在［0.001,0.0001］中取值。GridSearchCV

实例实现了常用估计器 API：当在数据集上"拟合"时，参数值的所有可能的组合都会被评估，从而计算出最佳的组合。

下面的实例文件 jiaocha02.py，其功能是使用带有交叉验证的网格搜索实现参数估计功能。本实例展示了通过交叉验证优化分类器的方法，这是使用 GridSearchCV 开发集上的对象完成的，该对象仅包含可用标记数据的一半。然后在模型选择步骤中未使用的专用评估集上测量所选超参数和训练模型的性能。

```python
from sklearn import datasets
from sklearn.model_selection import train_test_split
from sklearn.model_selection import GridSearchCV
from sklearn.metrics import classification_report
from sklearn.svm import SVC

print(__doc__)

#加载数字数据集
digits = datasets.load_digits()

#对这些数据应用分类器,我们需要将图像展平,将数据转换为(样本、特征)矩阵:
n_samples = len(digits.images)
X = digits.images.reshape((n_samples, -1))
y = digits.target

#将数据集分成两个相等的部分
X_train, X_test, y_train, y_test = train_test_split(
    X, y, test_size=0.5, random_state=0)

#通过交叉验证设置参数
tuned_parameters = [{'kernel': ['rbf'], 'gamma': [1e-3, 1e-4],
                     'C': [1, 10, 100,1000]},
                    {'kernel': ['linear'], 'C': [1, 10, 100, 1000]}]

scores = ['precision', 'recall']

for score in scores:
    print("# Tuning hyper-parameters for %s" % score)
    print()

    clf = GridSearchCV(
        SVC(), tuned_parameters, scoring='%s_macro' % score
    )
    clf.fit(X_train, y_train)

    print("Best parameters set found on development set:")
    print()
    print(clf.best_params_)
    print()
    print("Grid scores on development set:")
    print()
    means = clf.cv_results_['mean_test_score']
    stds = clf.cv_results_['std_test_score']
```

```
for mean, std, params in zip(means, stds, clf.cv_results_['params']):
    print("% 0.3f (+/-% 0.03f) for % r"
        % (mean,std * 2, params))
print()

print("Detailed classification report:")
print()
print("The model is trained on the full development set.")
print("The scores are computed on the full evaluation set.")
print()
    y_true, y_pred = y_test,clf.predict(X_test)
print(classification_report(y_true, y_pred))
print()
```

执行后会输出：

```
Best parameters set found on development set:

{'C': 10, 'gamma': 0.001, 'kernel': 'rbf'}

Grid scores on development set:

0.986 (+/-0.016) for {'C':1, 'gamma':0.001, 'kernel':'rbf'}
0.959 (+/-0.028) for {'C':1, 'gamma':0.0001, 'kernel':'rbf'}
0.988 (+/-0.017) for {'C':10, 'gamma':0.001, 'kernel':'rbf'}
0.982 (+/-0.026) for {'C':10, 'gamma':0.0001, 'kernel':'rbf'}
0.988 (+/-0.017) for {'C':100, 'gamma':0.001, 'kernel':'rbf'}
0.983 (+/-0.026) for {'C':100, 'gamma':0.0001, 'kernel':'rbf'}
0.988 (+/-0.017) for {'C':1000, 'gamma':0.001, 'kernel':'rbf'}
0.983 (+/-0.026) for {'C':1000, 'gamma':0.0001, 'kernel':'rbf'}
0.974 (+/-0.012) for {'C':1, 'kernel':'linear'}
0.974 (+/-0.012) for {'C':10, 'kernel':'linear'}
0.974 (+/-0.012) for {'C':100, 'kernel':'linear'}
0.974 (+/-0.012) for {'C':1000, 'kernel':'linear'}

Detailed classification report:

The model is trained on the full development set.
The scores are computed on the full evaluation set.
```

	precision	recall	f1-score	support
0	1.00	1.00	1.00	89
1	0.97	1.00	0.98	90
2	0.99	0.98	0.98	92
3	1.00	0.99	0.99	93
4	1.00	1.00	1.00	76
5	0.99	0.98	0.99	108
6	0.99	1.00	0.99	89
7	0.99	1.00	0.99	78
8	1.00	0.98	0.99	92
9	0.99	0.99	0.99	92

	precision	recall	f1 - score	support
accuracy			0.99	899
macro avg	0.99	0.99	0.99	899
weighted avg	0.99	0.99	0.99	899

```
# Tuning hyper - parameters for recall

Best parameters set found on development set:

{'C': 10, 'gamma': 0.001, 'kernel': 'rbf'}

Grid scores on development set:

0.986 (+/-0.019) for {'C': 1, 'gamma': 0.001, 'kernel': 'rbf'}
0.957 (+/-0.028) for {'C': 1, 'gamma': 0.0001, 'kernel': 'rbf'}
0.987 (+/-0.019) for {'C': 10, 'gamma': 0.001, 'kernel': 'rbf'}
0.981 (+/-0.028) for {'C': 10, 'gamma': 0.0001, 'kernel': 'rbf'}
0.987 (+/-0.019) for {'C': 100, 'gamma': 0.001, 'kernel': 'rbf'}
0.982 (+/-0.026) for {'C': 100, 'gamma': 0.0001, 'kernel': 'rbf'}
0.987 (+/-0.019) for {'C': 1000, 'gamma': 0.001, 'kernel': 'rbf'}
0.982 (+/-0.026) for {'C': 1000, 'gamma': 0.0001, 'kernel': 'rbf'}
0.971 (+/-0.010) for {'C': 1, 'kernel': 'linear'}
0.971 (+/-0.010) for {'C': 10, 'kernel': 'linear'}
0.971 (+/-0.010) for {'C': 100, 'kernel': 'linear'}
0.971 (+/-0.010) for {'C': 1000, 'kernel': 'linear'}

Detailed classification report:

The model is trained on the full development set.
The scores are computed on the full evaluation set.
```

	precision	recall	f1 - score	support
0	1.00	1.00	1.00	89
1	0.97	1.00	0.98	90
2	0.99	0.98	0.98	92
3	1.00	0.99	0.99	93
4	1.00	1.00	1.00	76
5	0.99	0.98	0.99	108
6	0.99	1.00	0.99	89
7	0.99	1.00	0.99	78
8	1.00	0.98	0.99	92
9	0.99	0.99	0.99	92
accuracy			0.99	899
macro avg	0.99	0.99	0.99	899
weighted avg	0.99	0.99	0.99	899

5.2.2　随机参数优化

尽管使用参数设置网格法是目前最广泛使用的参数优化方法，其他搜索方法也具有更有利的性能。在 Scikit-learn 应用中，RandomizedSearchCV 实现了对参数的随机搜索，其中每个设置都是从可能的参数值的分布中进行取样。这对于穷举搜索来说有以下两个主要优势：
- 可以选择独立于参数个数和可能值的预算；
- 添加不影响性能的参数不会降低效率。

指定如何取样的参数是使用字典完成的，类似于为 GridSearchCV 指定参数。此外，通过参数 n_iter 指定计算预算，即取样候选项数或取样迭代次数。对于每个参数来说，可以指定在可能值上的分布或离散选择的列表（均匀取样）：

```
{'C':scipy.stats.expon(scale =100), 'gamma': scipy.stats.expon(scale = .1),
    'kernel': ['rbf'], 'class_weight':['balanced', None]}
```

上述代码使用 scipy. stats 模块，它包含许多用于采样参数的有用分布，如 expon、gamma、uniform 或 randint。原则上，任何函数都可以通过提供一个 rvs（随机变量样本）方法来采样一个值。对 rvs 函数的调用应在连续调用中提供来自可能参数值的独立随机样本。

下面的实例文件 jiaocha03. py，其功能是比较随机搜索和网格搜索的使用和效率。

```
#获取一些数据
X, y = load_digits(return_X_y = True)

#构建分类器
clf = SGDClassifier(loss = 'hinge', penalty = 'elasticnet',
                    fit_intercept = True)


#报告最佳分数的实用函数
def report(results, n_top = 3):
    for i in range(1, n_top + 1):
        candidates = np.flatnonzero(results['rank_test_score'] == i)
        for candidate in candidates:
            print("Model with rank: {0}".format(i))
            print("Mean validation score: {0:.3f} (std: {1:.3f})"
                    .format(results['mean_test_score'][candidate],
                    results['std_test_score'][candidate]))
            print("Parameters: {0}".format(results['params'][candidate]))
            print("")

#指定要从中采样的参数和分布
param_dist = {'average': [True, False],
                'l1_ratio':stats.uniform(0, 1),
                'alpha':loguniform(1e-4, 1e0)}

#运行随机搜索
n_iter_search = 20
random_search = RandomizedSearchCV(clf, param_distributions = param_dist,
                                    n_iter = n_iter_search)

start = time()
random_search.fit(X, y)
print("RandomizedSearchCV took % .2f seconds for % d candidates"
        " parameter settings." % ((time() - start), n_iter_search))
report(random_search.cv_results_)
```

```
#对所有参数使用完整网格
param_grid = {'average': [True, False],
              'l1_ratio':np.linspace(0, 1, num=10),
              'alpha':np.power(10, np.arange(-4, 1, dtype=float))}

#运行网格搜索
grid_search = GridSearchCV(clf, param_grid=param_grid)
start = time()
grid_search.fit(X, y)

print("GridSearchCV took %.2f seconds for %d candidate parameter settings."
      % (time() - start, len(grid_search.cv_results_['params'])))
report(grid_search.cv_results_)
```

通过上述代码，比较了随机搜索和网格搜索以优化线性 SVM 的超参数和 SGD 训练，同时搜索所有影响学习的参数（估计量的数量除外，这会造成时间/质量的权衡）。随机搜索和网格搜索探索完全相同的参数空间。参数设置的结果非常相似，而随机搜索的运行时间却大大降低。执行本实例后会输出：

```
RandomizedSearchCV took 31.72 seconds for 20candidates parameter settings.
Model with rank: 1
Mean validation score: 0.920 (std: 0.028)
Parameters: {'alpha': 0.07316411520495676, 'average': False, 'l1_ratio': 0.
29007760721044407}
Model with rank: 2
Mean validation score: 0.920 (std: 0.029)
Parameters: {'alpha': 0.0005223493320259539, 'average': True, 'l1_ratio': 0.
7936977033574206}

Model with rank: 3
Mean validation score: 0.918 (std: 0.031)
Parameters: {'alpha': 0.00025790124268693137, 'average': True, 'l1_ratio': 0.
5699649107012649}

GridSearchCV took 166.67 seconds for 100 candidate parameter settings.
Model with rank: 1
Mean validation score: 0.931 (std: 0.026)
Parameters: {'alpha': 0.0001, 'average': True, 'l1_ratio': 0.0}

Model with rank: 2
Mean validation score: 0.928 (std: 0.030)
Parameters: {'alpha': 0.0001, 'average': True, 'l1_ratio': 0.1111111111111111}

Model with rank: 3
Mean validation score: 0.927 (std: 0.026)
Parameters: {'alpha': 0.0001, 'average': True, 'l1_ratio': 0.5555555555555556}
```

随机搜索的性能可能稍差，并且可能是由于噪声影响，不会延续到保留的测试集。注意，在实践应用中，人们不会使用网格搜索同时搜索这么多不同的参数，而是只选择最重要的参数。

5.3 模型评估：量化预测的质量

在 Scikit-learn 应用中，有以下三种用于评估模型预测质量的 API。

- Estimator score method(估计器得分的方法)：在 Estimators(估计器)中有一个得分方法，为其解决的问题提供了默认的评估标准。
- Scoring parameter(评分参数)：Model-evaluation tools(模型评估工具)使用 cross-validation(如 model_selection.cross_val_score 和 model_selection.GridSearchCV)依靠内部评分策略实现。
- Metric functions(指标函数)：metrics 模块实现了针对特定目的评估预测误差的函数。

5.3.1 得分参数 scoring：定义模型评估规则

在 Scikit-learn 应用中，得分参数 scoring 被用在 Model selection(模型选择)和 evaluation(评估)中，如 model_selection.GridSearchCV 和 model_selection.cross_val_score，采用得分参数 scoring 来控制它们对 estimators evaluated(评估的估计量)应用的指标。

1. 得分参数 scoring 的应用场景：预定义值

在现实应用中，可以使用得分参数 scoring 指定一个 scorer object(记分对象)。所有 scorer objects 遵循惯例"较高的返回值优于较低的返回值"。因此，测量模型和数据之间距离的 metrics(度量)，如 metrics.mean_squared_error 可用作返回 metrics(指标)的 negated value(否定值)的 neg_mean_squared_error。例如，下面的代码演示了使用得分参数 scoring 预定义值的用法：

```
>>> from sklearn import svm, datasets
>>> from sklearn.model_selection import cross_val_score
>>> iris = datasets.load_iris()
>>> X, y = iris.data, iris.target
>>> clf = svm.SVC(probability=True, random_state=0)
>>> cross_val_score(clf, X, y, scoring='neg_log_loss')
array([-0.07..., -0.16..., -0.06...])
>>> model = svm.SVC()
>>> cross_val_score(model, X, y, scoring='wrong_choice')
Traceback (most recent call last):
ValueError: 'wrong_choice' is not a valid scoring value. Valid options are ['accuracy', 'adjusted_mutual_info_score', 'adjusted_rand_score', 'average_precision', 'completeness_score', 'explained_variance', 'f1', 'f1_macro', 'f1_micro', 'f1_samples', 'f1_weighted', 'fowlkes_mallows_score', 'homogeneity_score', 'mutual_info_score', 'neg_log_loss', 'neg_mean_absolute_error', 'neg_mean_squared_error', 'neg_mean_squared_log_error', 'neg_median_absolute_error', 'normalized_mutual_info_score', 'precision', 'precision_macro', 'precision_micro', 'precision_samples', 'precision_weighted', 'r2', 'recall', 'recall_macro', 'recall_micro', 'recall_samples', 'recall_weighted', 'roc_auc', 'v_measure_score']
```

2. 得分参数 scoring 的应用场景：根据 metric 函数定义评分策略

在 Scikit-learn 应用中，模块 sklearn.metrics 还公开了一组测量预测误差的简单函数，在其中给出了基础真实的数据和预测：

- 函数以_score 结尾返回一个值实现最大化，越高越好。
- 函数_error 或_loss 结尾返回一个值实现最小化，越低越好。当使用 make_scorer 转换成 scorer object 时，将参数 greater_is_better 设置为 False(默认为 True)。

许多 metrics 没有被用作 scoring(得分)值的名称,有时是因为它们需要额外的参数,如 fbeta _score。在这种情况下,需要生成一个适当的 scoring object(评分对象)。生成 callable object for scoring(可评估对象进行评分)的最简单方法是使用函数 make_scorer,该函数将 metrics 转换为可用于可调用的 model evaluation(模型评估)。

一个典型的例子是从库中包含一个非默认值参数的 existing metric function(现有指数函数),如 fbeta_score 函数的 beta 参数:

```
>>> from sklearn.metrics import fbeta_score, make_scorer
>>> ftwo_scorer = make_scorer(fbeta_score, beta=2)
>>> from sklearn.model_selection import GridSearchCV
>>> from sklearn.svm import LinearSVC
>>> grid = GridSearchCV(LinearSVC(), param_grid={'C': [1, 10]}, scoring=ftwo
_scorer)
```

另一个例子是使用 make_scorer 从简单的 Python 函数构建一个完全 custom scorer object(自定义记分对象)。下面是建立 custom scorer object 的示例,并使用了参数 greater_is_better。

```
>>> import numpy as np
>>> def my_custom_loss_func(ground_truth, predictions):
...     diff = np.abs(ground_truth - predictions).max()
...     return np.log(1 + diff)
...
>>> # loss_func will negate the return value of my_custom_loss_func,
>>> #  which will be np.log(2), 0.693, given the values for ground_truth
>>> #  and predictions defined below.
>>> loss  = make_scorer(my_custom_loss_func, greater_is_better=False)
>>> score = make_scorer(my_custom_loss_func, greater_is_better=True)
>>> ground_truth = [[1], [1]]
>>> predictions  = [0, 1]
>>> from sklearn.dummy import DummyClassifier
>>> clf = DummyClassifier(strategy='most_frequent', random_state=0)
>>> clf = clf.fit(ground_truth, predictions)
>>> loss(clf,ground_truth, predictions)
-0.69...
>>> score(clf,ground_truth, predictions)
0.69...
```

3. 得分参数 scoring 的应用场景:实现自己的得分对象

在 Scikit-learn 应用中,可以从头开始构建自己的 scoring object(得分对象),而不使用 make_ scorer 来生成更加灵活的模型记分对象。在实现自己的得分对象时,需要符合以下两个规则所指定的协议:

- 可以使用参数(estimator, X, y)来调用它,其中 estimator 是要被评估的模型,X 是验证数据,y 是 X(在有监督情况下)或 None(在无监督情况下)已经被标注的真实数据目标。
- 返回一个浮点数,用于对 X 进行量化 estimator 的预测质量,参考 y。按照惯例,更高的数字更好,所以如果你的 scorer 返回 loss,那么这个值应该被否定。

5.3.2　分类指标

在 Scikit-learn 应用中,模块 sklearn. metrics 实现了几个 loss、score 和 utility 函数来衡量 classification(分类)的性能。某些 metrics 可能需要 positive class(正类)、confidence values(置信

度值)或 binary decisions values(二进制决策值)的概率估计。大多数的实现允许每个样本通过 sample_weight 参数为 overall score(总分)提供 weighted contribution(加权贡献)。

1. 从二分类到多分类和 multilabel

很多 metrics 是为 Binary Classification Tasks(二分类任务)定义的(如 fl_score, roc_auc_score)。在这些情况下,默认仅评估 positive label(正标签)。假设在默认情况下,positive label 标记为 1(尽管可以通过 pos_label 参数进行配置)。

当将 Binary Metrics(二分指标)扩展为 multiclass(多类)或 multilabel(多标签)问题时,数据将被视为二分问题的集合,每个类都有一个。然后使用多种方法在整个类中计算平均二分指标,每种类在某些情况下可能会有用。如果可用,应该使用参数 average 来选择它们。

- "macro(宏)":用于简单地计算 binary metrics 的平均值,赋予每个类别相同的权重。在不常见的类别重要的问题上,macro-averaging(宏观平均)可能是突出表现的一种手段。另外,所有类别同样重要的假设通常是不真实的,因此 macro-averaging 将过度强调不频繁类的典型的低性能。
- "weighted(加权)":其功能是通过计算其在真实数据样本中的存在对每个类的 score 进行加权的 binary metrics 的平均值来计算类不平衡。
- "micro(微)":其功能是给每个 sample-class pair(样本类对)对 overall metric(总体指数)(sample-class 权重的结果除外)等同的贡献。除了对每个类别的 metric 进行求和之外,这个总和构成每个类别度量的 dividends(被除数)和 divisors(除数)计算一个整体商。在 multilabel settings(多标签设置)中,Micro-averaging 可能是优先选择项,包括要忽略 majority class(多数类)的 multiclass classification(多类分类)。
- "samples(样本)":仅适用于 multilabel problems(多标签问题),它不计算每个类别的 measure,而是计算 evaluation data(评估数据)中每个样本的 true and predicted classes(真实和预测类别)的 metrics,并返回(sample_weight-weighted)加权平均。
- 设置 average = None,将返回一个 array 与每个类的 score。

虽然将 multiclass data(多类数据)提供给 metrics,如 binary targets(二分类目标),作类标签的数组,多标签数据被指定为指示符矩阵。其中 cell $[i, j]$ 具有值 1,如果样本 i 具有标号 j,否则为值 0。

2. 精确度得分

在 Scikit-learn 应用中,函数 accuracy_score 用于计算 accuracy 精确度,默认值返回预测的分数(默认),也可以返回计数(normalize = False)。

在多标签分类中,函数 accuracy_score 返回子集精度。如果样本的整套预测标签与真正的标签组合匹配,则子集精度为 1.0,否则为 0.0。

如果 $\hat{y}_i$ 是第 i 个样本的预测值,y_i 是相应的真实值,则 $n_{samples}$ 上的正确预测的分数被定义为:

$$\text{accuracy}(y, \hat{y}) = \frac{1}{n_{samples}} \sum_{i=0}^{n_{samples}-1} 1(\hat{y}_i = y_i)$$

其中 $1(x)$ 为指示函数,演示代码如下:

```
>>> import numpy as np
>>> from sklearn.metrics import accuracy_score
>>> y_pred = [0, 2, 1, 3]
>>> y_true = [0, 1, 2, 3]
>>> accuracy_score(y_true, y_pred)
0.5
>>> accuracy_score(y_true, y_pred, normalize = False)
2
```

下面是在具有二分标签指示符的多标签情况下的使用情况：

```
>>> accuracy_score(np.array([[0, 1], [1, 1]]), np.ones((2, 2)))
0.5
```

3. 混淆矩阵

在 Scikit-learn 应用中，函数 confusion_matrix 通过计算 confusion matrix（混淆矩阵）来评估分类的准确性。根据定义，混淆矩阵中的 entry（条目）i 和 j，实际上在 group i 中的 observations（观察数），预测在 group j 中。演示代码如下：

```
>>> from sklearn.metrics import confusion_matrix
>>> y_true = [2, 0, 2, 2, 0, 1]
>>> y_pred = [0, 0, 2, 2, 0, 2]
>>> confusion_matrix(y_true, y_pred)
array([[2, 0, 0],
 [0, 0, 1],
 [1, 0, 2]])
```

对于 Binary Problems（二分类问题）来说，可以得到真 negatives、假 positives、假 negatives 和真 positives 的数量如下：

```
>>> y_true = [0, 0, 0, 1, 1, 1, 1, 1]
>>> y_pred = [0, 1, 0, 1, 0, 1, 0, 1]
>>> tn, fp, fn, tp = confusion_matrix(y_true, y_pred).ravel()
>>> tn, fp, fn, tp
(2, 1, 2, 3)
```

下面的实例文件 jiaocha04. py，其功能是使用混淆矩阵来评估 classifier（分类器）的输出质量。

```
import numpy as np
import matplotlib.pyplot as plt

from sklearn import svm, datasets
from sklearn.model_selection import train_test_split
from sklearn.metrics import plot_confusion_matrix

#导入一些数据
iris = datasets.load_iris()
X = iris.data
y = iris.target
class_names = iris.target_names

#将数据分为训练集和测试集
X_train, X_test, y_train, y_test = train_test_split(X, y, random_state=0)

#运行分类器,使用一个过于正则化(C太低)的模型来查看对结果的影响
classifier = svm.SVC(kernel='linear', C=0.01).fit(X_train, y_train)

np.set_printoptions(precision=2)

#绘制非标准化混淆矩阵
```

```
titles_options = [("Confusion matrix, without normalization",None),
                  ("Normalized confusion matrix", 'true')]
for title, normalize in titles_options:
    disp = plot_confusion_matrix(classifier, X_test, y_test,
                          display_labels=class_names,
                          cmap=plt.cm.Blues,
                          normalize=normalize)
    disp.ax_.set_title(title)
    print(title)
    print(disp.confusion_matrix)

plt.show()
```

执行效果如图5-2所示。

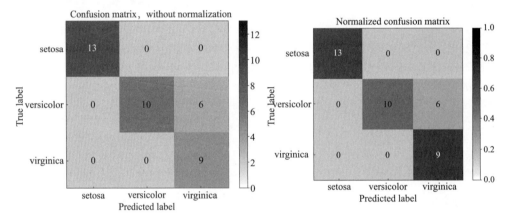

图5-2 执行效果

在图5-2的执行效果中,对角线元素表示预测标签等于真实标签的点数,而非对角线元素是那些被分类器错误标记的点。混淆矩阵的对角线值越高越好,表明许多正确的预测。这些效果图显示了按类别支持大小(每个类别中的元素数)进行归一化和未归一化的混淆矩阵。在类不平衡的情况下,这种归一化,可以更直观地解释哪个类被错误分类。

注意:本实例的执行结果并不理想,因为我们对正则化参数C的选择不是最好的。在实际应用中,通常使用调整估计器的超参数来选择此参数。

5.4 验证曲线:绘制分数以评估模型

在现实应用中,每一个估计器都有其优势和劣势。它的泛化误差可以分解为偏差、方差和噪声。估计器的偏差是不同训练集的平均误差。估计器的方差表示对不同训练集、模型的敏感度。噪声是数据的特质。

为了评估算法的性能,可以绘制可视化的曲线来展示算法的优劣。由图5-3可以看见,函数 $f(x) = \cos\frac{3}{2}\pi x$ 和函数中的一些噪声数据。使用三种不同的估计器来拟合函数:带有自由度为1,4和15的二项式特征的线性回归。第一个估计器最多只能提供一个样本与真实函数间不好的拟合,因为该函数太过简单,第二个估计器估计得很好,最后一个估计器估计训练数据很好,但是不能拟合真实的函数,如对各种训练数据敏感(高方差)。

在实际应用中,偏差和方差是估计器的固有特质,开发者经常选择学习算法和超参数,以使偏差和方差都尽可能小。另外还有一种减少模型方差的方法是使用更多的训练数据,但是,如果真实函数太过复杂才能估计出一个低方差的估计器,这时只能收集更多的训练集数据。例如,在一个简单的一维问题中,很容易看见估计器是否受到偏差或者方差的影响。但是在高维空间中,很难可视化这个模型。正因如此,这时可以考虑使用其他专业工具来描述评估结果。

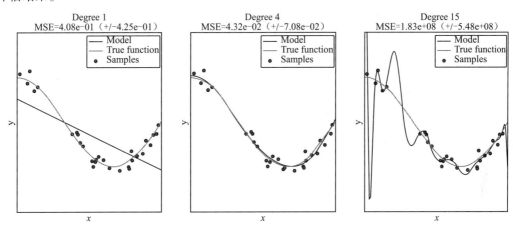

图 5-3　使用三种不同的估计器来拟合函数

5.4.1　绘制验证曲线

假如需要一个评分函数来验证一个模型,如分类器的准确率。选择一个估计器的多个超参数的好方法是用网格搜索或者相类似的方法,通过选择超参数以使在验证集或者多个验证集的分数最大化。需要注意的是,如果基于验证分数优化超参数,验证分数是有偏的且不是好的泛化估计。为了得到一个好的泛化估计,可以计算在另一个测试集上的分数。但是,有时绘制在训练集上单个参数的影响曲线也是有意义的,并且验证分数可以找到对于某些超参数,估计器是过拟合的还是欠拟合的。

如果训练分数和验证分数都很低,那么这个估计器就是欠拟合。如果训练集的分数很高,并且验证集的分数很低,那么这个估计器就是过拟合。除此以外,这个估计器的效果就很好。一个较低的训练分数和一个较高的验证分数通常是不可能的。

下面的实例文件 jiaocha05.py,其功能是使用 load_digits 加载 Scikit-learn 内置的手写数字图片数据集,这是一个研究图像分类算法的优质数据集,然后绘制验证曲线。

```
import numpy as np

from sklearn.datasets import load_digits
from sklearn.svm import SVC
from sklearn.model_selection import validation_curve

X, y = load_digits(return_X_y=True)

param_range = np.logspace(-6, -1, 5)
train_scores, test_scores = validation_curve(
    SVC(), X, y, param_name="gamma", param_range=param_range,
```

```
        scoring = "accuracy", n_jobs = 1)
    train_scores_mean = np.mean(train_scores, axis = 1)
    train_scores_std = np.std(train_scores, axis = 1)
    test_scores_mean = np.mean(test_scores, axis = 1)
    test_scores_std = np.std(test_scores, axis = 1)

    plt.title("Validation Curve with SVM")
    plt.xlabel(r" $ \gamma $ ")
    plt.ylabel("Score")
    plt.ylim(0.0, 1.1)
    lw = 2
    plt.semilogx(param_range, train_scores_mean, label = "Training score",
                color = "darkorange", lw = lw)
    plt.fill_between(param_range, train_scores_mean - train_scores_std,
                    train_scores_mean + train_scores_std, alpha = 0.2,
                    color = "darkorange", lw = lw)
    plt.semilogx(param_range, test_scores_mean, label = "Cross - validation score",
                color = "navy", lw = lw)
    plt.fill_between(param_range, test_scores_mean - test_scores_std,
                    test_scores_mean + test_scores_std, alpha = 0.2,
                    color = "navy", lw = lw)
    plt.legend(loc = "best")
    plt.show()
```

执行后的效果如图 5-4 所示。可以看到针对核参数 gamma 的不同值的 SVM 的训练得分和验证得分。对于非常低的 gamma 值, 训练分数和验证分数均较低, 这称为欠拟合。中等的伽马值将导致两个得分均较高, 即分类器的效果相当好。如果伽马值太高, 则分类器将过拟合。这说明训练得分不错, 但是验证得分很差。

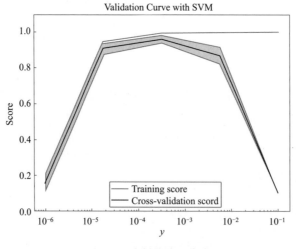

图 5-4　绘制的验证曲线

5.4.2　绘制学习曲线

学习曲线的功能是, 在不同的训练样本个数下, 可视化展示估计器的验证集和训练集得分。学习曲线是一个用于发现增加训练集数据可以获得多大收益和是否估计器会遭受更多的方差和偏差。下面的实例文件 jiaocha06. py,其功能是使用 load_digits 加载内置的手写数字图片数据集,然后绘制朴素贝叶斯分类器和支持向量机的学习曲线。对于朴素贝叶斯来说,验证分数和训练分数都向某一个分数收敛,随着训练集大小的增加,分数下降的很低。因此,并不会从较大的数据集中获益很多。与之相对比,小数据量的数据,支持向量机的训练分数比验证分数高很多。添加更多的数据给训练样本很可能会提高模型的泛化能力。实例文件 jiaocha06. py 的具体实现代码如下:

```
def plot_learning_curve (estimator, title, X, y, axes = None, ylim = None, cv =
None,
                        n_jobs =None, train_sizes = np.linspace(.1, 1.0, 5)):
    """
    生成 3 个图:测试和训练学习曲线,训练样本与拟合时间曲线,拟合时间与得分曲线。

    参数
    - - - - - - - - -
    estimator :实现"fit"和"predict"方法的对象类型
    每次验证都会克隆该类型的对象。

    title :字符串
        图表标题。

    X :类数组,结构为(n_samples,n_features)
        训练向量,其中 n_samples 是样本数,n_features 是特征的数量。

    y :类数组,结构为(n_samples)或(n_samples,n_features),可选
        相对于 X 的目标进行分类或回归;
        对于无监督学习,该参数没有值。

    axes : 3 轴的数组,可选(默认 =无)
        用于绘制曲线的轴。

    ylim :元组,结构为(ymin,ymax),可选
        定义绘制的最小和最大 y 值。

    cv :整数型, 交叉验证生成器或一个可迭代对象,可选
        确定交叉验证拆分策略。
        可能的输入是:
            -无(None),使用默认的 5 折交叉验证,
            -整数,用于指定折数。
            -交叉验证分割器,详见下文
            -可迭代的数据(训练,测试)拆分成的索引数组
```

对于整数或/None 输入,如果 y 是二分类或多分类,则使用 StratifiedKFold 作为交叉验证分割器。如果估算器不是分类类型或标签 y 不是二分类 uo 多分类,则使用 KFold 作为交叉验证分割器。

引用:有关可以在此处使用的交叉验证器的各种信息,请参见用户指南 < cross_validation >

　　n_jobs :整数或 None,可选(默认是 None)
　　　　要并行运行的作业数。

除非在 obj:'joblib.parallel_backend'上下文中,否则"None"表示1。-1表示使用所有处理器。有关更多详细信息,请参见术语<n_jobs>'。

train_sizes :类数组,结构为 (n_ticks,), 浮点数或整数
训练示例的相对或绝对数量,将用于生成学习曲线。如果数据类型为浮点数,则将其视为训练集最大大小的一部分(由所选验证方法确定),即它必须在 (0,1] 之内。否则,将其解释为训练集的绝对大小。

注意,为了进行分类,样本数量通常必须足够大,以包含每个类别中的至少一个样本。(默认值:np.linspace(0.1, 1.0, 5))

```python
"""

if axes is None:
    _, axes = plt.subplots(1, 3, figsize = (20, 5))

axes[0].set_title(title)
if ylim is not None:
    axes[0].set_ylim(* ylim)
axes[0].set_xlabel("Training examples")
axes[0].set_ylabel("Score")

train_sizes, train_scores, test_scores, fit_times, _ = \
        learning_curve(estimator, X, y, cv = cv, n_jobs = n_jobs,
                       train_sizes = train_sizes,
                       return_times = True)
train_scores_mean = np.mean(train_scores, axis = 1)
train_scores_std = np.std(train_scores, axis = 1)
test_scores_mean = np.mean(test_scores, axis = 1)
test_scores_std = np.std(test_scores, axis = 1)
fit_times_mean = np.mean(fit_times, axis = 1)
fit_times_std = np.std(fit_times, axis = 1)

#绘制学习曲线
axes[0].grid()
axes[0].fill_between(train_sizes, train_scores_mean - train_scores_std,
                train_scores_mean + train_scores_std, alpha = 0.1,
                color = "r")
axes[0].fill_between(train_sizes, test_scores_mean - test_scores_std,
                test_scores_mean + test_scores_std, alpha = 0.1,
                color = "g")
axes[0].plot(train_sizes, train_scores_mean, 'o - ', color = "r",
        label = "Training score")
axes[0].plot(train_sizes, test_scores_mean, 'o - ', color = "g",
        label = "Cross - validation score")
axes[0].legend(loc = "best")

# Plot n_samples vs fit_times
axes[1].grid()
axes[1].plot(train_sizes, fit_times_mean, 'o - ')
```

```
axes[1].fill_between(train_sizes, fit_times_mean - fit_times_std,
                 fit_times_mean + fit_times_std, alpha=0.1)
axes[1].set_xlabel("Training examples")
axes[1].set_ylabel("fit_times")
axes[1].set_title("Scalability of the model")

# 绘制拟合时间与得分
axes[2].grid()
axes[2].plot(fit_times_mean, test_scores_mean, 'o-')
axes[2].fill_between(fit_times_mean, test_scores_mean - test_scores_std,
                 test_scores_mean + test_scores_std, alpha=0.1)
axes[2].set_xlabel("fit_times")
axes[2].set_ylabel("Score")
axes[2].set_title("Performance of the model")


return plt


fig, axes = plt.subplots(3, 2, figsize=(10, 15))

X, y = load_digits(return_X_y=True)

title = "Learning Curves (Naive Bayes)"
# 进行 100 次迭代交叉验证,以获得更平滑的平均测试和训练成绩曲线,每次将20%的数据随机
选择为验证集。
cv = ShuffleSplit(n_splits=100, test_size=0.2, random_state=0)

estimator = GaussianNB()
plot_learning_curve(estimator, title, X, y, axes=axes[:, 0], ylim=(0.7, 1.01),
               cv=cv, n_jobs=4)

title = r"Learning Curves (SVM, RBF kernel, $\gamma=0.001$)"
# SVC 的训练代价比较昂贵,因此我们进行的 CV 迭代次数较少:
cv = ShuffleSplit(n_splits=10, test_size=0.2, random_state=0)
estimator = SVC(gamma=0.001)
plot_learning_curve(estimator, title, X, y, axes=axes[:, 1], ylim=(0.7, 1.01),
               cv=cv, n_jobs=4)

plt.show()
```

执行后会绘制对应的学习曲线,如图 5-5 所示。在第一列的第一行中,显示了手写数字数据集上朴素贝叶斯分类器的学习曲线。注意,训练分数和交叉验证分数最后都不太好。但是,这个曲线的形状经常会在更复杂的数据集中被找到:训练得分在开始时很高,然后降低,而交叉验证得分在开始时很低但是之后增加。在第二列的第一行中,我们看到带有 RBF 内核的 SVM 的学习曲线。我们可以清楚地看到,训练分数仍在最大值附近,并且可以通过增加训练样本来增加验证分数。第二行中的图显示了模型使用各种大小的训练数据集进行训练所需的时间。第三行中的图显示了每种训练规模需要多少时间来训练模型。

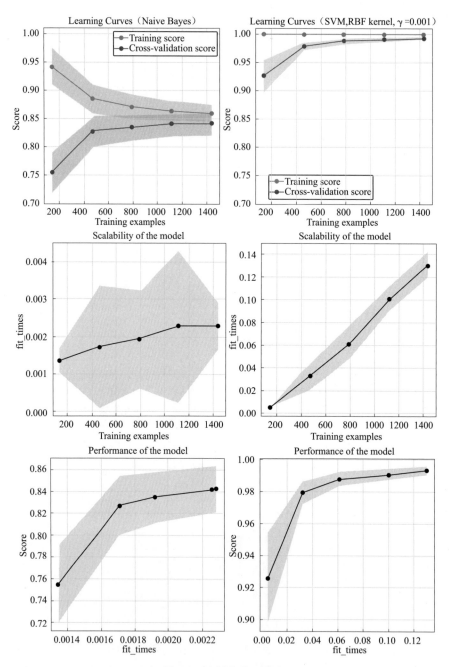

图 5-5　绘制的学习曲线

第6章　核心算法实战

TensorFlow 既可实现机器学习操作,也可实现深度学习算法。本章详细讲解 TensorFlow 常用机器学习核心算法的知识,并通过具体实例讲解这些算法的用法。

6.1　线性回归算法操作

线性回归是利用数理统计中回归分析,来确定两种或两种以上变量间相互依赖的定量关系的一种统计分析方法。本节详细讲解线性回归算法的知识。

6.1.1　线性回归介绍

在人工智能领域,经常用线性回归算法解决回归问题。在统计学中,线性回归(linear regression)是利用称为线性回归方程的最小平方函数对一个或多个自变量和因变量之间关系进行建模的一种回归分析。这种函数是一个或多个称为回归系数的模型参数的线性组合。只有一个自变量的情况称为简单回归,大于一个自变量情况的称为多元回归。反之,又应当由多个相关的因变量预测的多元线性回归区别,而不是一个单一的标量变量。

线性回归模型经常用最小二乘逼近来拟合,但它们也可能用别的方法来拟合,如用最小化"拟合缺陷"在一些其他规范中(如最小绝对误差回归),或者在桥回归中最小化最小二乘损失函数的惩罚。相反,最小二乘逼近可以用来拟合那些非线性模型。因此,尽管"最小二乘法"和"线性模型"紧密相连,但它们是不能画等号的。

6.1.2　使用 Keras 实现线性回归模型

在本节的实例中,将介绍如何使用 tensorflow2.x 推荐的 Keras 接口更方便地实现线性回归的训练。编写实例文件 Linear01.py,其功能是使用 TensorFlow 框架构造一个简单的线性回归模型(linear regression model,LRM)。首先是构造数据集,使用的 function 是 $y = wx + b$ 的形式。然后初始化参数 $w = 0.5$ 和 $b = 0.3$,使用梯度下降算法进行训练,得出参数的训练值。Loss 函数直接采用均方差的形式,进行 100 次迭代。文件 Linear01.py 的具体实现流程如下:

(1)引入所需的函数库,然后构造数据,分别设置权重 true_w 和偏置 true_b,生成 1 000 个数据点。代码如下:

```
import tensorflow as tf
from tensorflow import keras
from tensorflow.keras import layers
from tensorflow import initializers as init
from tensorflow import losses
from tensorflow.keras import optimizers
from tensorflow import data as tfdata

#1.生成数据
num_inputs = 2#数据有两个特征
```

```
num_examples = 1000 #共有1000条数据
true_w = [2, -3.4]                      #两个特征的权重
true_b = 4.2                            #偏置
features = tf.random.normal(shape = (num_examples, num_inputs), stddev = 1)#随机
生成一个1000*2的矩阵,每行代表一条数据
labels = true_w[0] * features[:, 0] + true_w[1] * features[:, 1] + true_b#计算
y值
labels += tf.random.normal(labels.shape, stddev = 0.01)#加上一个偏差
```

（2）开始组合数据,随机打乱生成的1 000个数据点,其中一个batch包含10条原数据。然后分别定义模型、网络层、损失和优化器。代码如下:

```
#2.组合数据
batch_size = 10
#将训练数据的特征和标签组合
dataset = tfdata.Dataset.from_tensor_slices((features, labels))#按第0维进行切
分,和标签组合
#随机读取小批量
dataset = dataset.shuffle(buffer_size = num_examples)            #随机打乱1000
dataset = dataset.batch(batch_size)
data_iter = iter(dataset)#生成一个迭代器

model = keras.Sequential()     #定义模型
model.add(layers.Dense(1, kernel_initializer = init.RandomNormal(stddev = 0.
01)))     #定义网络层

loss = losses.MeanSquaredError()     #定义损失
trainer = optimizers.SGD(learning_rate = 0.03)     #定义优化器为随机梯度下降
```

（3）开始训练数据,将全体数据循环三次,每次遍历完毕后将输出显示损失。代码如下:

```
loss_history = []
num_epochs = 3
for epoch in range(1, num_epochs + 1):
    for (batch, (X, y)) in enumerate(dataset):     #对每一个batch循环
        with tf.GradientTape() as tape:     #定义梯度
            l = loss(model(X, training = True), y)
        loss_history.append(l.numpy().mean())     #记录该batch的损失
        grads = tape.gradient(l, model.trainable_variables)     # tape.gradient找
到变量的梯度
        trainer.apply_gradients(zip(grads, model.trainable_variables))     #更新
权重

    l = loss(model(features), labels)     #遍历完一次全体数据后的损失
    print('epoch % d, loss: % f' % (epoch, l))
```

执行后会输出:

```
epoch 1, loss: 0.000273
epoch 2, loss: 0.000104
epoch 3, loss: 0.000104
```

在本实例中,因为我们要求循环所有数据3次,而每一次循环都是小批量循环,每个小批量

中都有 10 条数据,所以首先写出两个 for 循环,最里层的循环是每次循环 10 条数据。通过调用 tensorflow. GradientTape 记录动态图梯度,之前定义的损失函数是均方误差,需要真实值和模型值,于是把 model(X)和 y 输入 loss 中。

我们可以记录每个 batch 的损失,添加到 loss_history 中。通过 model. trainable_variables 找到需要更新的变量,并用 trainer. apply_gradients 更新权重,完成一步训练。

6.2 Logistic Regression 算法操作

Logistic Regression 又称为 Logistic 回归、Logistic 回归分析或逻辑回归,是一种广义的线性回归分析模型,常用于数据挖掘、疾病自动诊断和经济预测等领域。本节详细讲解 Logistic Regression 算法的知识。

6.2.1 Logistic Regression 算法介绍

简单来说,Logistic Regression(逻辑回归)是一种用于解决二分类(0 或 1)问题的机器学习方法,用于估计某种事物的可能性。比如,某用户购买某商品的可能性,某病人患有某种疾病的可能性,以及某广告被用户点击的可能性等。注意,这里用的是"可能性",而非数学上的"概率",Logisitc 回归的结果并非数学定义中的概率值,不能直接当作概率值来用。该结果往往用于和其他特征值加权求和,而非直接相乘。

逻辑回归与线性回归有什么关系呢? 逻辑回归与线性回归(linear regression)都是一种广义线性模型(generalized linear model)。逻辑回归假设因变量 y 服从伯努利分布,而线性回归假设因变量 y 服从高斯分布。因此与线性回归有很多相同之处,如果去除 Sigmoid 映射函数,Logistic Regression 算法就是一个线性回归。也就是说,逻辑回归是以线性回归为理论支持的,但是逻辑回归通过 Sigmoid 函数引入非线性因素,因此可以轻松处理 0/1 分类问题。

6.2.2 信用卡欺诈数据

在下面的实例文件 Logistic01. py 中,使用的数据集是信用卡欺诈数据集 credit-a. csv,然后使用 Logistic Regression 算法进行处理。

(1)首先读取数据集的信息,代码如下:

```
import tensorflow as tf
import pandas as pd
import matplotlib.pyplot as plt
#读取数据集
data = pd.read_csv('dataset/credit - a.csv')
print(data.head())
```

执行后会输出:

```
0   30.83  0.10.2 0.39   0.4 1.25 0.5 0.6 1   1.1 0.7 202 0.8  -1
0 1  58.67  4.460   0   0   8  1  3.04 0   0  6  1  0   43  560.0   -1
1 1  24.50  0.500   0   0   8  1  1.50 0   1  0  1  0  280 824.0   -1
2 0  27.83  1.540   0   0   9  0  3.75 0   0  5  0  0  100 3.0    -1
3 0  20.17  5.625   0   0   9  0  1.71 0   1  0  1  2  120 0.0    -1
4 0  32.08  4.000   0   0   6  0  2.50 0   1  0  0  0  360 0.0    -1
```

（2）从上述输出结果可以看出此数据集没有表头，把第一行数据当作表头，可通过以下代码重读一遍数据，查看第15列结果有几类：

```
#查看第15列结果有几类
data.iloc[:,-1].value_counts()
```

此时执行后会输出：

```
[5 rows x 16 columns]
     0   1      2     3  4  5  6     7  8  9  10  11  12   13     14  15
0  0  30.83  0.000  0  0  9  0  1.25  0  0  1   1   0  202    0.0  -1
1  1  58.67  4.460  0  0  8  1  3.04  0  0  6   1   0   43  560.0  -1
2  1  24.50  0.500  0  0  8  1  1.50  0  1  0   1   0  280  824.0  -1
3  0  27.83  1.540  0  0  9  0  3.75  0  0  5   0   0  100    3.0  -1
4  0  20.17  5.625  0  0  9  0  1.71  0  1  0   1   2  120    0.0  -1
Model: "sequential_2"
```

（3）通过以下代码查看第15列结果有几类：

```
data.iloc[:,-1].value_counts()
```

（4）使用逻辑回归对数据进行处理，所以先把 −1 全部替换成 0：

```
#构造 x,y
x = data.iloc[:,:-1]
y = data.iloc[:,-1].replace(-1,0)
#构建一个 输入为15、隐藏层为10 10 、输出层为1的神经网络，由于是逻辑回归，最后输出层的
激活函数为 sigmoid
model = tf.keras.Sequential([
    tf.keras.layers.Dense(10,input_shape = (15,),activation = 'relu'),
    tf.keras.layers.Dense(10,activation = 'relu'),
    tf.keras.layers.Dense(1,activation = 'sigmoid')
])
model.summary()
```

（5）设置优化器和损失函数，然后训练80次。代码如下：

```
model.compile(
    optimizer = 'adam',   #优化器
    loss ='binary_crossentropy', #损失函数,交叉熵
    metrics =['acc']  #准确率
)
#训练80次
history = model.fit(x,y,epochs =80)
```

（6）通过以下代码绘制训练次数与loss的图像：

```
plt.plot(history.epoch, history.history.get('loss'))
```

执行后绘制训练次数与loss的图像，如图6-1所示。

（7）通过以下代码绘制训练次数与准确率的图像：

```
plt.plot(history.epoch, history.history.get('acc'))
```

执行后的效果如图6-2所示。

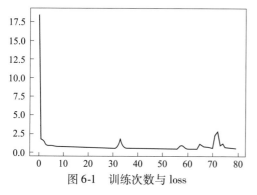

图 6-1　训练次数与 loss

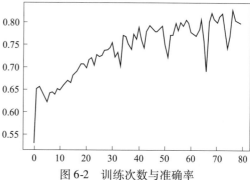

图 6-2　训练次数与准确率

6.3　二元决策树算法

二元决策树就是基于属性做一系列的二元(是/否)决策。每次决策对应于从两种可能性中选择一个。在每次决策后要么会引出另外一个决策,要么会生成最终的结果。

6.3.1　什么是二元决策树

学习过二叉树的读者会知道二叉树是一个连通的无环图,每个节点最多有两个子树的树结构。图 6-3(a)所示为一个深度 $k = 3$ 的二叉树。二元决策树与此类似,只不过二元决策树是基于属性做一系列二元(是/否)决策。每次决策从下面的两种决策中选择一种,然后又会引出另外两种决策。依此类推,直到叶子节点,即最终的结果。也可以将二元决策树理解为是对二叉树的遍历,或者很多层的 if-else 嵌套。

需要特别注意的是,二元决策树中的深度算法与二叉树中的深度算法是不同的。二叉树的深度是指有多少层,而二元决策树的深度是指经过多少层计算。以图 6-3(a)为例,二叉树的深度 $k = 3$,而在二元决策树中深度 $k = 2$。图 6-3(b)所示为一个二元决策树的例子,其中最关键的是如何选择切割点,即 $X[0] < = -0.075$ 中的 -0.0751 是如何选择出来的。

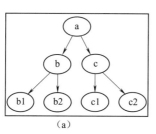

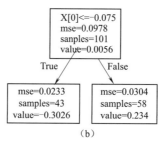

图 6-3　树

逻辑回归与决策树的区别如下:

(1)逻辑回归通常用于分类问题,决策树可回归、可分类。

(2)逻辑回归是线性函数,决策树是非线性函数。

(3)逻辑回归的表达式很简单,回归系数就确定了模型。决策树的形式就复杂了,叶子节点的范围 + 取值。两个模型在使用中都有很强的解释性,银行较喜欢。

6.3.2　选择二元决策树切割点

在二元决策树算法中,切割点的选择是最核心的部分,其基本思路是遍历所有数据,尝试将每个数据作为分割点,并计算此时左右两侧数据的离差平方和,并从中找到最小值。然后找到离差平方和最小时对应的数据,这个数据就是最佳分割点。下面的实例文件 binary01.py,其功能是根据上面描述的算法思想选择二元决策树切割点,具体实现代码如下:

```python
import numpy
import matplotlib.pyplot as plot

#建立一个100数据的测试集
nPoints = 100

#x的取值范围: -0.5~ +0.5的nPoints等分
xPlot = [ -0.5 +1/nPoints* i for i in range(nPoints + 1)]

#y值:在x的取值上加一定的随机值或者叫作噪声数据
#设置随机数算法生成数据时的开始值,保证随机生成的数值一致
numpy.random.seed(1)
##随机生成宽度为0.1的标准正态分布的数值
##上面的设置是保证numpy.random这步生成的数据一致
y = [s + numpy.random.normal(scale =0.1) for s in xPlot]


#离差平方和列表
sumSSE = []
for i in range(1, len(xPlot)):
    #以 xPlot[i]为界,分成左侧数据和右侧数据
    lhList = list(xPlot[0:i])
    rhList = list(xPlot[i:len(xPlot)])

    #计算每侧的平均值
    lhAvg = sum(lhList) / len(lhList)
    rhAvg = sum(rhList) / len(rhList)

    #计算每侧的离差平方和
    lhSse = sum([ (s - lhAvg) *  (s - lhAvg) for s in lhList])
    rhSse = sum([ (s - rhAvg) *  (s - rhAvg) for s in rhList])

    #统计总的离差平方和,即误差和

    sumSSE.append(lhSse + rhSse)

##找到最小的误差和
minSse = min(sumSSE)
##产生最小误差和时对应的数据索引
idxMin = sumSSE.index(minSse)
##打印切割点数据及切割点位置
print("切割点位置:"+str(idxMin)) ##49
print("切割点数据:"+str(xPlot[idxMin]))## -0.010000000000000009

##绘制离差平方和随切割点变化而变化的曲线
plot.plot(range(1, len(xPlot)), sumSSE)
plot.xlabel('Split Point Index')
```

```
plot.ylabel('Sum Squared Error')
plot.show()
```

执行后会绘制根据测试数据选择二元决策树切割点的曲线图,如图 6-4 所示。

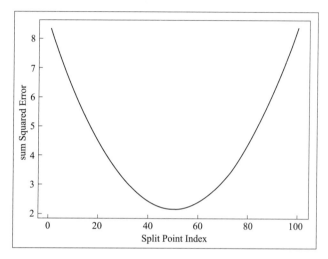

图 6-4 选择二元决策树切割点

6.4 Bagging 算法

Bagging 算法的英文全称是 Bootstrap aggregating,通常翻译为引导聚集算法,又称为装袋算法,是机器学习领域的一种团体学习算法。Bagging 算法最初由 Leo Breiman 于 1996 年提出,此算法可与其他分类、回归算法相结合,在提高其准确率和稳定性的同时,通过降低结果方差的方式避免发生过拟合。

6.4.1 什么是 Bagging 算法

在人工智能领域,集成学习有两个流派:一个是 boosting 派系,其特点是各个弱学习器之间有依赖关系;另一个是 bagging 流派,其特点是各个弱学习器之间没有依赖关系,可以并行拟合。

Bagging 是通过结合几个模型降低泛化误差的技术,主要方法是分别训练几个不同的模型,然后让所有模型表决测试样例的输出。这是机器学习中常规策略的一个例子,被称为模型平均(model averaging),采用这种策略的技术称为集成方法。

模型平均奏效的原因是不同的模型通常不会在测试集上产生完全相同的误差,模型平均是一个减少泛化误差的非常强大可靠的方法。在作为科学论文算法的基准时,通常不鼓励使用模型平均,因为任何机器学习算法都可以从模型平均中大幅获益(以增加计算和存储为代价)。

Bagging 算法的基本步骤是给定一个大小为 n 的训练集 D,Bagging 算法从中均匀、有放回地(使用自助抽样法)选出 m 个大小为 n 的子集 Di 作为新的训练集。在这 m 个训练集上可以使用分类、回归等算法得到 m 个模型,再通过取平均值、取多数票等方法得到 Bagging 的结果。

Bagging 算法的原理如图 6-5 所示,主要方法是分别构造多个弱学习器,多个弱学习器相互之间是并行关系,可以同时训练,最终将多个弱学习器结合起来。

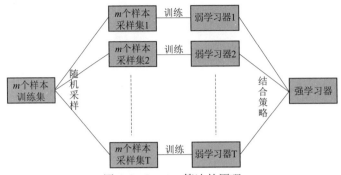

图 6-5 Bagging 算法的原理

Bagging 算法的主要特点是随机采样,那么什么是随机采样(自组采样)呢？随机采样表示(bootstrap sample)从 n 个数据点中有放回地重复随机抽取一个样本(同一个样本可被多次抽取),一共抽取 n 次。创建一个与原数据大小相同的数据集,但有些数据点会缺失(约 1/3),有些会重复。请看下面的举例说明:

```
原数据集:['a', 'b', 'c', 'd']
随机采样1:['c', 'd', 'c', 'a']
随机采样2:['d', 'd', 'a', 'b']
...
```

我们常常将缺失的数据点称为袋外数据(out of bag,OOB),因为这些数据没有参与训练集模型的拟合,所以可以用来检测模型的泛化能力。

6.4.2 实现 Bootstrap 采样

Bagging 算法的主要功能是实现采样,可以从数据集中随机选择行数据,并将它们添加到新列表来创建数据集成为新的样本。可以重复对固定数量的行进行此操作,或者一直到新数据集的大小与原始数据集的大小的比率达到要求为止。我们每采集一次数据,都会进行放回,然后再次采集。例如在线的实例文件 Bagging01.py 中,通过函数 subsample()实现了上述采样过程。随机模块中的函数 randrange()用于选择随机行索引,以便在循环的每次迭代中添加到样本中,样本的默认数量大小是原始数据集的大小。在函数 subsample()中创建了一个包含 20 行,其中数字是 0~9 的随机值,并且计算它们的平均值。然后可以制作原始数据集的自举样本集,不断重复这个过程,直到有一个均值列表,然后计算平均值,这个平均值与整个样本的平均值非常接近。文件 Bagging01.py 的具体实现代码如下:

```python
from random import seed
from random import randrange

# 使用 replacement 从数据集中创建随机子样本
def subsample(dataset, ratio =1.0):
    sample = list()
    n_sample = round(len(dataset) * ratio)
    while len(sample) < n_sample:
        index = randrange(len(dataset))
        sample.append(dataset[index])
    return sample
```

```
#计算一系列数字的平均数
def mean(numbers):
    return sum(numbers) / float(len(numbers))


seed(1)
#真实值
dataset = [[randrange(10)] for i in range(20)]
print('True Mean: % .3f' % mean([row[0] for row in dataset]))
#估计值
ratio = 0.10
for size in [1, 10, 100]:
    sample_means = list()
    for i in range(size):
        sample = subsample(dataset, ratio)
        sample_mean = mean([row[0] for row in sample])
        sample_means.append(sample_mean)
    print('Samples = % d, Estimated Mean: % .3f' % (size, mean(sample_means)))
```

在上述代码中,每个自举样本是原始样本的 10% ,也就是 2 个样本。然后通过创建原始数据集的 1 个、10 个、100 个自举样本计算它们的平均值,最后平均所有这些估计的平均值进行实验。执行后会打印输出我们要估计的原始数据平均值:

```
True Mean: 4.500
Samples =1, Estimated Mean: 4.000
Samples =10, Estimated Mean: 4.700
Samples =100, Estimated Mean: 4.570
```

接下来可以从各种不同数量的自举样本中看到估计的平均值。可以看到,通过 100 个样本,可以很好地估计平均值。

6.5　Boosting 算法

Boosting(提升方法)是一种用来减小监督式学习中偏差的机器学习算法。在本节的内容中,将详细讲解在 Python 程序中使用 Boosting 算法的知识。

6.5.1　Boosting 基础

Boosting 算法来源于迈可·肯斯(Michael Kearns)提出的问题:一组"弱学习者"的集合能否生成一个"强学习者"? 弱学习者是指一个分类器,其结果只比随机分类好一点点;强学习者指分类器的结果非常接近真值。

Valiant 和 Kearns 提出了弱学习和强学习的概念,将识别错误率小于1/2,即准确率仅比随机猜测略高的学习算法称为弱学习算法。将识别准确率很高并能在多项式时间内完成的学习算法称为强学习算法。同时,Valiant 和 Kearns 首次提出了 PAC 学习模型中弱学习算法和强学习算法的等价性问题,也就是任意给定仅比随机猜测略好的弱学习算法,是否可以将其提升为强学习算法? 如果二者等价,那么只需找到一个比随机猜测略好的弱学习算法就可以将其提升为强学习算法,而不必寻找很难获得的强学习算法。1990 年,Schapire 最先构造出一种多项式级的算法,这就是最初的 Boosting 算法。1995 年,Freund 和 Schapire 改进了 Boosting 算法,提出了

AdaBoost（adap tive boosting）算法，该算法效率和 Freund 于 1991 年提出的 Boosting 算法几乎相同，但不需要任何关于弱学习器的先验知识，因而更容易应用到实际问题中。之后，Freund 和 Schapire 进一步提出了改变 Boosting 投票权重的 AdaBoost.M1，AdaBoost.M2 等算法，在机器学习领域受到了极大的关注。

Boosting 算法的训练数据都一样，但是每个新的分类器都会根据上一个分类器的误差来做相应调整，最终由这些分类器加权求和得到预测结果。Bagging 算法和 Boosting 算法的区别是：

- Bagging 算法的每个训练集都不一样，而 Boosting 算法的每个训练集都一样；
- Bagging 算法在最终投票时，每个分类器的权重都一样。而 Boosting 算法在最终投票时，每个分类器权重都不一样。

在现实应用中，最常用的 Boosting 算法是 Adaboost，这是一种迭代算法，其核心思想是针对同一个训练集训练不同的分类器（弱分类器），然后把这些弱分类器集合起来，构成一个更强的最终分类器（强分类器）。

Adaboost 算法解决问题的基本思路是：

（1）通过训练数据训练出一个最优分类器。

（2）查看分类器的错误率，把错分类的样本数据提高一定权重，分类正群的样本，降低一定权重。然后按每个数据样本、不同权重来训练新的最优分类器。

（3）最终的投票结果由这些分类器按不同权重来投票决定，其中各分类器的权重，按其预测的准确性来决定。

6.5.2 心绞痛 ROC 曲线检测系统

下面的实例文件 Adaboost.py，其功能是使用 Adaboost 算法根据心绞痛采样数据进行训练，将训练出的分类器进行预测，并绘制统计假阳性率和真阳性率的 ROC 曲线图。文件 Adaboost.py 的具体实现代码如下：

```python
from numpy import *

#载入数据
def loadSimpData():
    datMat = matrix([[1., 2.1],
                    [2., 1.1],
                    [1.3, 1.],
                    [1., 1.],
                    [2., 1.]])
    classLabels = [1.0, 1.0, -1.0, -1.0, 1.0]
    return datMat, classLabels


#载入数据
def loadDataSet(fileName):
    numFeat = len(open(fileName).readline().split('\t'))
    dataMat = []
    labelMat = []
    fr = open(fileName)
    for line in fr.readlines():
        lineArr = []
        curLine = line.strip().split('\t')
```

```
        for i in range(numFeat - 1):
            lineArr.append(float(curLine[i]))
        dataMat.append(lineArr)
        labelMat.append(float(curLine[-1]))
    return dataMat, labelMat

#预测分类
def stumpClassify(dataMatrix, dimen, threshVal, threshIneq):
    retArray = ones((shape(dataMatrix)[0], 1))
    if threshIneq == 'lt': #比阈值小,就归为-1
        retArray[dataMatrix[:, dimen] <= threshVal] = -1.0
    else:
        retArray[dataMatrix[:, dimen] > threshVal] = -1.0
    return retArray

#建立单层决策树
def buildStump(dataArr, classLabels, D):
    dataMatrix = mat(dataArr)
    labelMat = mat(classLabels).T
    m, n = shape(dataMatrix)
    numSteps = 10.0
    bestStump = {}
    bestClasEst = mat(zeros((m, 1)))
    minError = inf
    for i in range(n):
        rangeMin = dataMatrix[:, i].min()
        rangeMax = dataMatrix[:, i].max()
        stepSize = (rangeMax - rangeMin) / numSteps
        for j in range(-1, int(numSteps) + 1):
            for inequal in ['lt', 'gt']: #less than 和 greater than
                threshVal = (rangeMin + float(j) * stepSize)
                predictedVals = stumpClassify(dataMatrix, i, threshVal,inequal)
                errArr = mat(ones((m, 1)))
                errArr[predictedVals == labelMat] = 0 #分类错误的标记为1,正确为0
                weightedError = D.T * errArr #增加分类错误的权重
                print("split: dim %d, thresh %.2f, thresh ineqal: %s, the
weighted error is %.3f" \
                        % (i, threshVal, inequal, weightedError))
                if weightedError < minError:
                    minError = weightedError
                    bestClasEst = predictedVals.copy()
                    bestStump['dim'] = i
                    bestStump['thresh'] = threshVal
                    bestStump['ineq'] = inequal
    return bestStump, minError, bestClasEst

#训练分类器
def adaBoostTrainDS(dataArr, classLabels, numIt=40):
    weakClassArr = []
    m = shape(dataArr)[0]
```

```
        D = mat(ones((m, 1)) / m)   #设置一样的初始权重值
        aggClassEst = mat(zeros((m, 1)))
        for i in range(numIt):
            bestStump, error, classEst = buildStump(dataArr, classLabels, D)   #得到
"单层"最优决策树
            print("D:",D.T)
            alpha = float(0.5 * log((1.0 - error) / max(error, 1e-16)))   #计算
alpha值
            bestStump['alpha'] = alpha
            weakClassArr.append(bestStump)   #存储弱分类器
            print("classEst: ",classEst.T)
            expon = multiply(-1 * alpha * mat(classLabels).T, classEst)
            D = multiply(D, exp(expon))   #更新分类器权重
            D = D / D.sum()   #保证权重加和为1
            aggClassEst += alpha * classEst
            print("aggClassEst: ",aggClassEst.T)
            aggErrors = multiply(sign(aggClassEst) != mat(classLabels).T, ones
((m, 1)))   #检查分类出错的类别
            errorRate = aggErrors.sum() / m
            print("total error: ", errorRate)
            if errorRate == 0.0:
                break
        return weakClassArr, aggClassEst

    #用训练出的分类器进行预测
    def adaClassify(datToClass, classifierArr):
        dataMatrix = mat(datToClass)
        m = shape(dataMatrix)[0]
        aggClassEst = mat(zeros((m, 1)))
        for i in range(len(classifierArr)):
            classEst = stumpClassify(dataMatrix, classifierArr[i]['dim'], \
                            classifierArr[i]['thresh'], \
                            classifierArr[i]['ineq'])
            aggClassEst += classifierArr[i]['alpha'] * classEst
            print(aggClassEst)
        return sign(aggClassEst)

    #绘制ROC曲线
    def plotROC(predStrengths, classLabels):
        import matplotlib.pyplot as plt
        cur = (1.0, 1.0)
        ySum = 0.0
        numPosClas = sum(array(classLabels) == 1.0)
        yStep = 1 / float(numPosClas)
        xStep = 1 / float(len(classLabels) - numPosClas)
        sortedIndicies = predStrengths.argsort()
        fig = plt.figure()
        fig.clf()
        ax = plt.subplot(111)
        for index in sortedIndicies.tolist()[0]:
            if classLabels[index] == 1.0:
```

```
                delX = 0
                delY = yStep
            else:
                delX = xStep
                delY = 0
                ySum + = cur[1]
            ax.plot([cur[0], cur[0] - delX], [cur[1], cur[1] - delY], c = 'b')
            cur = (cur[0] - delX, cur[1] - delY)
        ax.plot([0, 1], [0, 1], 'b - -')
        plt.xlabel('False positive rate')
        plt.ylabel('True positive rate')
        plt.title('ROC curve for AdaBoost horse colic detection system')
        ax.axis([0, 1, 0, 1])
        print("the Area Under the Curve is: ", ySum *  xStep)
        plt.show()


if __name__ = = '__main__':
    filename = 'horseColicTraining2.txt'
    dataMat,classLabels = loadDataSet(filename)
    weakClassArr, aggClassEst = adaBoostTrainDS(dataMat,classLabels,50)
    plotROC(aggClassEst.T,classLabels)
```

执行后会将采样数据文件 horseColicTraining2. txt 中的数据进行分割分类,打印输出下面的分类过程,并使用 Matplotlib 绘制 ROC 曲线,如图 6-6 所示。

```
    1.33293375e + 00   1.04464866e - 02  - 6.15330221e - 02  - 1.22204712e + 00
    1.44950920e + 00  - 1.55332550e - 01  - 1.40228115e - 01   7.72058165e - 01
   - 1.27237534e + 00  - 9.64136810e - 01  - 9.54502029e - 01   1.96492679e - 02
    2.09790623e + 00  - 4.81065170e - 01   5.10669628e - 01   2.61981663e - 01
   - 6.18506290e - 01  - 5.85793822e - 01   3.35764949e - 02   1.26445156e + 00
   - 1.41207316e + 00   2.14000355e + 00   1.69479791e - 01   1.07154609e + 00
    1.82514963e + 00  - 4.53144925e - 01  - 5.58659802e - 01   2.09784185e - 01
    1.12743676e + 00   4.65909171e - 01   5.13407679e - 01   1.31611626e + 00
    5.60353925e - 01   6.26494907e - 01  - 1.07556829e - 01  - 2.11320145e - 01
   - 1.73416247e + 00  - 5.03280007e - 01   2.50745313e - 01   8.38002351e - 01
    1.43974637e + 00   1.99765336e + 00   1.31770817e - 01   1.79942156e + 00
   - 6.72795056e - 01  - 6.55312488e - 01   6.64368626e - 02   2.25567450e + 00
    1.05580742e + 00  - 1.26959276e + 00   4.61697970e - 02   1.15089233e - 01
    1.72851784e + 00   1.88191527e + 00  - 8.69559981e - 01  - 1.09087641e + 00
   - 5.90055252e - 01   2.74827155e + 00  - 1.56792975e - 01  - 1.18393543e + 00
   - 1.25859153e + 00  - 1.92186396e - 01   5.70361732e - 01]]
total error:  0.18729096989966554
the Area Under the Curve is:  0.8953941870182941
```

下面介绍一下 Bagging 和 Boosting 二者之间的区别。

(1)样本选择

Bagging:训练集是在原始集中有放回选取的,从原始集中选出的各轮训练集之间是独立的。

Boosting:每一轮的训练集不变,只是训练集中每个样例在分类器中的权重发生变化。而权值是根据上一轮的分类结果进行调整。

(2)样例权重

● Bagging:使用均匀取样,每个样例的权重相等。

- Boosting:根据错误率不断调整样例的权值,错误率越大则权重越大。

(3)预测函数

- Bagging:所有预测函数的权重相等。
- Boosting:每个弱分类器都有相应的权重,对于分类误差小的分类器会有更大的权重。

(4)并行计算

- Bagging:各个预测函数可以并行生成。
- Boosting:各个预测函数只能顺序生成,因为后一个模型参数需要前一轮模型的结果。

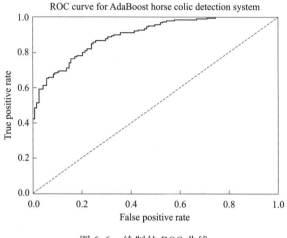

图 6-6 绘制的 ROC 曲线

6.6 随机森林算法

随机森林(random forest,RF)是指利用多棵树对样本进行训练并预测的一种分类器,该分类器最早由 Leo Breiman 和 Adele Cutler 提出,并被注册成商标。在本节的内容中,将详细讲解在 Python 中使用随机森林算法的知识。

6.6.1 什么是随机森林

随机森林这个术语是 1995 年由贝尔实验室的 Tin Kam Ho 提出的随机决策森林(random decision forests)而来的。在机器学习中,随机森林是一个包含多个决策树的分类器,并且其输出的类别由个别树输出的类别的众数而定。

随机森林是 Bagging 算法的进化版,其思想仍然是 bagging,但是进行了独有的改进。RF 算法具体改进如下:

(1)RF 使用了 CART 决策树作为弱学习器。

(2)在使用决策树的基础上,RF 对决策树的建立进行了改进,对于普通的决策树,会在节点上所有的 n 个样本特征中选择一个最优的特征来划分决策树的左右子树,但是 RF 会随机选择节点上的一部分(数量用 nusb 表示)样本特征,然后在这些随机选择的 nsub 个样本特征中,选择一个最优的特征来做决策树的左右子树划分。这样进一步增强了模型的泛化能力。

6.6.2 分析声呐数据

下面的实例文件 Randomtree.py,其功能是对声呐数据样本进行训练并预测分类处理,展示了 RF 算法在处理声呐数据集时的作用。读者需要登录以下网址下载声呐数据集文件：

https：//archive. ics. uci. edu/ml/datasets/Connectionist + Bench + (Sonar, + Mines + vs. + Rocks)

在上述网页中下载文件 sonar. all-data，并将此文件重命名为 sonar. all-data. csv。在文件中有 208 行 60 列特征(值域为 0～1)，标签为 R/M。表示 208 个观察对象，60 个不同角度返回的力度值，二分类结果是岩石/金属。

将下载的 CSV 类型的数据集特征转换为浮点型，将标签转换为整型，设置交叉验证集数为 5，设置最深为 10 层，设置叶子节点最少有一个样本。sample_size = 1 即不做数据集采样，以 (nsub-1)开根号作为列采样数的限制。分别建立 1 棵、5 棵、10 棵树，对每种树规模(1,5,10)运行 5 次，取均值作为最后模型效果。最后评估算法。

文件 Randomtree. py 的具体实现代码如下：

```python
from random import seed
from random import randrange
from csv import reader
from math import sqrt

# 加载 CSV 文件
def load_csv(filename):
    dataset = list()
    with open(filename, 'r') as file:
        csv_reader = reader(file)
        for row in csv_reader:
            if not row:
                continue
            dataset.append(row)
    return dataset


# 将 string 列转换为 float
def str_column_to_float(dataset, column):
    for row in dataset:
        row[column] = float(row[column].strip())


# 将 string 列转换为 int
def str_column_to_int(dataset, column):
    class_values = [row[column] for row in dataset]
    unique = set(class_values)
    lookup = dict()
    for i, value in enumerate(unique):
        lookup[value] = i
    for row in dataset:
        row[column] = lookup[row[column]]
    return lookup

# 将数据集拆分为 k 个折叠
def cross_validation_split(dataset, n_folds):
    dataset_split = list()
    dataset_copy = list(dataset)
```

```
        fold_size = int(len(dataset) / n_folds)
        for i in range(n_folds):
            fold = list()
            while len(fold) < fold_size:
                index = randrange(len(dataset_copy))
                fold.append(dataset_copy.pop(index))
            dataset_split.append(fold)
        return dataset_split


# 计算准确率
def accuracy_metric(actual, predicted):
    correct = 0
    for i in range(len(actual)):
        if actual[i] == predicted[i]:
            correct += 1
    return correct / float(len(actual)) * 100.0


# 使用交叉验证拆分评估算法
def evaluate_algorithm(dataset, algorithm, n_folds, * args):
    folds = cross_validation_split(dataset, n_folds)
    scores = list()
    for fold in folds:
        train_set = list(folds)
        train_set.remove(fold)
        train_set = sum(train_set, [])
        ceshi_set = list()
        for row in fold:
            row_copy = list(row)
            ceshi_set.append(row_copy)
            row_copy[-1] = None
        predicted = algorithm(train_set, ceshi_set, * args)
        actual = [row[-1] for row in fold]
        accuracy = accuracy_metric(actual, predicted)
        scores.append(accuracy)
    return scores


# 基于属性和属性值拆分数据集
def ceshi_split(index, value, dataset):
    left, right = list(), list()
    for row in dataset:
        if row[index] < value:
            left.append(row)
        else:
            right.append(row)
    return left, right


# 计算分割数据集的基尼索引
```

```
def gini_index(groups, classes):
    # 在分割点计数所有样本
    n_instances = float(sum([len(group) for group in groups]))
    # 每组的和加权基尼指数
    gini = 0.0
    for group in groups:
        size = float(len(group))
        # 避免除零
        if size == 0:
            continue
        score = 0.0
        # 根据每个 class 的分数给小组打分
        for class_val in classes:
            p = [row[-1] for row in group].count(class_val) / size
            score += p * p
        # 以相对大小衡量小组得分
        gini += (1.0 - score) * (size / n_instances)
    return gini


# 为数据集选择最佳分割点
def get_split(dataset, n_features):
    class_values = list(set(row[-1] for row in dataset))
    b_index, b_value, b_score, b_groups = 999, 999, 999, None
    features = list()
    while len(features) < n_features:
        index = randrange(len(dataset[0]) -1)
        if index not in features:
            features.append(index)
    for index in features:
        for row in dataset:
            groups = ceshi_split(index, row[index], dataset)
            gini = gini_index(groups, class_values)
            if gini < b_score:
                b_index, b_value, b_score, b_groups = index, row[index],
gini, groups
    return {'index': b_index, 'value': b_value, 'groups': b_groups}


# 创建终端节点值
def to_terminal(group):
    outcomes = [row[-1] for row in group]
    return max(set(outcomes), key=outcomes.count)


# 为节点创建子拆分或生成终端
def split(node, max_depth, min_size, n_features, depth):
    left, right = node['groups']
    del (node['groups'])
    # 检查是否有不分裂
```

```
            if not left or not right:
                node['left'] = node['right'] = to_terminal(left + right)
                return
            # 检查最大深度
            if depth >= max_depth:
                node['left'], node['right'] = to_terminal(left), to_terminal(right)
                return
            # 处理左子级
            if len(left) <= min_size:
                node['left'] = to_terminal(left)
            else:
                node['left'] = get_split(left, n_features)
                split(node['left'], max_depth, min_size, n_features, depth + 1)
            # 处理右子级
            if len(right) <= min_size:
                node['right'] = to_terminal(right)
            else:
                node['right'] = get_split(right, n_features)
                split(node['right'], max_depth, min_size, n_features, depth + 1)


# 建立决策树
def build_tree(train, max_depth, min_size, n_features):
    root = get_split(train, n_features)
    split(root, max_depth, min_size, n_features, 1)
    return root


# 用决策树进行预测
def predict(node, row):
    if row[node['index']] < node['value']:
        if isinstance(node['left'], dict):
            return predict(node['left'], row)
        else:
            return node['left']
    else:
        if isinstance(node['right'], dict):
            return predict(node['right'], row)
        else:
            return node['right']


# 从数据集中创建随机子样本
def subsample(dataset, ratio):
    sample = list()
    n_sample = round(len(dataset) * ratio)
    while len(sample) < n_sample:
        index = randrange(len(dataset))
        sample.append(dataset[index])
```

```
        return sample


# 用袋装清单进行预测
def bagging_predict(trees, row):
    predictions = [predict(tree, row) for tree in trees]
    return max(set(predictions), key = predictions.count)


# 随机森林算法
def random_forest(train, test, max_depth, min_size, sample_size, n_trees, n_
features):
    trees = list()
    for i in range(n_trees):
        sample = subsample(train, sample_size)
        tree = build_tree(sample, max_depth, min_size, n_features)
        trees.append(tree)
    predictions = [bagging_predict(trees, row) for row in test]
    return (predictions)


# 测试随机森林算法
seed(2)
# load and prepare data
filename = 'sonar.all-data.csv'
dataset = load_csv(filename)
# 将字符串转换为整数
for i in range(0, len(dataset[0]) -1):
    str_column_to_float(dataset, i)
# 将 class 列转换为整数
str_column_to_int(dataset, len(dataset[0]) -1)
# 评估算法
n_folds = 5
max_depth = 10
min_size = 1
sample_size = 1.0
n_features = int(sqrt(len(dataset[0]) -1))
for n_trees in [1, 5, 10]:
    scores = evaluate_algorithm(dataset, random_forest, n_folds, max_depth, min
_size, sample_size, n_trees, n_features)
    print('Trees: % d' % n_trees)
    print('Scores: % s' % scores)
    print('Mean Accuracy: % .3f%% ' % (sum(scores) / float(len(scores))))
```

在上述代码中，各个自定义函数的具体说明如下：

- load_csv：读取 csv 文件，按行保存到数组 dataset 中。
- str_column_to_float：将某列字符去掉前后空格，并转换为浮点数格式。
- str_column_to_int：根据分类种类建立字典，标号 0,1,2…将字符列转化为整数。
- cross_validation_split：使用 randrange 函数将数据集划分为 n 个无重复元素的子集。
- accuracy_metric：计算准确率。

- evaluate_algorithm：使用交叉验证，建立 n 个训练集和测试集，返回各模型误差数组。
- test_split：根据特征及特征阈值分割左右子树集合。
- gini_index：在某个点分成几个子节点放在 groups 中，这些样本的类有多种，类集合为 classes，计算该点基尼指数。
- get_split：限定列采样特征个数 n_features，基尼指数代表的是不纯度，gini 指数越小越好，对列采样特征中的每个特征的每个值计算分割下的最小基尼值作为分割依据。
- to_terminal：输出 Group 中出现次数最多的标签，实质上就是多数表决法。
- split：根据树的最大深度、叶子节点最少样本数、列采样特征个数，迭代创作子分类器直到分类结束。
- build_tree：建立一棵树。
- predict：用一棵树预测类。
- subsample：按照一定比例实现 bagging（引导聚集算法）采样。
- bagging_predict：用多棵树模型的预测结果做多数表决。
- random_forest：随机森林算法，返回测试集各个样本做多数表决后的预测值。

运行上述代码后会输出：

```
Trees: 1
Scores: [ 56. 09756097560976, 63. 41463414634146, 60. 97560975609756, 58. 536585365853654, 73.17073170731707]
Mean Accuracy: 62.439%
Trees: 5
Scores: [ 70. 73170731707317, 58. 536585365853654, 85. 36585365853658, 75. 60975609756098, 63.41463414634146]
Mean Accuracy: 70.732%
Trees: 10
Scores: [ 82. 92682926829268, 75. 60975609756098, 97. 5609756097561, 80. 48780487804879, 68.29268292682927]
Mean Accuracy: 80.976%
```

通过上面的运行结果可以看出，准确率会随着 trees 数目的增加而上升。

6.7 k 近邻算法操作

k 近邻算法（k-Nearest Neighbor，kNN）分类，几乎是最简单的机器学习算法之一。kNN 算法的思路是：在特征空间中，如果一个样本附近的 k 个最近（特征空间中最邻近）样本的大多数属于某一个类别，则该样本也属于这个类别。

6.7.1 k 近邻算法介绍

k 近邻算法是一种基本分类和回归方法，给定一个训练数据集，对新的输入实例，在训练数据集中找到与该实例最邻近的 k 个实例，这 k 个实例的多数属于某个类，就把该输入实例分类到这个类中。通过上述描述可知，kNN 类似于现实生活中少数服从多数的思想。如图 6-7 所示，这是引自维基百科上的一幅图。

由图 6-7 可以看到，有两类不同颜色的样本数据，分别用小正方形和小三角形表示。图正中间的那个圆形所标示的数据则是待分类

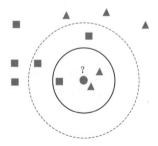

图 6-7 两类不同颜色的样本数据

的数据,这也就是我们的目的,来了一个新的数据点,我要得到它的类别是什么? 好的,下面根据 k 近邻的思想来给圆点进行分类:

- 如果 $k=3$,圆点最邻近的 3 个点是 2 个小三角形和 1 个小正方形,少数从属于多数,基于统计的方法,判定这个待分类点属于三角形一类。
- 如果 $k=5$,圆点最邻近的 5 个邻居是 2 个三角形和 3 个正方形,还是少数从属于多数,基于统计的方法,判定这个待分类点属于正方形一类。

从上面例子可以看出, k 近邻的算法思想非常简单,只要找到离它最近的 k 个实例,哪个类别最多即可。我们应该如何选取 k 近邻的 k 值呢? 如果选取较小的 k 值,就表明整体模型会变得复杂,容易发生过拟合。假设选取 $k=1$ 这个极端情况,怎样使得模型既变得复杂,又容易过拟合呢? 假设有训练数据和待分类点,如图 6-8 所示。

在图 6-8 中有两类数据:一类是圆点,另一类是长方形。现在的待分类点是五边形。根据 k 近邻算法步骤来决定待分类点应该归为哪一类,很容易看出五边形离圆点最近, k 又等于 1,那太好了,所以最终判定待分类点是圆点。

我们可以很容易地感觉出上述处理过程的问题,如果 k 太小,如等于 1,那么模型就太复杂。我们很容易学习到噪声,也就非常容易判定为噪声类别,而在图 6-8 中,如果 k 大一点,如 $k=8$,把长方形都包括进来,就很容易得到正确的分类应该是长方形,如图 6-9 所示。

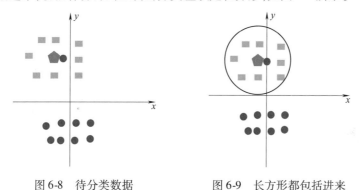

图 6-8 待分类数据　　　　图 6-9 长方形都包括进来

过拟合是指在训练集上准确率非常高,而在测试集上准确率低,经过上面的操作可以得出结论:

- 如果 k 太小会导致过拟合,很容易将一些噪声(如图 6-9 离五边形很近的圆点)学习到模型中,而忽略了数据真实的分布。
- 如果选取较大的 k 值,就相当于用较大邻域中的训练数据进行预测,这时与输入实例较远的(不相似)训练实例也会对预测起作用,使预测发生错误, k 值的增大意味着整体模型变得简单。

如果 $k=N$,N 表示训练样本的个数,那么无论输入实例是什么,都将简单地预测它属于在训练实例中最多的类。这时,模型是不是非常简单,这相当于没有训练模型,直接拿训练数据统计了各个数据的类别并找出其中最大的。

使用 k 近邻算法的基本步骤如下:

(1)计算距离:给定测试对象,计算它与训练集中的每个对象的距离;

(2)找邻居:圈定距离最近的 k 个训练对象,作为测试对象的近邻;

(3)做分类:根据这 k 个近邻归属的主要类别,对测试对象进行分类。

6.7.2　对服装图像进行分类

下面的实例的功能是使用 kNN 分类算法 Fashion-MNIST 数据集中的图像进行分类。实例文件 knn.py 的具体实现流程如下:

（1）准备数据。本实例将使用来自 UCI 机器学习库的汽车评估数据集 car. data，下载地址是 http://techwithtim. net/wp-content/uploads/2019/01/Car-Data – Set. zip。然后向文件 car. data 中添加文件头 buying、maint、door、persons、lug_boot、safety、class，如图 6-10 所示。

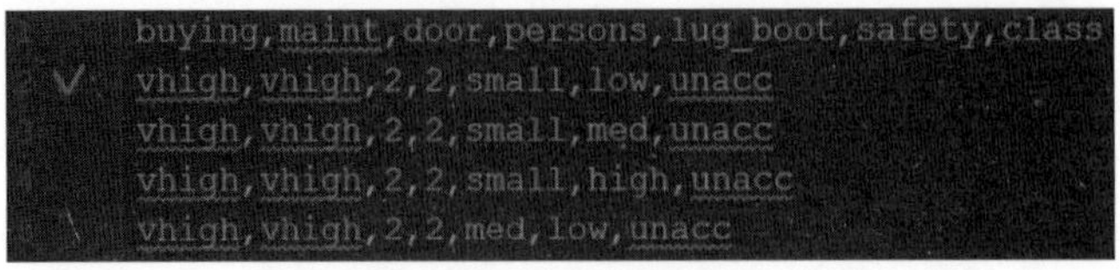

图 6-10　添加文件头

（2）编写实例文件 knn_utils. py 实现 kNN 分类算法分类，首先将训练数据拆分为"训练"和"验证"集，然后将训练数据从（60000,（28,28））扁平化到（60000,784），最后实现数据归一化（近似归一化数据维度比例，除以 255）。在本实例中将选择最佳的 k 参数和"接近度"参数。为了找到它，可以将数据拆分为如"训练"和"验证"集之类的东西，这将用于距离计算方法。实例文件 knn_utils. py 的主要实现代码如下：

```
def candidate_k_values(min_k =1, max_k =25, step =1):
    """
    :return: list of candidates k values to check
    """
    return range(min_k, max_k, step)


def predict_prob(X_test, X_train, y_train, k):
    """
    :param X_test: test data matrix [N1xW]
    :param X_train: training data matrix [N2xW]
    :param y_train: real class labels for * x_train*  object [N2X1]
    :param k: amount of nearest neighbours
    :return: matrix with probability distribution p(y |x) for every class and * x_
test*  object [N1xM]
    """
    distances = distances_methods[used_distance_number](X_test, X_train)
    sorted_labels = sort_train_labels(distances, y_train)
    return p_y_x(sorted_labels, k)


def predict_prob_with_batches(X_test, X_train, y_train, k, batch_size):
    """
    Split * x_test*  to batches and for each one calc matrix with probability
distribution p(y |x) for every y class
    :param k: amount of nearest neighbours
    :return: list of matrices with probability distribution p(y |x) for every x_
test batch
    """
    if batch_size < len(X_test):
        test_batches = split_to_batches(X_test, batch_size)
        batches_qty = len(test_batches)
        y_prob = [predict_prob(test_batches[i], X_train, y_train, k) for i in
range(batches_qty)]
```

```
            return y_prob
        return [predict_prob(X_test, X_train, y_train, k)]
```

（3）编写文件 knn_main.py 搜索最佳 k 值，对测试数据进行预测并计算之前已经找到的 k 的准确度。然后绘制训练图像，并绘制带有预测的示例图像。文件 knn_main.py 的主要实现代码如下：

```
    def run_knn_test(val_size=VAL_SIZE, k=BEST_K):
        print('\n------------ KNN model - predicting  ')
        print('------------ Loading data  ')
        X_train, y_train, X_test, y_test = pre_processing_dataset()
        (X_train, y_train), (_, _) = split_to_train_and_val(X_train, y_train, val_
size)
        start_total_time = time.time()
        print('------------ Making labels predictions for test data')
        start_time = time.time()
        predictions_list = predict_prob_with_batches(X_test, X_train, y_train, k,
BATCH_SIZE)
        print("- Completed in: ", convert_time(time.time() - start_time))
        print('\n------------ Predicting labels for test data')
        predicted_labels = predict_labels_for_every_batch(predictions_list)
        print('------------ Saving prediction results to file')
        save_labels_to_csv(predicted_labels, LOGS_PATH, PREDICT_CSV_PREFIX +
distance_name + "_k" + str(k))
        print('------------ Evaluating accuracy ')
        accuracy = calc_accuracy(predicted_labels, y_test)
        print('------------ Saving prediction results to file  ')
        print('------------ Results ')
        accuracy_file_path = LOGS_PATH + ACCURACY_TXT_PREFIX + str(k) + '_' +
distances_name[used_distance_number]
        clear_log_file(accuracy_file_path)
        log("KNN\n", accuracy_file_path)
        log('Distance calc algorithm: ' + distance_name, accuracy_file_path)
        log('k: ' + str(k), accuracy_file_path)
        log('Train images qty: ' + str(X_train.shape[0]), accuracy_file_path)
        log('Accuracy: ' + str(accuracy) + '% \nTotal calculation time = ' + str(
            convert_time(time.time() - start_total_time)), accuracy_file_path)
        print('\n------------ Result saved to file ')
        return predictions_list, predicted_labels


   def select_best_k(X_train, y_train, val_size=VAL_SIZE, batch_size=BATCH_
SIZE):
        print('------------ Searching for best k value')
        start_time = time.time()
        (X_train, y_train), (X_val, y_val) = split_to_train_and_val(X_train, y_
train, val_size)
        err, k = model_select_with_splitting_to_batches(X_val, X_train, y_val, y_
train, candidate_k_values(), batch_size)
        calc_time = convert_time(time.time() - start_time)
        k_searching_path = LOGS_PATH + K_SEARCHING_TXT_PREFIX + str(k)
        clear_log_file(k_searching_path)
```

```
    print('------------ Best k has been found ')
    log('One batch size: ' + str(batch_size), k_searching_path)
    log('Train images qty: ' + str(X_train.shape[0]), k_searching_path)
    log('Validation images qty: ' + str(X_val.shape[0]), k_searching_path)
    log('Distance calc algorithm: ' + distance_name, k_searching_path)
    log('Best k: ' + str(k) + '\nBest error: ' + str(err) + "\nCalculation
time: " + str(calc_time), k_searching_path)
    return k

def get_debased_data(batch_size = 500):
    return tuple([split_to_batches(d, batch_size)[0] for d in [* pre_processing
_dataset()]])

def plot_examples(predictions, predicted_labels):
    X_train, y_train, X_test, y_test = load_normal_data()
    X_train, X_test = scale_x(X_train, X_test)
    image_path = MODELS_PATH + EXAMPLE_IMG_PREFIX
    plot_rand_images(X_train, y_train, image_path, 'png')
    plot_image_with_predict_bar(X_test, y_test, predictions, predicted_labels,
image_path, 'png')

if __name__ == "__main__":
    X_train, y_train, X_test, y_test = pre_processing_dataset()
    best_k = select_best_k(X_train, y_train)
    predictions_list, predicted_labels = run_knn_test(k = best_k)
    plot_examples(predictions_list[0], predicted_labels)
    exit(0)
```

在本实例中,通过 app.utils.data_utils.plot_rand_images 模块实现数据的归一化处理,处理结果如图 6-11 所示。

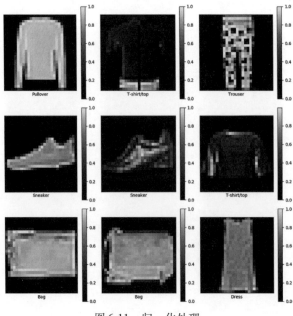

图 6-11　归一化处理

寻找 kNN 分类算法最佳 k 的过程如图 6-12 所示。

```
 1 Searching best k for batch: 1/6
 2 Done in: 0:03:03.158748
 3 Searching best k for batch: 2/6
 4 Done in: 0:03:34.378442
 5 Searching best k for batch: 3/6
 6 Done in: 0:03:06.844948
 7 Searching best k for batch: 4/6
 8 Done in: 0:03:00.084049
 9 Searching best k for batch: 5/6
10 Done in: 0:02:58.408207
11 Searching best k for batch: 6/6
12 Done in: 0:03:08.503211
13 One batch size: 2500
14 Train images qty: 45000
15 Validation images qty: 15000
16 Distance calc algorithm: euclidean distance (L2)
17 Best k: 7
18 Best error: 0.1461
19 Calculation time: 0:18:51.386367
```

图 6-12　找到了最好的参数 $k = 7$

注意：为了在测试数据上测试我们的算法并搜索最佳 k 值，首先需要将数据拆分为批次（在我们的例子中每个 size = 2 000/2 500 图像）。kNN 分类算法非常占用内存空间，如果不进行拆分，将需要 15～25GB 的可用 RAM 内存来评估矩阵计算。

在笔者计算机中执行后会输出：

```
Distance calc algorithm: Euclidean distance
k: 7
Train images qty: 45000
Accuracy: 84.77%
Total calculation time = 0:13:06.286543
```

最终的预测结果如图 6-13 所示。

图 6-13　预测结果

6.8　支持向量机（SVM）算法操作

支持向量机（support vector machines，SVM）是一种二分类模型，它的基本模型是定义在特征空间上间隔最大的线性分类器,间隔最大使其有别于感知机;SVM 还包括核技巧,这使它成为实质上的非线性分类器。SVM 的学习策略是间隔最大化,可形式化为一个求解凸二次规划的问题,也等价于正则化的合页损失函数的最小化问题。SVM 的学习算法就是求解凸二次规划的最优化算法。

  SVM 学习的基本想法是,求解能够正确划分训练数据集并且几何间隔最大的分离超平面。下面的实例的功能是预测图像上是否有热狗。在 {0,1} 中提交一个标签,其中 0 对应于图像上没有热狗,否则为 1。本实例的具体实现流程如下:

  (1)准备数据,加载显示一个存在热狗的照片,代码如下:

```
import cv2
import os

image_shape = (224,224)
img_cols,img_rows = 224,224
num_classes = 2

def load_images(folder_path):
    img_arr = []
    for img_name in os.listdir(folder_path):
        img_path = '/'.join([folder_path,img_name])
        img = cv2.imread(img_path)
        img_arr.append(img)
    return img_arr

def data_preprocess(img_arr,dim1 =220,dim2 =220,blur = True):
    preprocessed_img_arr = []
    for img in img_arr:
        img = cv2.resize(img, (dim1,dim1), interpolation = cv2.INTER_LINEAR)
#resise
        if blur:
            img = cv2.GaussianBlur(img, (5, 5), 0) #blur
        preprocessed_img_arr.append(img)
    return preprocessed_img_arr


hotdog_img_arr = load_images('lab1_data/data/train/hotdog')
not_hotdog_img_arr = load_images('lab1_data/data/train/not_hotdog')
to_predict_img_arr = load_images('lab1_data/data/test')

hotdog_img_arr = data_preprocess(hotdog_img_arr, dim1 = img_cols, dim2 = img_
rows)
    not_hotdog_img_arr = data_preprocess(not_hotdog_img_arr, dim1 = img_cols, dim2
= img_rows)
    to_predict_img_arr = data_preprocess(to_predict_img_arr, dim1 = img_cols, dim2
= img_rows)
    plt.imshow(not_hotdog_img_arr[1])
    plt.imshow(hotdog_img_arr[1])
```

  执行后的效果如图 6-14 所示。

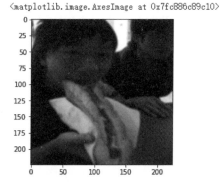

〈matplotlib.image.AxesImage at 0x7fc886c89c10〉

图 6-14 加载显示一张照片

（2）训练图片数，找出最佳的评价，代码如下：

```
import xgboost as xgb

xgb_model = xgb.XGBClassifier(verbosity=1, random_state=42)
X = X_full.reshape(X_full.shape[0], -1)
X.shape

X = X.astype('float32')

X_train, X_test, y_train, y_test = train_test_split(X, y, test_size=0.33,
random_state=42)

y_pred = xgb_model.predict(X_test)
(y_pred == y_test).sum()/y_pred.shape[0]
accuracy = accuracy_score(y_test,y_pred)
print("Accuracy: %.2f%% " % (accuracy * 100 ))
```

执行后输出：

```
Accuracy: 76.45%
```

（3）保存我们训练的模型，代码如下：

```
pickle.dump(xgb_model, open("xgb_model.pickle.dat", "wb"))
```

（4）加载 xgboost 模型并进行评估预测，代码如下：

```
auth.authenticate_user()
gauth = GoogleAuth()
gauth.credentials = GoogleCredentials.get_application_default()
drive = GoogleDrive(gauth)

downloaded = drive.CreateFile({'id':"1-G5apqTLPWQYp_Y0HiFrh--QRaGUl_q2"})
# replace the id with id of file you want to access
downloaded.GetContentFile('xgb_model.pickle.dat')

loaded_xgboost = pickle.load(open("xgb_model.pickle.dat", "rb"))
y_pred = xgb_model.predict(X_test)
predictions = [round(value) for value in y_pred]
```

```
accuracy = accuracy_score(y_test,y_pred)
print("Accuracy: % .2f% % " % (accuracy * 100))
```

执行后会输出：

```
Accuracy: 76.45%
```

（5）实现基于特征的 SVM 训练，代码如下：

```
X_train, X_test, y_train, y_test = train_test_split(
    X_full, y_full, test_size=0.33, random_state=42)

from sklearn.svm import LinearSVC

svc_model = LinearSVC()
svc_model.fit(X_train,y_train)
y_pred = svc_model.predict(X_test)
y_test.shape,y_pred.shape
(y_pred == y_test).sum()/y_pred.shape[0]
accuracy = accuracy_score(y_test,y_pred)
print("Accuracy: % .2f% % " % (accuracy * 100))
average_precision = average_precision_score(y_test,y_pred)
print('Average precision-recall score: {0:0.2f}'.format(
    average_precision))
```

执行后会输出：

```
Accuracy: 93.88%
Average precision-recall score: 0.86
```

（6）实现可视化处理，代码如下：

```
disp = plot_precision_recall_curve(svc_model, X_test, y_test)
disp.ax_.set_title('2-class Precision-Recall curve: '
                'AP={0:0.2f}'.format(average_precision))
```

执行效果如图 6-15 所示。

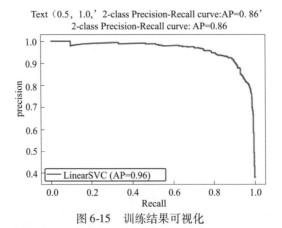

图 6-15　训练结果可视化

（7）最后保存 SVM 训练模型，代码如下：

```
pickle.dump(svc_model, open("svc_model.pickle.dat", "wb"))
```

第7章　前馈神经网络实战

前馈神经网络(feedforward neural network,FNN),简称前馈网络,是人工神经网络的一种。前馈神经网络采用一种单向多层结构,其中每一层包含若干个神经元。本章详细讲解使用TensorFlow实现前馈神经网络操作的知识。

7.1　人工神经网络概述

人工神经网络(artificial neural networks,ANNs)简称为神经网络(NNs)或称为连接模型(connection model),它是一种模仿动物神经网络行为特征,进行分布式并行信息处理的算法数学模型。这种网络依靠系统的复杂程度,通过调整内部大量节点之间相互连接的关系,从而达到处理信息的目的。

7.1.1　深度学习与神经网络概述

深度学习是指在多层神经网络上运用各种机器学习算法解决图像、文本等各种问题的算法集合。深度学习从大类上可以归入神经网络,但是在具体实现上有许多变化。深度学习的核心是特征学习,旨在通过分层网络获取分层次的特征信息,从而解决以往需要人工设计特征的重要难题。深度学习是一个框架,包含多个重要算法,如卷积神经网络(convolutional neural networks,CNN)、自编码器(autoencoder,AE)等。

当前多数分类、回归等学习方法为浅层结构算法,其局限性在于有限样本和计算单元情况下对复杂函数的表示能力有限,针对复杂分类问题其泛化能力受到一定制约。深度学习可通过学习一种深层非线性网络结构,实现复杂函数逼近,表征输入数据分布式表示,并展现了强大的从少数样本集中学习数据集本质特征的能力。

深度学习的实质,是通过构建具有很多隐层的机器学习模型和海量的训练数据,来学习更有用的特征,从而最终提升分类或预测的准确性。因此,"深度模型"是手段,"特征学习"是目的。区别于传统的浅层学习,深度学习的不同是:①强调了模型结构的深度,通常有5层、6层,甚至10多层的隐层节点;②明确突出了特征学习的重要性,也就是说通过逐层特征变换,将样本在原空间的特征表示变换到一个新特征空间,从而使分类或预测更加容易。与人工规则构造特征的方法相比,利用大数据来学习特征,更能够刻画数据的丰富内在信息。

7.1.2　全连接层

全连接层(fully connected layers,FC)在整个CNN中起到"分类器"的作用。如果说卷积层、池化层和激活函数层等操作是将原始数据映射到隐层特征空间,全连接层则起将学到的"分布式特征表示"映射到样本标记空间的作用。在实际使用中,全连接层可由卷积操作实现:对前层是全连接的全连接层可以转化为卷积核为 1×1 的卷积;而前层是卷积层的全连接层可以转化为卷积核为 $h \times w$ 的全局卷积,h 和 w 分别为前层卷积结果的高和宽。

假如输出向量为 $\boldsymbol{o} = [o_1, o_2]$,那么整个网络层可以通过一次矩阵运算完成:

$$\begin{bmatrix} o_1 & o_2 \end{bmatrix} = \begin{bmatrix} x_1 & x_2 & x_3 \end{bmatrix} @ \begin{bmatrix} w_{11} & w_{12} \\ w_{21} & w_{22} \\ w_{31} & w_{32} \end{bmatrix} + \begin{bmatrix} b_0 & b_1 \end{bmatrix}$$

7.1.3 使用 TensorFlow 创建神经网络模型

在下面的实例中,将使用 TensorFlow 创建一个神经网络模型。文件 wang01.py 的具体实现流程如下。

【实例】使用 TensorFlow 创建神经网络模型

(1)用张量方式实现全连接层

在 TensorFlow 中,要实现全连接层,只需定义好权值张量 W 和偏置张量 b,并利用 TensorFlow 提供的批量矩阵相乘函数 tf.matmul() 即可完成网络层的计算。创建输入 X 矩阵为 $b=2$ 个样本,每个样本的输入特征长度为 $din=784$,输出节点数为 $dout=256$,所以定义权值矩阵 W 的 shape 为 $[784,256]$,并采用正态分布初始化 W。偏置向量 b 的 shape 定义为 $[256]$,在计算完 X@ W 后相加即可,最终全连接层的输出 O 的 shape 为 $[2,256]$,即 2 个样本的特征,每个特征长度为 256。代码如下:

```
importtensorflow as tf
from matplotlib importpyplot as plt
plt.rcParams['font.size'] = 16
plt.rcParams['font.family'] = ['STKaiti']
plt.rcParams['axes.unicode_minus'] = False

# 创建 W,b 张量
x = tf.random.normal([2,784])
w1 = tf.Variable(tf.random.truncated_normal([784, 256], stddev=0.1))
b1 = tf.Variable(tf.zeros([256]))
# 线性变换
o1 = tf.matmul(x,w1) + b1
# 激活函数
o1 = tf.nn.relu(o1)
```

(2)用层方式实现全连接层

在 TensorFlow 中有更加高层、使用更方便的层实现方式:layers.Dense(units, activation),只需指定输出节点数 Units 和激活函数类型即可。输入节点数将根据第一次运算时的输入 shape 确定,同时根据输入、输出节点数自动创建并初始化权值矩阵 W 和偏置向量 b,使用非常方便。其中 activation 参数指定当前层的激活函数,可以为常见的激活函数或自定义激活函数,也可以指定为 None 无激活函数。代码如下:

```
x = tf.random.normal([4,28* 28])
# 导入层模块
fromtensorflow.keras import layers
# 创建全连接层,指定输出节点数和激活函数
fc = layers.Dense(512, activation=tf.nn.relu)
# 通过 fc 类实例完成一次全连接层的计算,返回输出张量
h1 = fc(x)
```

通过上述一行代码即可创建一层全连接层 fc,并指定输出节点数为 512,输入的节点数在 fc(x)计算时自动获取,并创建内部权值张量 W 和偏置张量 b。可以通过类内部的成员名 kernel

和 bias 来获取权值张量 **W** 和偏置张量对象 **b**。代码如下：

```
# 获取 Dense 类的权值矩阵
fc.kernel
```

执行后会输出：

```
<tf.Variable 'dense_1/kernel:0' shape = (784, 512) dtype = float32, numpy =
array([[ -0.06443337, -0.0205344 ,  0.0111495 , ...,  0.03467645,
         0.05734177, -0.04738677],
       [ -0.0453011 , -0.0600119 , -0.01896609, ...,  0.00871194,
        -0.04120795, -0.05477473],
       [ -0.00870857,  0.03563788, -0.06142728, ...,  0.0419993 ,
        -0.00972366, -0.00750636],
       ...,
       [ -0.02801137, -0.0115794 ,  0.06600933, ..., -0.03404392,
        -0.03490314,  0.01931299],
       [ -0.01084805,  0.05528106, -0.0051664 , ..., -0.0058347 ,
         0.02473629, -0.04545905],
       [ 0.04825485,  0.01886629,  0.00533567, ...,  0.02645993,
        -0.04923414, -0.05979132]],dtype = float32) >
```

然后通过以下代码获取类 Dense 的偏置向量：

```
fc.bias
# 待优化参数列表
fc.trainable_variables
```

对于全连接层来说，因为内部张量都参与了梯度优化工作，所以 variables 返回的列表与 trainable_variables 相同。

利用网络层类对象进行前向计算时，只需调用类的 __call__ 方法即可，即写成 fc(x) 方式，它会自动调用类的 __call__ 方法，在 __call__ 方法中自动调用 call 方法，全连接层类在 call 方法中实现了 a(**X** @ **W** + **b**) 的运算逻辑，最后返回全连接层的输出张量。

（3）用张量方式实现神经网络

如图 7-1 所示，通过堆叠 4 个全连接层，可获得层数为 4 的神经网络，由于每层均为全连接层，称为全连接网络。其中第 1~3 个全连接层在网络中间，称为隐藏层 1,2,3，最后一个全连接层的输出作为网络的输出，称为输出层。隐藏层 1,2,3 的输出节点数分别为 [256,128,64]，输出层的输出节点数为 10。

用张量方式实现神经网络的代码如下：

```
# 隐藏层 1 张量
w1 = tf.Variable(tf.random.truncated_normal([784, 256], stddev = 0.1))
b1 = tf.Variable(tf.zeros([256]))
# 隐藏层 2 张量
w2 = tf.Variable(tf.random.truncated_normal([256, 128], stddev = 0.1))
b2 = tf.Variable(tf.zeros([128]))
# 隐藏层 3 张量
w3 = tf.Variable(tf.random.truncated_normal([128, 64], stddev = 0.1))
b3 = tf.Variable(tf.zeros([64]))
# 输出层张量
w4 = tf.Variable(tf.random.truncated_normal([64, 10], stddev = 0.1))
```

```
b4 = tf.Variable(tf.zeros([10]))

withtf.GradientTape() as tape: # 梯度记录器
    # x: [b, 28* 28]
    # 隐藏层 1 前向计算, [b, 28* 28] => [b, 256]
    h1 = x@w1 + tf.broadcast_to(b1, [x.shape[0], 256])
    h1 =tf.nn.relu(h1)
    # 隐藏层 2 前向计算, [b, 256] => [b, 128]
    h2 = h1@w2 + b2
    h2 =tf.nn.relu(h2)
    # 隐藏层 3 前向计算, [b, 128] => [b, 64]
    h3 = h2@w3 + b3
    h3 =tf.nn.relu(h3)
    # 输出层前向计算, [b, 64] => [b, 10]
    h4 = h3@w4 + b4
```

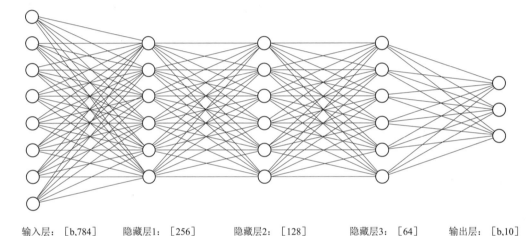

| 输入层: [b,784] | 隐藏层1: [256] | 隐藏层2: [128] | 隐藏层3: [64] | 输出层: [b,10] |

图 7-1 堆叠 4 个全连接层

(4)用层方式实现神经网络的代码如下：

```
# 导入常用网络层 layers
fromtensorflow.keras import layers
# 隐藏层 1
fc1 =layers.Dense(256, activation =tf.nn.relu)
# 隐藏层 2
fc2 =layers.Dense(128, activation =tf.nn.relu)
# 隐藏层 3
fc3 =layers.Dense(64, activation =tf.nn.relu)
# 输出层
fc4 =layers.Dense(10, activation =None)

x =tf.random.normal([4,28* 28])
# 通过隐藏层 1 得到输出
h1 = fc1(x)
# 通过隐藏层 2 得到输出
```

```
h2 = fc2(h1)
# 通过隐藏层 3 得到输出
h3 = fc3(h2)
# 通过输出层得到网络输出
h4 = fc4(h3)
```

对于上述这种数据依次向前传播的网络,也可通过 Sequential 容器封装成一个网络大类对象,调用大类的前向计算函数一次即可完成所有层的前向计算,使用起来更加方便。代码如下:

```
# 导入 Sequential 容器
fromtensorflow.keras import layers,Sequential
# 通过 Sequential 容器封装为一个网络类
model = Sequential([
    layers.Dense(256, activation = tf.nn.relu) , # 创建隐藏层 1
    layers.Dense(128, activation = tf.nn.relu) , # 创建隐藏层 2
    layers.Dense(64, activation = tf.nn.relu) , # 创建隐藏层 3
    layers.Dense(10, activation = None) , # 创建输出层
])

out = model(x) # 前向计算得到输出
```

7.2　汽车油耗预测实战(使用神经网络实现分类)

下面的实例文件 wang 02. py,其功能是采用 Auto MPG 数据集,然后使用 TensorFlow 创建一个神经网络模型预测汽车的油耗。

7.2.1　准备数据

本实例采用 Auto MPG 数据集,其中记录了各种汽车效能指标与气缸数、重量、马力等其他因子的真实数据。数据集中的前 5 项数据见表 7-1。

表 7-1　数据集中的前 5 项数据

	MPG	Cylinders	Displacement	Horsepower	Weight	Acceleration	Model Year	Origin
0	18.0	8	307.0	130.0	3 504.0	12.0	70	1
1	15.0	8	350.0	165.0	3 693.0	11.5	70	1
2	18.0	8	318.0	150.0	3 436.0	11.0	70	1
3	16.0	8	304.0	150.0	3 433.0	12.0	70	1
4	17.0	8	302.0	140.0	3 449.0	10.5	70	1

(1)首先导入我们要使用的库,代码如下:

```
importmatplotlib.pyplot as plt
import pandas as pd
import seaborn assns
importtensorflow as tf
fromtensorflow import keras
fromtensorflow.keras import layers, losses
```

（2）编写函数 load_dataset()下载数据集，代码如下：

```
defload_dataset():
    # 在线下载汽车效能数据集
    dataset_path = keras.utils.get_file("auto-mpg.data","http://archive.ics.
uci.edu/ml/machine-learning-databases/auto-mpg/auto-mpg.data")

    # 效能(公里数每加仑),气缸数,排量,马力,重量
    # 加速度,型号年份,产地
    column_names = ['MPG', 'Cylinders', 'Displacement', 'Horsepower', 'Weight',
                    'Acceleration', 'Model Year', 'Origin']
    raw_dataset = pd.read_csv(dataset_path, names=column_names,
                        na_values="?", comment='\t',
                        sep=" ", skipinitialspace=True)

    dataset = raw_dataset.copy()
    return dataset
```

（3）通过以下代码查看数据集中的前 5 条数据：

```
dataset = load_dataset()
# 查看部分数据
print(dataset.head())
```

执行后会输出：

```
    MPG   Cylinders   Displacement  ...   Acceleration   Model Year   Origin
0  18.0       8          307.0      ...       12.0           70          1
1  15.0       8          350.0      ...       11.5           70          1
2  18.0       8          318.0      ...       11.0           70          1
3  16.0       8          304.0      ...       12.0           70          1
4  17.0       8          302.0      ...       10.5           70          1
```

（4）需要注意的是，原始数据中的数据可能含有空字段（默认值）的数据项，需要通过以下代码清除这些记录项：

```
def preprocess_dataset(dataset):
    dataset = dataset.copy()
    # 统计空白数据,并清除
    dataset = dataset.dropna()

    # 处理类别型数据,其中 origin 列代表类别1,2,3,分布代表产地:美国、欧洲、日本
    # 其弹出这一列
    origin = dataset.pop('Origin')
    # 根据 origin 列来写入新列
    dataset['USA'] = (origin == 1) * 1.0
    dataset['Europe'] = (origin == 2) * 1.0
    dataset['Japan'] = (origin == 3) * 1.0

    # 切分为训练集和测试集
    train_dataset = dataset.sample(frac=0.8, random_state=0)
    test_dataset = dataset.drop(train_dataset.index)
    returntrain_dataset, test_dataset
```

（5）可视化统计数据集中的数据,代码如下:

```
train_dataset, test_dataset = preprocess_dataset(dataset)
# 统计数据
sns_plot = sns.pairplot(train_dataset[["Cylinders", "Displacement", "Weight",
"MPG"]], diag_kind = "kde")
plt.figure()
plt.show()
```

执行后的效果如图 7-2 所示。

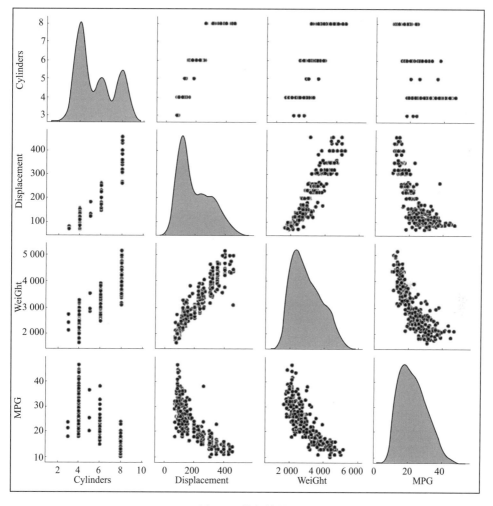

图 7-2　执行效果

（6）将 MPG 字段移出为标签数据,代码如下:

```
# 查看训练集的输入 X 的统计数据
train_stats = train_dataset.describe()
train_stats.pop("MPG")
train_stats = train_stats.transpose()
train_stats
```

此时执行后会输出如图 7-3 所示的效果。

	count	mean	std	min	25%	50%	75%	max
Cylinders	314.0	5.477 707	1.699 788	3.0	4.00	4.00	8.00	8.00
Displacement	314.0	195.318 471	104.331 589	68.0	105.50	151.0	265.75	455.00
Horsepower	314.0	104.869427	38.096 214	46.0	76.25	94.5	128.00	225.0
Weight	314.0	2 990.251 592	843.898 596	1649.0	2 256.50	2 822.5	3 608.00	5 140.0
Acceleration	314.0	15.559 236	2.789 230	8.0	13.80	15.5	17.20	24.8
Model Year	314.0	75.898 089	3.675 642	70.0	73.00	76.0	79.00	82.0
USA	314.0	0.624 204	0.485 101	0.0	0.00	1.0	1.0	1.0
Europe	314.0	0.178 344	0.383 413	0.0	0.00	0.0	0.00	1.0
Japan	314.0	0.197 452	0.398 712	0.0	0.00	0.0	0.00	1.0

图 7-3 处理后的数据

7.2.2 创建网络模型

实现数据的标准化处理,通过回归网络创建 3 个全连接层,然后通过函数 build_model()创建网络模型。代码如下:

```python
def norm(x, train_stats):
    """
    标准化数据
    :param x:
    :param train_stats: get_train_stats(train_dataset)
    :return:
    """
    return (x - train_stats['mean']) / train_stats['std']
# 移动 MPG 油耗效能这一列为真实标签 Y
train_labels = train_dataset.pop('MPG')
test_labels = test_dataset.pop('MPG')
# 进行标准化
normed_train_data = norm(train_dataset, train_stats)
normed_test_data = norm(test_dataset, train_stats)

print(normed_train_data.shape, train_labels.shape)
print(normed_test_data.shape, test_labels.shape)

class Network(keras.Model):
    # 回归网络
    def __init__(self):
        super(Network, self).__init__()
        # 创建 3 个全连接层
        self.fc1 = layers.Dense(64, activation = 'relu')
        self.fc2 = layers.Dense(64, activation = 'relu')
        self.fc3 = layers.Dense(1)

    def call(self, inputs):
        # 依次通过 3 个全连接层
```

```
        x1 = self.fc1(inputs)
        x2 = self.fc2(x1)
        out = self.fc3(x2)

        return out

    def build_model():
        # 创建网络
        model = Network()
        # 通过 build 函数完成内部张量的创建,其中 4 为任意的 batch 数量,9 为输入特征长度
        model.build(input_shape = (4, 9))
        model.summary() # 打印网络信息
        return model

    model = build_model()
    optimizer = tf.keras.optimizers.RMSprop(0.001) # 创建优化器,指定学习率
    train_db = tf.data.Dataset.from_tensor_slices((normed_train_data.values,
train_labels.values))
    train_db = train_db.shuffle(100).batch(32)
```

执行后会输出:

```
(314, 9) (314,)
(78, 9) (78,)
Model: "network_1"
_____
Layer (type)                Output Shape            Param #
=======================================================
dense_3 (Dense)             multiple                640
_____
dense_4 (Dense)             multiple                4160
_____
dense_5 (Dense)             multiple                65
=======================================================
Total params: 4,865
Trainable params: 4,865
Non - trainable params: 0
_____
```

7.2.3 训练、测试模型

(1)通过 Epoch 和 Step 的双层循环训练网络,共训练 200 个 epoch,代码如下:

```
def train(model, train_db, optimizer, normed_test_data, test_labels):
    train_mae_losses = []
    test_mae_losses = []
    for epoch inrange(200):
        for step, (x, y) in enumerate(train_db):

            withtf.GradientTape() as tape:
                out = model(x)
                # 均方误差
```

```
                    loss = tf.reduce_mean(losses.MSE(y, out))
                    # 平均绝对值误差
                    mae_loss = tf.reduce_mean(losses.MAE(y, out))

                if step % 10 == 0:
                    print(epoch, step, float(loss))

                grads = tape.gradient(loss, model.trainable_variables)
                optimizer.apply_gradients(zip(grads, model.trainable_variables))

            train_mae_losses.append(float(mae_loss))
            out = model(tf.constant(normed_test_data.values))
            test_mae_losses.append(tf.reduce_mean(losses.MAE(test_labels, out)))

        returntrain_mae_losses, test_mae_losses

    def plot(train_mae_losses, test_mae_losses):
        plt.figure()
        plt.xlabel('Epoch')
        plt.ylabel('MAE')
        plt.plot(train_mae_losses, label = 'Train')
        plt.plot(test_mae_losses, label = 'Test')
        plt.legend()
        # plt.ylim([0,10])
        plt.legend()
        plt.show()
```

（2）绘制损失和预测曲线图，代码如下：

```
    train_mae_losses, test_mae_losses = train(model, train_db, optimizer, normed_
test_data, test_labels)
    plot(train_mae_losses, test_mae_losses)
```

执行后的效果如图 7-4 所示。

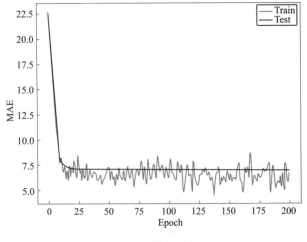

图 7-4　执行效果

第8章 卷积神经网络实战

卷积神经网络(convolutional neural networks,CNN)是一类包含卷积计算且具有深度结构的前馈神经网络(FNN),是深度学习(deep learning)的代表算法之一。本章详细讲解使用 TensorFlow 实现卷积神经网络操作的知识。

8.1 卷积神经网络基础

神经网络(Neural Networks,NNS)是人工智能研究领域的一部分,当前最流行的神经网络是卷积神经网络。CNN 目前在很多研究领域取得了巨大的成功,如语音识别、图像识别、图像分割、自然语言处理等。本节详细讲解卷积神经网络的基础知识。

8.1.1 发展背景

在半个世纪以前,图像识别就已经是一个火热的研究课题。1950 年中到 1960 年初,感知机吸引了机器学习学者的广泛关注。这是因为当时数学证明表明,如果输入数据线性可分,感知机可以在有限迭代次数内收敛。感知机的解是超平面参数集,这个超平面可以用作数据分类。然而,感知机却在实际应用中遇到了很大困难,主要是由以下两个问题造成的:

- 多层感知机暂时没有有效的训练方法,导致层数无法加深;
- 由于采用线性激活函数,导致无法处理线性不可分问题,如"异或"。

上述问题随着反向传播(back propagation,BP)算法和非线性激活函数的提出得到解决。1989 年,BP 算法被首次用于 CNN 中处理 2-D 信号(图像)。

在 2012 年的 ImageNet 挑战赛中,CNN 证明了它的实力,从此在图像识别和其他应用中被广泛采纳。

通过机器进行模式识别,通常被认为有以下四个阶段:

- 数据获取:比如数字化图像。
- 预处理:比如图像去噪和图像几何修正。
- 特征提取:寻找一些计算机识别的属性,这些属性用以描述当前图像与其他图像的不同之处。
- 数据分类:把输入图像划分给某一特定类别。

CNN 是目前图像领域特征提取最好的方式,也因此大幅度提升了数据分类精度。

8.1.2 卷积神经网络基本结构

基础的 CNN 由卷积(convolution)、激活(activation)和池化(pooling)三种结构组成。CNN 输出的结果是每幅图像的特定特征空间。当处理图像分类任务时,会把 CNN 输出的特征空间作为全连接层或全连接神经网络(fully connected neural network,FCN)的输入,用全连接层来完成从输入图像到标签集的映射,即分类。当然,整个过程最重要的工作就是如何通过训练数据迭代调整网络权重,也就是反向传播算法。

在接下来的内容中,将详细讲解 CNN 的基本结构。

1. 卷积层

卷积层是卷积网络的核心，大多数计算都是在卷积层中进行的。卷积层的功能是实现特征提取，卷积网络的参数是由一系列可以学习的滤波器集合构成的，每个滤波器在宽度和高度上均比较小，但是深度输入和数据保持一致（这一点很重要，后面会具体介绍）。当滤波器沿着图像的宽和高滑动时，会生成一个二维的激活图。

直观地说，网络会让滤波器学习到当它看到某些类型的视觉特征时就激活，具体的视觉特征可能是某些方位上的边界，或者在第一层上某些颜色的斑点，甚至可以是网络更高层上的蜂巢状或者车轮状图案。

2. 池化层

通常在连续的卷积层之间会周期性地插入一个池化层，其作用是逐渐降低数据体的空间尺寸。这样就能减少网络中参数的数量，使得计算资源耗费变少，也能有效控制过拟合。池化层使用 MAX 操作，对输入数据体的每一个深度切片独立进行操作，改变它的空间尺寸。

举一个在现实中池化层的应用例子：图像中的相邻像素倾向于具有相似的值，因此通常卷积层相邻的输出像素也具有相似的值。这说明卷积层输出中包含的大部分信息都是冗余的。如果使用边缘检测滤波器并在某个位置找到强边缘，那么也可能会在距离这个像素 1 个偏移的位置找到相对较强的边缘。但是它们都一样是边缘，我们并未找到任何新东西。池化层解决了这个问题。该网络层所做的就是通过减小输入的大小降低输出值的数量。池化一般通过简单的最大值、最小值或平均值操作完成。

3. 全连接层

全连接层的输入层是前面的特征图，会将特征图中所有的神经元变成全连接的样子。这个过程为防止过拟合会引入 Dropout。在进入全连接层之前，使用全局平均池化能够有效地预防过拟合。

对于任一个卷积层来说，都存在一个能实现和它一样的正向传播函数的全连接层。该全连接层的权重是一个巨大的矩阵，除了某些特定块（感受野）外，其余部分均为 0；而在非 0 部分中，大部分元素都是相等的（权值共享），具体见图 3。如果把全连接层转化成卷积层，以输出层的 Deep11 为例，与它有关的输入神经元只有上面 4 个，所以在权重矩阵中与它相乘的元素，除了它所对应的 4 个外，剩下的均为 0，这也就解释了为什么权重矩阵中有为 0 的部分；另外要把"将全连接层转化成卷积层"和"用矩阵乘法实现卷积"区别开，这两者是不同的，后者本身还是在计算卷积，只不过将其展开为矩阵相乘的形式，并不是"将全连接层转化成卷积层"，所以除非权重中本身有 0，否则用矩阵乘法实现卷积的过程中不会出现值为 0 的权重。

4. 激活层

激活层也称为激活函数（activation function），是在人工神经网络的神经元上运行的函数，负责将神经元的输入映射到输出端。激活层对于人工神经网络模型去学习、理解非常复杂和非线性的函数来说具有十分重要的作用。它们将非线性特性引入我们的网络中。例如在矩阵运算应用中，在神经元中输入的 inputs 通过加权求和后，还被作用于一个函数，这个函数就是激活函数。引入激活函数是为增加神经网络模型的非线性。没有激活函数的每层都相当于矩阵相乘。

5. Dropout 层

Dropout 是指深度学习训练过程中，对神经网络训练单元按照一定的概率将其从网络中移除，注意是暂时的。对于随机梯度下降来说，由于是随机丢弃，故而每一个 mini-batch 都在训练不同的网络。

Dropout 的作用是在训练神经网络模型时样本数据过少，防止过拟合而采用的技术。首先，想象我们现在只训练一个特定的网络,当迭代次数增多时,可能出现网络对训练集拟合得很好(在训练集上 loss 很小),但是对验证集的拟合程度很差的情况。所以有了这样的想法:是否可以让每次迭代随机地去更新网络参数(weights),引入这样的随机性就可以增加网络的概括能力,所以就有了 Dropout。

在训练时,只需按一定的概率(retaining probability)p 来对 Weight 层的参数进行随机采样,将这个子网络作为此次更新的目标网络。可以想象,如果整个网络有 n 个参数,那么可用的子网络个数为 2^n。并且当 n 很大时,每次迭代更新使用的子网络基本上不会重复,从而避免了某一个网络被过分地拟合到训练集上。

那么在测试时怎么办呢？一种基础的方法是把 2^n 个子网络都用作测试,然后以某种投票机制将所有结果结合(如平均一下),然后得到最终的结果。但是,由于 n 实在是太大了,这种方法在实际中完全不可行。所以有人提出做一个大致的估计即可,从 2^n 个网络中随机选取 m 个网络做测试,最后在用某种投票机制得到最终的预测结果。这种想法当然可行,当 m 很大时但又远小于 2^n 时,能够很好地逼近原 2^n 个网络结合的预测结果。但是还有更好的办法:那就是 dropout 自带的功能,能够通过一次测试得到逼近于原 2^n 个网络组合的预测能力。

6. BN 层

BN(batch normalization),是 2015 年提出的一种方法,在进行深度网络训练时,大都会采取这种算法。尽管梯度下降法训练神经网络很简单高效,但是需要人为地去选择参数,如学习率、参数初始化、权重衰减系数和 Dropout 比例等,而且这些参数的选择对于训练结果至关重要,以至于我们很多时间都浪费到这些调参上。BN 算法的强大之处在以下几个方面:

- 可以选择较大的学习率,使得训练速度增长很快,具有快速收敛性。
- 可以不去理会 Dropout,L2 正则项参数的选择,如果选择使用 BN,甚至可以去掉这两项。
- 去掉局部响应归一化层(AlexNet 中使用的方法,BN 层出来之后这个就不再用了)。
- 可以把训练数据打乱,防止每批训练时,某一个样本被经常挑选到。

首先讲解归一化的问题,神经网络训练开始前,都要对数据做一个归一化处理,归一化有很多好处,原因是网络学习过程的本质就是学习数据分布,一旦训练数据和测试数据的分布不同,那么网络的泛化能力就会大大降低。一方面,每一批次的数据分布如果不相同,那么网络就要在每次迭代时都去适应不同的分布。这样会大大降低网络的训练速度,这也是为什么要对数据做一个归一化预处理的原因。另一方面对图片进行归一化处理还可以处理光照和对比度等影响。

例如,网络一旦训练起来,参数就要发生更新,除了输入层的数据外,其他层的数据分布是一直发生变化的。因为在训练时,网络参数的变化会导致后面输入数据的分布变化,如第二层输入,是由输入数据和第一层参数得到的,而第一层的参数随着训练一直变化,势必会引起第二层输入分布的改变,把这种改变称为 Internal Covariate Shift,BN 就是为解决这个问题而诞生的。

综上可以得出一个结论:CNN 主要由输入层、卷积层、激活层、池化(pooling)层和全连接层(全连接层和常规神经网络中的一样)构成。通过将这些层叠加,就可以构建一个完整的 CNN。在实际应用中往往将卷积层与激活层共同称为卷积层,所以卷积层经过卷积操作也是要经过激活函数的。具体地说,卷积层和全连接层(CONV/FC)对输入执行变换操作时,不仅会用到激活函数,还会用到很多参数,即神经元的权值 w 和偏差 b;而激活层和池化层则是进行一个固定不变的函数操作。卷积层和全连接层中的参数会随着梯度下降被训练,这样 CNN 计算出的分类评分就能和训练集中每个图像的标签吻合了。

8.1.3　第一个卷积神经网络程序

在下面的实例中,将使用 TensorFlow 创建一个 CNN 模型,并可视化评估这个模型。实例文件 cnn01.py 的具体实现流程如下：

（1）导入 TensorFlow 模块

代码如下：

```
importtensorflow as tf

fromtensorflow.keras import datasets, layers, models
importmatplotlib.pyplot as plt
```

（2）下载并准备 CIFAR10 数据集

CIFAR10 数据集包含 10 类，共 60 000 张彩色图片，每类图片有 6 000 张。此数据集中 50 000 个样例被作为训练集，剩余 10 000 个样例作为测试集。类之间相互独立，不存在重叠的部分。代码如下：

```
(train_images, train_labels), (test_images, test_labels) = datasets.cifar10.
load_data()

#将像素的值标准化至 0~1 的区间内。
train_images, test_images = train_images / 255.0, test_images / 255.0
```

（3）验证数据

将数据集中的前 25 张图片和类名打印出来，以确保数据集被正确加载。代码如下：

```
class_names = ['airplane', 'automobile', 'bird', 'cat', 'deer',
              'dog', 'frog', 'horse', 'ship', 'truck']

plt.figure(figsize = (10,10))
fori in range(25):
    plt.subplot(5,5,i +1)
    plt.xticks([])
    plt.yticks([])
    plt.grid(False)
    plt.imshow(train_images[i], cmap =plt.cm.binary)
    # 由于 CIFAR 的标签是 array,
    # 因此您需要额外的索引(index)。
    plt.xlabel(class_names[train_labels[i][0]])
plt.show()
```

执行后将可视化显示数据集中的前 25 张图片和类名，如图 8-1 所示。

（4）构造卷积神经网络模型

通过以下代码声明了一个常见卷积神经网络，由几个 Conv2D 和 MaxPooling2D 层组成。

```
model =models.Sequential()
model.add(layers.Conv2D(32, (3, 3), activation = 'relu', input_shape = (32, 32,
3)))
model.add(layers.MaxPooling2D((2, 2)))
model.add(layers.Conv2D(64, (3, 3), activation = 'relu'))
model.add(layers.MaxPooling2D((2, 2)))
model.add(layers.Conv2D(64, (3, 3), activation = 'relu'))
```

CNN 的输入是张量（tensor）形式的（image_height，image_width，color_channels），包括图像高度、宽度及颜色信息。不需要输入 batch size。如果不熟悉图像处理，颜色信息建议使用 RGB 色彩模式。此模式下,color_channels 为 (R, G, B) 分别对应 RGB 的三个颜色通道(color channel)。在此示例中,我们的 CNN 输入,CIFAR 数据集中的图片,形状是(32, 32, 3)。可以在声明第一层时将形状赋值给参数 input_shape。

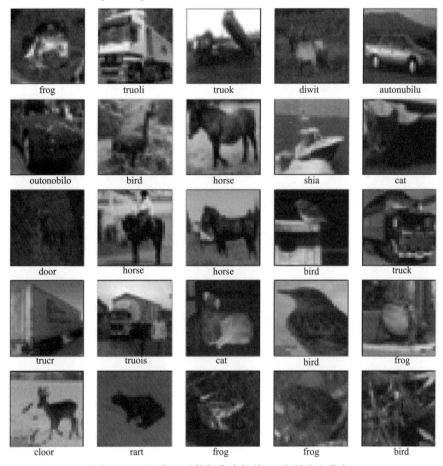

图 8-1 可视化显示数据集中的前 25 张图片和类名

声明 CNN 结构的代码如下:

```
model.summary()
```

执行后会输出显示模型的基本信息:

```
Model: "sequential"
_____
Layer (type)                 Output Shape              Param #
=================================================================
conv2d (Conv2D)              (None, 30, 30, 32)        896

max_pooling2d (MaxPooling2D) (None, 15, 15, 32)        0

conv2d_1 (Conv2D)            (None, 13, 13, 64)        18496

max_pooling2d_1 (MaxPooling2 (None, 6, 6, 64)          0
```

```
conv2d_2 (Conv2D)              (None, 4, 4, 64)            36928
=================================================================
Total params: 56,320
Trainable params: 56,320
Non - trainable params: 0
```

在执行后输出显示的结构中可以看到，每个 Conv2D 和 MaxPooling2D 层的输出都是一个三维的张量(tensor)，其形状描述了(height，width，channels)。越深的层中，宽度和高度都会收缩。每个 Conv2D 层输出的通道数量(channels)取决于声明层时的第一个参数(如上面代码中的 32 或 64)。这样，由于宽度和高度的收缩，可以(从运算的角度)增加每个 Conv2D 层输出的通道数量(channels)。

（5）增加 Dense 层

Dense 层等同于全连接(full connected)层，在模型的最后，将把卷积后的输出张量(本例中形状为(4，4，64))传给一个或多个 Dense 层来完成分类。Dense 层的输入为向量(一维)，但前面层的输出是三维张量(tensor)。因此需要将三维张量展开(flatten)到一维，之后再传入一个或多个 Dense 层。CIFAR 数据集有 10 个类，因此最终的 Dense 层需要 10 个输出及 1 个 softmax 激活函数。代码如下：

```
model.add(layers.Flatten())
model.add(layers.Dense(64, activation = 'relu'))
model.add(layers.Dense(10))
```

此时通过以下代码查看完整 CNN 的结构：

```
model.summary()
```

执行后会输出显示：

```
Model: "sequential"

Layer (type)                   Output Shape               Param #
=================================================================
conv2d (Conv2D)                (None, 30, 30, 32)          896

max_pooling2d (MaxPooling2D)   (None, 15, 15, 32)          0

conv2d_1 (Conv2D)              (None, 13, 13, 64)          18496

max_pooling2d_1 (MaxPooling2   (None, 6, 6, 64)            0

conv2d_2 (Conv2D)              (None, 4, 4, 64)            36928

flatten (Flatten)              (None, 1024)                0

dense (Dense)                  (None, 64)                  65600

dense_1 (Dense)                (None, 10)                  650
=================================================================
```

由此可以看出，在被传入两个 Dense 层之前，形状为(4，4，64)的输出被展平成了形状为

（1 024）的向量。

（6）编译并训练模型。代码如下：

```
model.compile(optimizer = 'adam',
            loss = tf.keras.losses.SparseCategoricalCrossentropy(from_logits =
True),
            metrics = ['accuracy'])

history = model.fit(train_images, train_labels, epochs = 10,
                validation_data = (test_images, test_labels))
```

执行后会输出显示训练过程：

```
Epoch 1/10
1563/1563 [==============] - 7s 3ms/step - loss: 1.5216 - accuracy: 0.4446
- val_loss: 1.2293 - val_accuracy: 0.5562
Epoch 2/10
1563/1563 [==============] - 5s 3ms/step - loss: 1.1654 - accuracy: 0.5857
- val_loss: 1.0774 - val_accuracy: 0.6143
Epoch 3/10
1563/1563 [==============] - 5s 3ms/step - loss: 1.0172 - accuracy: 0.6460
- val_loss: 1.0041 - val_accuracy: 0.6399
Epoch 4/10
1563/1563 [==============] - 5s 3ms/step - loss: 0.9198 - accuracy: 0.6795
- val_loss: 0.9946 - val_accuracy: 0.6540
Epoch 5/10
1563/1563 [==============] - 5s 3ms/step - loss: 0.8449 - accuracy: 0.7060
- val_loss: 0.9169 - val_accuracy: 0.6792
Epoch 6/10
1563/1563 [==============] - 5s 3ms/step - loss: 0.7826 - accuracy: 0.7264
- val_loss: 0.8903 - val_accuracy: 0.6922
Epoch 7/10
1563/1563 [==============] - 5s 3ms/step - loss: 0.7338 - accuracy: 0.7441
- val_loss: 0.9217 - val_accuracy: 0.6879
Epoch 8/10
1563/1563 [==============] - 5s 3ms/step - loss: 0.6917 - accuracy: 0.7566
- val_loss: 0.8799 - val_accuracy: 0.6990
Epoch 9/10
1563/1563 [==============] - 5s 3ms/step - loss: 0.6431 - accuracy: 0.7740
- val_loss: 0.9013 - val_accuracy: 0.6982
Epoch 10/10
1563/1563 [==============] - 5s 3ms/step - loss: 0.6074 - accuracy: 0.7882
- val_loss: 0.8949 - val_accuracy: 0.7075
```

（7）评估上面实现的卷积神经网络模型，首先可视化展示评估过程。代码如下：

```
plt.plot(history.history['accuracy'], label = 'accuracy')
plt.plot(history.history['val_accuracy'], label = 'val_accuracy')
plt.xlabel('Epoch')
plt.ylabel('Accuracy')
plt.ylim([0.5, 1])
plt.legend(loc = 'lower right')
plt.show()
```

```
test_loss, test_acc = model.evaluate(test_images, test_labels, verbose=2)
```

执行效果如图 8-2 所示。

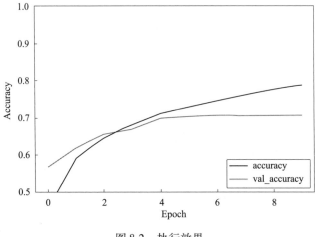

图 8-2　执行效果

然后通过以下代码显示评估结果：

```
print(test_acc)
```

执行后会输出：

```
0.7038999795913696
```

8.2　使用卷积神经网络进行图像分类

在本节的内容中,将通过一个具体实例的实现过程,详细讲解使用卷积神经网络对花朵图像进行分类的过程。本实例将使用 keras. Sequential 模型创建图像分类器,并使用 preprocessing. image_dataset_from_directory 加载数据。本实例将重点讲解以下两点：

- 加载并使用数据集；
- 识别过度拟合并应用技术来缓解它,包括数据增强和 Dropout。

8.2.1　准备数据集

本实例的实现文件是 cnn02. py,使用约 3 700 张鲜花照片的数据集,数据集包含 5 个子目录,每个类别一个目录：

```
flower_photo/
  daisy/
  dandelion/
  roses/
  sunflowers/
  tulips/
```

（1）下载数据集。代码如下：

```
importpathlib
dataset_url
" https://storage. googleapis. com/download. tensorflow. org/example _ images/
flower_photos.tgz"
 data_dir = tf.keras.utils.get_file('flower_photos', origin=dataset_url, untar
=True)
 data_dir = pathlib.Path(data_dir)
 image_count = len(list(data_dir.glob('*/*.jpg')))
 print(image_count)
```

执行后会输出：

```
3670
```

这说明在数据集中共有 3 670 张图像。

（2）浏览数据集中"roses"目录中的第一个图像。代码如下：

```
roses = list(data_dir.glob('roses/*'))
PIL.Image.open(str(roses[0]))
```

执行后显示数据集中"roses"目录中的第一个图像，如图 8-3 所示。

（3）也可以浏览数据集中"tulips"目录中的第一个图像。代码如下：

```
tulips = list(data_dir.glob('tulips/*'))
PIL.Image.open(str(tulips[0]))
```

执行效果如图 8-4 所示。

图 8-3 "roses"目录中的第一个图像　　　　　图 8-4 "tulips"目录中的第一个图像

8.2.2　创建数据集

使用 image_dataset_from_directory 从磁盘中加载数据集中的图像，然后从头开始编写自己的加载数据集代码。

（1）为加载器定义加载参数。代码如下：

```
batch_size = 32
img_height = 180
img_width = 180
```

（2）在现实中通常使用验证拆分法创建神经网络模型，在本实例中将使用 80% 的图像进行训练，使用 20% 的图像进行验证。使用 80% 的图像进行训练的代码如下：

```
train_ds = tf.keras.preprocessing.image_dataset_from_directory(
```

```
data_dir,
validation_split = 0.2,
subset = "training",
seed = 123,
image_size = (img_height, img_width),
batch_size = batch_size)
```

执行后会输出：

```
Found 3670 files belonging to 5 classes.
Using 2936 files for training.
```

使用 20% 的图像进行验证的代码如下：

```
val_ds = tf.keras.preprocessing.image_dataset_from_directory(
data_dir,
validation_split = 0.2,
subset = "validation",
seed = 123,
image_size = (img_height, img_width),
batch_size = batch_size)
```

执行后会输出：

```
Found 3670 files belonging to 5 classes.
Using 734 files for validation.
```

在数据集的属性 class_names 中找到类名，每个类名和目录名称的字母顺序对应。代码如下：

```
class_names = train_ds.class_names
print(class_names)
```

执行后会显示类名：

```
['daisy', 'dandelion', 'roses', 'sunflowers', 'tulips']
```

（3）可视化数据集中的数据，通过以下代码显示训练数据集中的前 9 张图像。

```
importmatplotlib.pyplot as plt

plt.figure(figsize = (10, 10))
for images, labels intrain_ds.take(1):
  fori in range(9):
    ax = plt.subplot(3, 3, i + 1)
    plt.imshow(images[i].numpy().astype("uint8"))
    plt.title(class_names[labels[i]])
    plt.axis("off")
```

执行效果如图 8-5 所示。

（4）将这些数据集传递给训练模型 model.fit，也可以手动迭代数据集并检索批量图像。代码如下：

```
forimage_batch, labels_batch in train_ds:
  print(image_batch.shape)
```

```
print(labels_batch.shape)
break
```

图 8-5　训练数据集中的前 9 张图像

执行后会输出：

```
(32,180,180,3)
(32,)
```

通过上述输出可知,image_batch 是形状的张量(32，180，180，3)。这是一批 32 张形状图像:180×180×3(最后一个维度是指颜色通道 RGB),labels_batch 是形状的张量(32，),这表示 labels_batch 是一个一维张量,其中包含 32 个标签,每个标签对应于 image_batch 中的 32 个图像样本。可以通过 numpy()在 image_batch 和 labels_batch 张量将上述图像转换为一个 numpy. ndarray。

8.2.3　配置数据集

(1)接下来将配置数据集以提高性能,本实例使用缓冲技术以确保可以从磁盘生成数据,而不会导致 I/O 阻塞,在加载数据时建议使用以下两种重要方法:
- Dataset. cache():当从磁盘加载图像后,将图像保存在内存中。这将确保数据集在训练模型时不会成为瓶颈。如果数据集太大而无法放入内存,也可以使用此方法来创建高性能的磁盘缓存。
- Dataset. prefetch():在训练时重叠数据预处理和模型执行。

(2)进行数据标准化处理,因为 RGB 通道值在[0，255]范围内,这对于神经网络来说并不理想。一般来说,应该设法使输入值变小。在本实例中将使用[0，1]重新缩放图层将值标准化为范围内。

```
normalization_layer = layers.experimental.preprocessing.Rescaling(1./255)
```

（3）可以通过调用 map 将该层应用于数据集：

```
normalized_ds = train_ds.map(lambda x, y: (normalization_layer(x), y))
image_batch, labels_batch = next(iter(normalized_ds))
first_image = image_batch[0]
print(np.min(first_image), np.max(first_image))
```

执行后会输出：

```
0.0 0.9997713
```

或者在模型定义中包含该层，这样可以简化部署，本实例将使用第二种方法。

8.2.4　创建模型

本实例的模型由三个卷积块组成，每个块都有一个最大池层。有一个全连接层，上面有 128 个单元，由激活函数激活。该模型尚未针对高精度进行调整，本实例的目标是展示一种标准方法。代码如下：

```
num_classes = 5

model = Sequential([
    layers.experimental.preprocessing.Rescaling(1./255, input_shape = (img_
height, img_width, 3)),
    layers.Conv2D(16, 3, padding = 'same', activation = 'relu'),
    layers.MaxPooling2D(),
    layers.Conv2D(32, 3, padding = 'same', activation = 'relu'),
    layers.MaxPooling2D(),
    layers.Conv2D(64, 3, padding = 'same', activation = 'relu'),
    layers.MaxPooling2D(),
    layers.Flatten(),
    layers.Dense(128, activation = 'relu'),
    layers.Dense(num_classes)
])
```

8.2.5　编译模型

（1）在本实例中使用 optimizers.Adam 优化器和 losses.SparseCategoricalCrossentropy 损失函数。要想查看每个训练时期的训练和验证准确性，需要传递 metrics 参数。代码如下：

```
model.compile(optimizer = 'adam',
          loss = tf.keras.losses.SparseCategoricalCrossentropy(from_logits =
True),
          metrics = ['accuracy'])
```

（2）使用模型的函数 summary 查看网络中的所有层。代码如下：

```
model.summary()
```

执行后会输出：

```
Model: "sequential"

Layer (type)                 Output Shape              Param #
=================================================================
rescaling_1 (Rescaling)      (None, 180, 180, 3)       0
```

```
conv2d (Conv2D)              (None, 180, 180, 16)    448

max_pooling2d (MaxPooling2D) (None, 90, 90, 16)      0

conv2d_1 (Conv2D)            (None, 90, 90, 32)      4640

max_pooling2d_1 (MaxPooling2 (None, 45, 45, 32)      0

conv2d_2 (Conv2D)            (None, 45, 45, 64)      18496

max_pooling2d_2 (MaxPooling2 (None, 22, 22, 64)      0

flatten (Flatten)            (None, 30976)           0

dense (Dense)                (None, 128)             3965056

dense_1 (Dense)              (None, 5)               645
=================================================
Total params: 3,989,285
Trainable params: 3,989,285
Non-trainable params: 0
```

8.2.6 训练模型

开始训练模型。代码如下：

```
epochs = 10
history = model.fit(
    train_ds,
    validation_data = val_ds,
    epochs = epochs
)
```

执行后会输出：

```
Epoch 1/10
92/92 [=============] - 3s 16ms/step - loss: 1.4412 - accuracy: 0.3784 -
val_loss: 1.1290 - val_accuracy: 0.5409
Epoch 2/10
92/92 [=============] - 1s 10ms/step - loss: 1.0614 - accuracy: 0.5841 -
val_loss: 1.0058 - val_accuracy: 0.6131
Epoch 3/10
92/92 [=============] - 1s 10ms/step - loss: 0.8999 - accuracy: 0.6560 -
val_loss: 0.9920 - val_accuracy: 0.6104
Epoch 4/10
92/92 [=============] - 1s 10ms/step - loss: 0.7416 - accuracy: 0.7153 -
val_loss: 0.9279 - val_accuracy: 0.6458
Epoch 5/10
92/92 [=============] - 1s 10ms/step - loss: 0.5618 - accuracy: 0.7844 -
val_loss: 1.0019 - val_accuracy: 0.6322
Epoch 6/10
92/92 [=============] - 1s 10ms/step - loss: 0.3950 - accuracy: 0.8634 -
```

```
val_loss: 1.0232 - val_accuracy: 0.6553
    Epoch 7/10
    92/92 [=============] - 1s 10ms/step - loss: 0.2228 - accuracy: 0.9268 -
val_loss: 1.2722 - val_accuracy: 0.6444
    Epoch 8/10
    92/92 [=============] - 1s 10ms/step - loss: 0.1188 - accuracy: 0.9687 -
val_loss: 1.4410 - val_accuracy: 0.6567
    Epoch 9/10
    92/92 [=============] - 1s 10ms/step - loss: 0.0737 - accuracy: 0.9802 -
val_loss: 1.6363 - val_accuracy: 0.6444
    Epoch 10/10
    92/92 [=============] - 1s 10ms/step - loss: 0.0566 - accuracy: 0.9847 -
```

8.2.7 可视化训练结果

在训练集和验证集上创建损失图和准确度图,然后绘制可视化结果。代码如下:

```
acc = history.history['accuracy']
val_acc = history.history['val_accuracy']

loss = history.history['loss']
val_loss = history.history['val_loss']

epochs_range = range(epochs)

plt.figure(figsize=(8, 8))
plt.subplot(1, 2, 1)
plt.plot(epochs_range, acc, label='Training Accuracy')
plt.plot(epochs_range, val_acc, label='Validation Accuracy')
plt.legend(loc='lower right')
plt.title('Training and Validation Accuracy')

plt.subplot(1, 2, 2)
plt.plot(epochs_range, loss, label='Training Loss')
plt.plot(epochs_range, val_loss, label='Validation Loss')
plt.legend(loc='upper right')
plt.title('Training and Validation Loss')
plt.show()
```

执行后的效果如图 8-6 所示。

8.2.8 过拟合处理:数据增强

由图 8-6 可以看出,训练准确率和验证准确率相差很大,模型在验证集上的准确率只有60% 左右。训练准确度随着时间线性增加,而验证准确度在训练过程中停滞在 60% 左右。此外,训练和验证准确性之间的准确性差异是显而易见的,这是过拟合的迹象。

当训练样例数量较少时,模型有时会从训练样例中的噪声或不需要的细节中学习,这在一定程度上会对模型在新样例上的性能产生负面影响。这种现象称为过拟合。这说明该模型将很难在新数据集上泛化。在训练过程中有多种方法可以对抗过拟合。

过拟合通常发生在训练样本较少时,数据增强采用的方法是从现有示例中生成额外的训练数据,使用随机变换来增强它们,从而产生看起来可信的图像。这有助于将模型暴露于数据的更多方面并更好地概括。

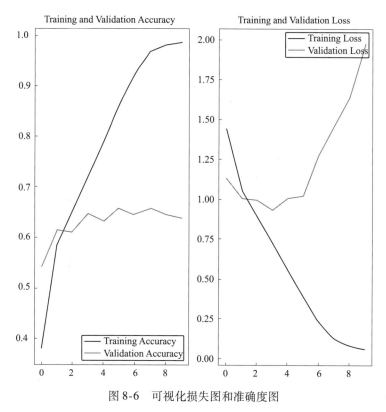

图 8-6 可视化损失图和准确度图

(1)通过使用 tf. keras. layers. experimental. preprocessing 实现数据增强,可以像其他层一样包含在模型中,并在 GPU 上运行。代码如下:

```
data_augmentation = keras.Sequential(
  [
    layers.experimental.preprocessing.RandomFlip("horizontal",
                                  input_shape = (img_height,
                                                  img_width,
                                                  3)),
    layers.experimental.preprocessing.RandomRotation(0.1),
    layers.experimental.preprocessing.RandomZoom(0.1),
  ]
)
```

(2)通过对同一图像多次应用数据增强技术,可视化数据增强的代码如下:

```
plt.figure(figsize = (10, 10))
for images, _ intrain_ds.take(1):
  fori in range(9):
    augmented_images = data_augmentation(images)
    ax =plt.subplot(3, 3, i + 1)
    plt.imshow(augmented_images[0].numpy().astype("uint8"))
    plt.axis("off")
```

执行后的效果如图 8-7 所示。

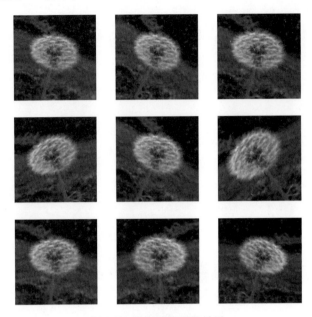

图 8-7　数据增强后的效果

8.2.9　过拟合处理:将 Dropout 引入网络

接下来介绍另一种减少过拟合的技术:将 Dropout 引入网络,这是一种正则化处理形式。当将 Dropout 应用于一个层时,它会在训练过程中从该层中随机删除(通过将激活设置为 0)许多输出单元。Dropout 将一个小数作为其输入值,如 0.1、0.2、0.4 等,这说明从应用层中随机丢弃10%、20% 或 40% 的输出单元。创建一个新的神经网络 layers.Dropout,然后使用增强图像对其进行训练,代码如下:

```
model = Sequential([
  data_augmentation,
  layers.experimental.preprocessing.Rescaling(1./255),
  layers.Conv2D(16, 3, padding = 'same', activation = 'relu'),
  layers.MaxPooling2D(),
  layers.Conv2D(32, 3, padding = 'same', activation = 'relu'),
  layers.MaxPooling2D(),
  layers.Conv2D(64, 3, padding = 'same', activation = 'relu'),
  layers.MaxPooling2D(),
  layers.Dropout(0.2),
  layers.Flatten(),
  layers.Dense(128, activation = 'relu'),
  layers.Dense(num_classes)
])
```

8.2.10　重新编译和训练模型

经过前面的过拟合处理,接下来重新编译和训练模型,重新编译模型的代码如下:

```
model.compile(optimizer = 'adam',
```

```
                loss = tf.keras.losses.SparseCategoricalCrossentropy(from_logits =
True),
            metrics =['accuracy'])
  model.summary()
  Model: "sequential_2"
```

执行后会输出：

```
_____
Layer (type)                  Output Shape              Param #
============================================
sequential_1 (Sequential)     (None, 180, 180, 3)       0

rescaling_2 (Rescaling)       (None, 180, 180, 3)       0

conv2d_3 (Conv2D)             (None, 180, 180, 16)      448

max_pooling2d_3 (MaxPooling2  (None, 90, 90, 16)        0

conv2d_4 (Conv2D)             (None, 90, 90, 32)        4640

max_pooling2d_4 (MaxPooling2  (None, 45, 45, 32)        0

conv2d_5 (Conv2D)             (None, 45, 45, 64)        18496

max_pooling2d_5 (MaxPooling2  (None, 22, 22, 64)        0

dropout (Dropout)             (None, 22, 22, 64)        0

flatten_1 (Flatten)           (None, 30976)             0

dense_2 (Dense)               (None, 128)               3965056

dense_3 (Dense)               (None, 5)                 645
============================================
Total params: 3,989,285
Trainable params: 3,989,285
Non - trainable params: 0
```

重新训练模型的代码如下：

```
epochs = 15
history = model.fit(
  train_ds,
  validation_data = val_ds,
  epochs = epochs
)
```

执行后会输出：

```
Epoch 1/15
92/92 [=============] - 2s 13ms/step - loss: 1.2685 - accuracy: 0.4465 -
```

```
val_loss: 1.0464 - val_accuracy: 0.5899
    Epoch 2/15
    92/92 [=============] - 1s 11ms/step - loss: 1.0195 - accuracy: 0.5964 -
val_loss: 0.9466 - val_accuracy: 0.6008
    Epoch 3/15
    92/92 [=============] - 1s 11ms/step - loss: 0.9184 - accuracy: 0.6356 -
val_loss: 0.8412 - val_accuracy: 0.6689
    Epoch 4/15
    92/92 [=============] - 1s 11ms/step - loss: 0.8497 - accuracy: 0.6768 -
val_loss: 0.9339 - val_accuracy: 0.6444
    Epoch 5/15
    92/92 [=============] - 1s 11ms/step - loss: 0.8180 - accuracy: 0.6781 -
val_loss: 0.8309 - val_accuracy: 0.6689
    Epoch 6/15
    92/92 [=============] - 1s 11ms/step - loss: 0.7424 - accuracy: 0.7105 -
val_loss: 0.7765 - val_accuracy: 0.6962
    Epoch 7/15
    92/92 [=============] - 1s 11ms/step - loss: 0.7157 - accuracy: 0.7251 -
val_loss: 0.7451 - val_accuracy: 0.7016
    Epoch 8/15
    92/92 [=============] - 1s 11ms/step - loss: 0.6764 - accuracy: 0.7476 -
val_loss: 0.9703 - val_accuracy: 0.6485
    Epoch 9/15
    92/92 [=============] - 1s 11ms/step - loss: 0.6667 - accuracy: 0.7439 -
val_loss: 0.7249 - val_accuracy: 0.6962
    Epoch 10/15
    92/92 [=============] - 1s 11ms/step - loss: 0.6282 - accuracy: 0.7619 -
val_loss: 0.7187 - val_accuracy: 0.7071
    Epoch 11/15
    92/92 [=============] - 1s 11ms/step - loss: 0.5816 - accuracy: 0.7793 -
val_loss: 0.7107 - val_accuracy: 0.7275
    Epoch 12/15
    92/92 [=============] - 1s 11ms/step - loss: 0.5570 - accuracy: 0.7813 -
val_loss: 0.6945 - val_accuracy: 0.7493
    Epoch 13/15
    92/92 [=============] - 1s 11ms/step - loss: 0.5396 - accuracy: 0.7939 -
val_loss: 0.6713 - val_accuracy: 0.7302
    Epoch 14/15
    92/92 [=============] - 1s 11ms/step - loss: 0.5194 - accuracy: 0.7936 -
val_loss: 0.6771 - val_accuracy: 0.7371
    Epoch 15/15
    92/92 [=============] - 1s 11ms/step - loss: 0.4930 - accuracy: 0.8096 -
val_loss: 0.6705 - val_accuracy: 0.7384
```

在使用数据增强和 Dropout 处理后，过拟合比以前少了，训练和验证的准确性更接近。接下来重新可视化训练结果。代码如下：

```
acc =history.history['accuracy']
val_acc = history.history['val_accuracy']

loss =history.history['loss']
```

```
val_loss = history.history['val_loss']

epochs_range = range(epochs)

plt.figure(figsize = (8, 8))
plt.subplot(1, 2, 1)
plt.plot(epochs_range, acc, label = 'Training Accuracy')
plt.plot(epochs_range, val_acc, label = 'Validation Accuracy')
plt.legend(loc = 'lower right')
plt.title('Training and Validation Accuracy')

plt.subplot(1, 2, 2)
plt.plot(epochs_range, loss, label = 'Training Loss')
plt.plot(epochs_range, val_loss, label = 'Validation Loss')
plt.legend(loc = 'upper right')
plt.title('Training and Validation Loss')
plt.show()
```

执行后效果如图 8-8 所示。

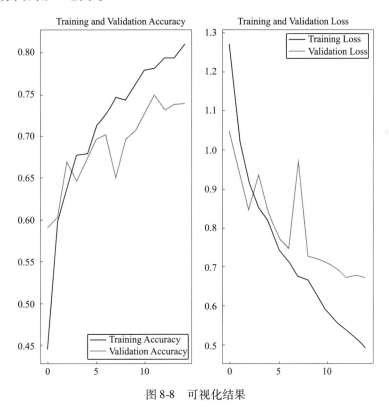

图 8-8   可视化结果

8.2.11   预测新数据

使用最新创建的模型对未包含在训练或验证集中的图像进行分类处理。代码如下：

```
sunflower_url = " https://storage.googleapis.com/download.tensorflow.org/
example_images/592px-Red_sunflower.jpg"
```

```
sunflower_path = tf.keras.utils.get_file('Red_sunflower', origin = sunflower_
url)

img = keras.preprocessing.image.load_img(
    sunflower_path, target_size = (img_height, img_width)
)
img_array = keras.preprocessing.image.img_to_array(img)
img_array = tf.expand_dims(img_array, 0) # Create a batch

predictions = model.predict(img_array)
score = tf.nn.softmax(predictions[0])

print(
    "This image most likely belongs to {} with a {:.2f} percent confidence."
    .format(class_names[np.argmax(score)], 100 * np.max(score))
)
```

执行后会输出：

```
Downloading data from https://storage.googleapis.com/download.tensorflow.org/
example_images/592px - Red_sunflower.jpg
122880/117948 [ = = = = = = = = = = = = = = ] - 0s 0us/step
This image most likely belongs to sunflowers with a 99.36 percent confidence.
```

需要注意的是，数据增强和 Dropout 层在推理时处于非活动状态。

第 9 章　开发 NBA 季后赛预测分析系统

本章详细介绍使用 Scikit-Learn + Numpy + Matplotlib + Seaborn + Pandas 技术开发一个机器学习系统的过程,根据收集的 NBA 技术统计数据预测季后赛球队的成功秘诀。

9.1　NBA 赛制介绍

NBA 分为东部联盟和西部联盟,每个联盟又被划分为 3 个赛区,各赛区由 5 支球队组成。每个赛季结束后下赛季开始前,会举行 NBA 选秀,选秀后有各球队新秀 NBA 夏季联赛,NBA 季前赛、NBA 常规赛通常在 10 月打响,季前赛包含 NBA 海外赛。其中,在 2 月有一项特殊的表演赛事 NBA 全明星赛,NBA 常规赛结束后,东、西部联盟分别由前八名进入季后赛,决出东、西部冠军,晋级 NBA 总决赛,总决赛的获胜者将获得总冠军。

9.2　项目介绍

本项目的功能是根据球队数据预测 NBA 球队进入季后赛的概率,使用机器学习技术根据球队的统计数据来区分季后赛球队和非季后赛球队。本项目使用 Scikit-learn 创建和优化模型,在开始前需要考虑一个问题:按照常理说,超级巨星越多的球队有更大的概率获得更好的季后赛排名。在 2020 年,多伦多猛龙队中尽管没有一个像勒布朗·詹姆斯或科怀·伦纳德一样知名的球员,但多伦多猛龙队是 2020 赛季季后赛的有力竞争者,他们在 2019—2020 年赛季获得了 NBA 季后赛第二种子的席位。很多人肯定很好奇:"是什么让缺少超级巨星的一支球队成为季后赛的竞争者?"在本项目中,将使用机器学习技术来寻找答案。

需要注意的是,篮球是一项永远在变化的运动,规则、什么位置最占优势和不同的指导策略都会发生变化,但更好的团队会关注某些基本原则。一方面,有些球队能够专注于并发展出一支伟大球队的基本要素,这样做就能进入季后赛。另一方面,非季后赛球队可能没有天赋,也没有足够的空间来获得和发展他们的球员。总的来说,如果球队集中他们的资源,无论是教练组还是球员,来提高他们的抢断、篮板、进攻效率和防守效率,这将使球队在季后赛中更有竞争力。

9.3　机器学习和数据可视化

经过前面的介绍,了解了 NBA 联赛的基本信息。在本节的内容中,将使用 Scikit-learn 技术开发一个机器学习项目,将 NBA 历史的技术统计作为数据集进行建模,可视化分析季后赛球队的成功秘诀。

9.3.1　预处理数据

为了使数据更易于分析和建模,对初始数据集进行了一些更改/添加:
• 增加了"年份"栏;

- 增加了"季后赛"一栏；
- 重命名历史团队；
- 添加高级统计列。

在数据集中添加了一个"季后赛"列,对于进入季后赛的球队,末尾的星号被删除,并在"季后赛"栏中标记为1,将来进入季后赛的球队标记为0。代码如下:

```
# 使用 Box Score 统计得分信息
def add_adv_stats(df):
    df["PPM"] = df["PTS"]/df["MP"] # Points per Minute
    df["POSS"] = 0.96* ((df["FGA"]+df["TOV"]) + (0.44* df["FTA"]-df["ORB"]))
# 球权
    df["DRBP"] = df["DRB"]/(df["DRB"] + df.mean()["ORB"]) # 防守篮板率
    df["DE"] = 100* (df.mean()["PTS"]/df["POSS"]) # 防御效率
    df["OE"] = 100* (df["PTS"]/df["POSS"]) # 进攻效率
    df["ED"] = df["OE"] - df["DE"] # 效率差
    df["TR"] = (df["TOV"] * 100) / (df["FGA"] + (df["FTA"]* 44) + df["AST"] +
df["TOV"]) # 周转率
    df["EFG% "] = df["FG"] + (0.5* df["3P"]/df["FGA"]) # effective field
goal %
    df["FTR"] = df["FTA"]/df["FGA"]   # 罚球率 – 球队投篮的频率
    returndf
```

Box Score 提供了简单的统计数据,可以相互结合使用,更好地显示了球队的进攻和防守表现。为了更好地衡量进攻表现,将以下统计数据添加到数据集中:

- 每分钟得分数；
- 一个持球回合；
- 进攻效率；
- 有效命中率；
- 罚球率。

为了更好地衡量防守表现,将以下统计数据添加到数据集中:

- 防守篮板率；
- 防御效率。

为了更好地衡量整体性能,将以下统计信息添加到数据集中:

- 效率差；
- 周转率。

9.3.2 创建绘图函数

为了提高代码的重用性,将常用的绘图功能编写成功能函数,以便于在后面的程序中调用。

(1)编写函数 compare_two_groups(),其功能是绘制两个直方图比较两组数据。代码如下:

```
from matplotlib importpyplot
def compare_two_groups(df1, df2, vars, n_rows, n_cols):
    fig =plt.figure(figsize = (15,15), facecolor = "white")
    for i, var_name in enumerate(vars):
        ax =fig.add_subplot(n_rows,n_cols,i +1)
        df1[var_name].hist(bins =20, ax = ax, label = "df1") # 直方图
        df2[var_name].hist(bins =20, ax = ax, label = "df2") # 直方图
        ax.set_title(var_name + " Distribution")
```

```
            pyplot.legend(loc = "upper right")
        plt.tight_layout()
        plt.show()
```

（2）编写函数 f_importances()绘制特征图。代码如下：

```
def f_importances(coef, names):
    plt.figure(figsize = (15,15), facecolor = "white")
    imp = coef[0]
    imp,names = zip(* sorted(zip(imp,names)))
    plt.title("Feature Importance")
    plt.barh(range(len(names)), imp, align = 'center')
    plt.yticks(range(len(names)), names)
    plt.grid(True)
    plt.show()
```

（3）编写函数 time_series_stat()绘制时间序列图。代码如下：

```
def time_series_stat(df, vars, n_rows,n_cols):
    fig = plt.figure(figsize = (15,15), facecolor = "white")

    playoff = df[df["Playoff"] == 1]
    non_playoff = df[df["Playoff"] == 0]
    years = df["Year"].unique()

    for i, var_name in enumerate(vars):
        ax = fig.add_subplot(n_rows,n_cols,i +1)
        ax.set_title(var_name + " Time Series")
        playoff_data = []
        non_playoff_data = []
        for year in years:
            playoff_average = playoff[playoff["Year"] == year][var_name].mean()
            non_playoff_average = non_playoff[non_playoff["Year"] == year][var_
name].mean()
            playoff_data.append(playoff_average)
            non_playoff_data.append(non_playoff_average)
        ax.plot(years, playoff_data)
        ax.plot(years, non_playoff_data)
        ax.grid(True)


    plt.tight_layout()
    fig.legend(["Playoff", "Non Playoff"], loc = 'lower right', fontsize = "x -
large", bbox_to_anchor = (0.98, 0.025))
    plt.show()
```

（4）编写函数 compare_decades_boxplots()处理整个数据集。代码如下：

```
importmatplotlib.pyplot as plt
def compare_decades_boxplots(df_dict, variables, n_rows, n_cols):
    """
    => 创建传入的所有变量的箱线图
    => df_dict,数据应该是带有 => decade: df
```

```
    """
    fig = plt.figure(figsize = (25,25), facecolor = "white")

    # 首先获取所需的变量
    for i, var_name in enumerate(variables):
        ax = fig.add_subplot(n_rows, n_cols, i + 1)
        ax.set_title(var_name + " Box Plot")
        ax.yaxis.grid(True)
        ax.set_xlabel('Decade')
        ax.set_ylabel('Observed values')
        data = []
        # 从每个数据帧获取所选变量
        for decade, dataframe in df_dict.items():
            data.append(dataframe[var_name])

        ax.boxplot(data, labels = df_dict.keys())

    plt.tight_layout()
    plt.show()
```

（5）编写函数 single_heatmap(df)，绘制一个包含 df 中所有变量的热图。代码如下：

```
import seaborn assns
def single_heatmap(df):
    sns.set(style = "white")
    corr = df.select_dtypes("float64").corr()
    mask = np.zeros_like(corr)
    mask[np.triu_indices_from(mask)] = True

    ax = plt.subplots(figsize = (25,25))
    ax = sns.heatmap(corr, annot = True,   linewidths = 0.5, cmap = "coolwarm",
square = True, mask = mask)

    plt.show()
```

（6）编写函数 single_histogram() 绘制单峰直方图。代码如下：

```
def single_histogram(df, variables, n_rows = 7, n_cols = 5):
    """
    => 为从 df 传入的每个变量创建直方图
    """
    fig = plt.figure(figsize = (15,15), facecolor = 'white')
    for i, var_name in enumerate(variables):
        ax = fig.add_subplot(n_rows, n_cols, i + 1)
        df[var_name].hist(bins = 20, ax = ax)
        ax.set_title(var_name + " Distribution")
        ax.set_xlabel("% s" % var_name)
        ax.set_ylabel('Observed values')
        plt.tight_layout()

    plt.show()
```

（7）编写函数 compare_playoff_count（df）绘制季后赛数据对比图，对比统计的时间。代码如下：

```
def compare_playoff_count(df):
    grouped = count_decade_playoffs(df)
    plt.figure(figsize = (15,10), facecolor = "white")
    plt.bar(grouped["Team"], grouped["Playoff"])
    plt.xticks(rotation = 90)
    plt.ylabel('# of Playoff Appearances')
    plt.xlabel('Team')
    plt.title('Playoff Appearances Between {} - {}'.format(df["Year"].min(), df
["Year"].max()))
    plt.tight_layout()
    plt.show()
```

（8）编写函数 get_team_decade_stats（）获取所选球队在 10 年内的所有统计信息。代码如下：

```
def get_team_decade_stats(team, decade, n_rows = 5, n_cols = 5):
    decade_df = decade_dict["{}'s".format(decade)]
    stat_cols = decade_df.select_dtypes("float64").columns
    team_df = decade_df.loc[decade_df["Team"] == team]
    team_stat_df = team_df[stat_cols]

    fig = plt.figure(figsize = (25,25), facecolor = "white")

    # get the desired variable first
    for i, var_name in enumerate(stat_cols):
        ax = fig.add_subplot(n_rows,n_cols,i +1)
        ax.set_title(var_name + " Box Plot")
        ax.yaxis.grid(True)
        ax.set_xlabel(var_name)
        ax.set_ylabel('Observed values')
        ax.get_xaxis().set_visible(False)

        ax.boxplot(team_stat_df[var_name])
    fig.suptitle("{}'s in the {}'s".format(team, decade), size =25)
    plt.tight_layout()
    fig.subplots_adjust(top = 0.95)
    plt.show()
```

9.3.3　数据集分解

为了便于访问 10 年前的数据，将进一步将数据集分解成一个以 10 年为键的字典，以及相应 10 年的数据集。例如，调用 decade_dict["1980's"] 将返回包含 1980—1989 年范围内所有数据的数据集。分解数据集的具体流程如下：

（1）加载数据，打印显示数据集中的前 5 条信息。代码如下：

```
import matplotlib.pyplot as plt
import numpy as np
import pandas as pd
```

```
main_og = pd.read_csv("renamed_teams.csv")
main_df = add_adv_stats(main_og)
main_df.head()
```

执行后会打印显示数据集中的前 5 条信息，如图 9-1 所示。

	Rk	Team	G	MP	FG	FGA	FG%	3P	3PA	3P%	2P	2PA	2P%	FT	FTA	FT%	ORB	DRB	TRB	AST	STL	BLK	TOV	PF	PTS	Year	Play
0	1	San Antonio Spurs	82	240.9	47.0	94.4	0.498	0.6	2.5	0.252	46.4	91.9	0.505	24.7	30.8	0.801	14.1	30.7	44.7	28.4	9.4	4.1	19.4	25.6	119.4	1980	1
1	2	Los Angeles Lakers	82	242.4	47.5	89.9	0.529	0.2	1.2	0.200	47.3	88.6	0.534	19.8	25.5	0.775	13.2	32.4	45.6	29.4	9.4	6.7	20.0	21.8	115.1	1980	1
2	3	Cleveland Cavaliers	82	243.0	46.5	98.1	0.474	0.4	2.3	0.193	46.0	95.8	0.481	20.8	26.9	0.772	15.9	29.0	45.0	25.7	9.3	4.2	16.7	23.6	114.1	1980	0
3	4	New York Knicks	82	241.2	46.4	93.6	0.496	0.5	2.3	0.220	45.9	91.2	0.503	20.7	27.7	0.747	15.1	28.1	43.2	27.6	10.7	5.6	19.7	26.4	114.0	1980	0
4	5	Boston Celtics	82	242.4	44.1	90.1	0.490	2.0	5.1	0.384	42.1	84.9	0.496	23.3	29.9	0.779	15.0	30.0	44.9	26.8	9.9	3.8	18.8	24.1	113.5	1980	1

图 9-1　数据集中的前 5 条信息

（2）获取年度统计数据，然后按照 10 年分组对数据进行排序。代码如下：

```
"""
    => yearly_index[0] = 1980 - 81 NBA 赛季球队统计数据
    => yearly_index[39] = 2018 - 19 NBA 赛季球队统计数据
"""
yearly_dfs = [x for _, x in main_df.groupby("Year")]

# 按10年分组对数据排序
bins = [-1, 1989, 1999, 2009, 2019]
labels = ["1980's", "1990's","2000's","2010's"]
binned_df = main_df.groupby(pd.cut(main_df['Year'], bins = bins, labels =
labels))
binned_df.head(3)
```

执行后会输出：

```
DRB TRB AST STL BLK TOV PF PTS Year Playoff PPM POSS DRBP DE OE ED TR EFG%  FTR
0   1  San Antonio Spurs  82  240.9  47.0  94.4  0.498  0.6  2.5  0.252  46.4
    91.9  0.505  24.7  30.8  0.801  14.1  30.7  44.7  28.4  9.4  4.1  19.4  25.6
    119.4  1980  1  0.495641  108.72192  0.711776  93.749261  109.821460
    16.072199  1.295579  47.003178  0.326271
1   2  Los Angeles Lakers  82  242.4  47.5  89.90.529  0.2  1.2  0.200  47.3
    88.6  0.534  19.8  25.5  0.775  13.2  32.4  45.6  29.4  9.4  6.7  20.0
    21.8  115.1  1980  1  0.474835  103.60320  0.722706  98.381128  111.096955
    12.715827  1.585666  47.501112  0.283648
2   3  Cleveland Cavaliers  82  243.0  46.5  98.1  0.474  0.4  2.3  0.193  46.0
    95.8  0.481  20.8  26.9  0.772  15.9  29.0  45.0  25.7  9.3  4.2  16.7  23.6
    114.1  1980  0  0.469547  106.30656  0.699950  95.879310  107.331100
    11.451790  1.261234  46.502039  0.274210
231  1  Golden State Warriors  82  240.3  42.5  87.9  0.484  3.0  9.1  0.324
    39.6  78.8  0.503  28.2  34.9  0.809  11.2  29.1  40.2  24.1  9.2  6.0  17.3
```

```
24.5  116.3  1990  0  0.483978  104.98176  0.700673  97.089243  19.781149
13.691906  1.039101  42.517065  0.397042  232  2  Phoenix Suns  82  242.1
43.2  87.1  0.496  2.1  6.6  0.324  41.1  80.4  0.511  26.3  33.1  0.795
12.8  32.3  45.2  25.7  8.1  6.1  15.5  22.3  114.9  1990  1  0.474597
100.18944  0.722086  101.733273  114.682745  12.949472  0.978103  43.212055
0.380023
233  3  Denver Nuggets  82  241.5  45.3  97.7  0.464  2.8  8.3  0.337  42.5
89.5  0.475  21.2  26.8  0.789  14.3  30.9  45.1  27.7  9.9  4.0  13.9  25.0
114.6  1990  1  0.474534  104.72832  0.713107  97.324197  109.425989
12.101792  1.054228  45.314330  0.274309
509  1  Sacramento Kings  82  241.5  40.0  88.9  0.450  6.5  20.2  0.322  33.4
68.7  0.487  18.5  24.6  0.754  12.9  32.1  45.0  23.8  9.6  4.6  16.2  21.1
105.0  2000  1  0.434783  98.90304  0.720838  103.056485  106.164583
3.108098  1.337406  40.036558  0.276715
510  2  Detroit Pistons  82  241.8  37.1  80.9  0.459  5.4  14.9  0.359  31.8
66.0  0.481  23.9  30.6  0.781  11.2  30.0  41.2  20.8  8.1  3.3  15.7  24.5
103.5  2000  1  0.428040  94.90944  0.707022  107.392896  109.051323
1.658427  1.072551  37.133375  0.378245
511  3  Dallas Mavericks  82  240.6  39.0  85.9  0.453  6.3  16.2  0.391  32.6
69.8  0.468  17.2  21.4  0.804  11.4  29.8  41.2  22.1  7.2  5.1  13.7
21.6  101.4  2000  0  0.421446  93.71136  0.705634  108.765892  108.204598
-0.561294  1.288442  39.036671  0.249127
804  1  Phoenix Suns  82  240.6  40.7  82.8  0.492  8.9  21.6  0.412  31.8
61.2  0.520  19.9  25.8  0.770  11.1  31.9  43.0  23.3  5.8  5.1  14.8  20.9
19.2  2010  1  0.458022  93.93792  0.719578  108.503570  117.311518
8.807949  1.178250  40.753744  0.311594
805  2  Golden State Warriors  82  240.6  40.6  86.5  0.469  7.7  20.6  0.375
32.9  65.9  0.499  19.9  25.4  0.782  9.2  29.2  38.4  22.4  9.3  4.1  14.7
23.0  108.8  2010  0  0.452203  99.04896  0.701392  102.904661  109.844667
6.940006  1.184338  40.644509  0.293642
806  3  Denver Nuggets  82  241.2  38.1  81.4  0.468  6.6  18.5  0.359  31.5
62.9  0.500  23.6  30.6  0.772  9.8  30.5  41.4  21.0  8.3  5.1  13.9  22.5
106.5  2010  1  0.441542  94.04544  0.710434  108.379520  113.243130
4.863610  0.950297  38.140541  0.375921
```

（3）从 binned_df 提取 binned 数据，这样可以通过索引标签访问这些数据，结构是：{key: dataframe}。代码如下：

```
decade_dict = dict(list(binned_df))
decade_dict["1980's"].head()  # getting the 80's data
```

执行效果如图 9-2 所示。

9.3.4　绘制统计分布图

为了更好地理解数据集，下面讲解每个变量是如何分布的。

（1）使用函数 describe() 分组数据。代码如下：

```
main_df.describe()
```

	Rk	Team	G	MP	FG	FGA	FG%	3P	3PA	3P%	2P	2PA	2P%	FT	FTA	FT%	ORB	DRB	TRB	AST	STL	BLK	TOV	PF	PTS	Year	Play
0	1	San Antonio Spurs	82	240.9	47.0	94.4	0.498	0.6	2.5	0.252	46.4	91.9	0.505	24.7	30.8	0.801	14.1	30.7	44.7	28.4	9.4	4.1	19.4	25.6	119.4	1980	1
1	2	Los Angeles Lakers	82	242.4	47.5	89.9	0.529	0.2	1.2	0.200	47.3	88.6	0.534	19.8	25.5	0.775	13.2	32.4	45.6	29.4	9.4	6.7	20.0	21.8	115.1	1980	1
2	3	Cleveland Cavaliers	82	243.0	46.5	98.1	0.474	0.4	2.3	0.193	46.0	95.8	0.481	20.8	26.9	0.772	15.9	29.0	45.0	25.7	9.3	4.2	16.7	23.6	114.1	1980	0
3	4	New York Knicks	82	241.2	46.4	93.6	0.496	0.5	2.3	0.220	45.9	91.2	0.503	20.7	27.7	0.747	15.1	28.1	43.2	27.6	10.7	5.6	19.7	26.4	114.0	1980	0
4	5	Boston Celtics	82	242.4	44.1	90.1	0.490	2.0	5.1	0.384	42.1	84.9	0.496	23.3	29.9	0.779	15.0	30.0	44.9	26.8	9.9	3.8	18.8	24.1	113.5	1980	1

图 9-2　提取的 binned 数据

执行后的部分效果如图 9-3 所示。

	Rk	G	MP	FG	FGA	FG%	3P	3PA	3P%	2P	2PA
count	1104.000000	1104.000000	1104.000000	1104.000000	1104.000000	1104.000000	1104.000000	1104.000000	1104.000000	1104.000000	1104.000000
mean	14.442029	80.722826	241.702627	38.752989	83.801268	0.461997	4.941304	14.085326	0.332275	33.814583	69.716123
std	8.193506	5.679342	0.840499	3.301491	4.645912	0.021420	3.064903	8.223425	0.047597	5.355127	10.486057
min	1.000000	50.000000	240.000000	30.800000	71.200000	0.401000	0.100000	0.900000	0.104000	23.100000	41.900000
25%	7.000000	82.000000	241.200000	36.300000	80.475000	0.447000	2.400000	7.400000	0.319000	29.900000	62.000000
50%	14.000000	82.000000	241.500000	38.300000	83.500000	0.460500	5.000000	14.100000	0.345500	31.800000	66.500000
75%	21.000000	82.000000	242.100000	41.100000	87.100000	0.476000	6.900000	19.300000	0.363000	38.500000	79.000000
max	30.000000	82.000000	244.900000	48.500000	108.100000	0.545000	16.100000	45.400000	0.428000	48.200000	96.000000

图 9-3　数据分组

（2）查看 1980—2019 年技术统计数据的总体分布图，并绘制对应的技术统计图。代码如下：

```
all_float_vars = main_df.select_dtypes(include = ["float64"]).columns
single_histogram(main_df, all_float_vars, 7, 5)
```

执行效果如图 9-4 所示。

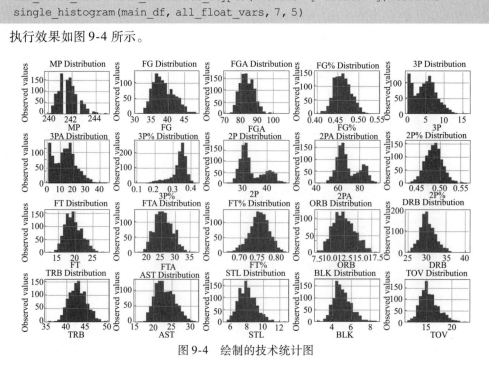

图 9-4　绘制的技术统计图

由此可见,大多数数据是正态分布的,只留下一些倾斜的数据,一个很好的例子就是三分球。NBA 在最开始时,每一场比赛的进球都是 2 分。在 1979 年才开始引进了三分球机制,直到现在。为了展示 2 分场目标和 3 分场目标之间统计分布的差异,1979 年引入了 3 分线。在 1979 年之前,NBA 会将所有球场进球计算为 2 分。在 20 世纪 80 年代和 90 年代,NBA 出现了几位非常出色的球员,如迈克尔·乔丹、约翰逊、拉里·伯德等。在这段时间里,大部分投篮都是中投或网下(扣篮/上篮),总共得 2 分。球队很少投三分球。直方图支持这一观察结果,其中 2PA 技术统计的 2P 是双峰的,左最大值大于右最大值,3PA 的 3P 严重向右倾斜。

像斯蒂芬·库里、达米安·利拉德和詹姆斯·哈登这样的球员已经在他们效力的阿森纳球队中增加了三分球的投篮,三分球命中率也相对较高。3 个指针的频率增加,说明尝试的指针减少了 2 个。这进一步解释了 2PA 和 2P 中的双峰分布。双峰分布可以看作是从少投二分球到多投三分球的转变。通过下面的代码绘制直方图:

```
all_float_vars=main_df.select_dtypes(include=["float64"]).columns
compare_decades_boxplots(decade_dict, all_float_vars, 7,5)
```

执行效果如图 9-5 所示。

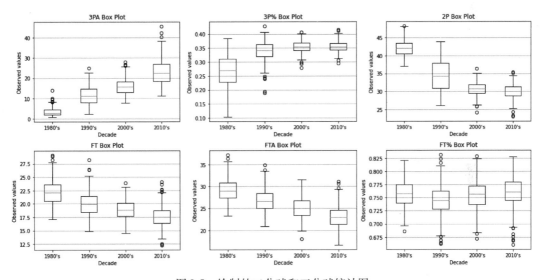

图 9-5 绘制的二分球和三分球统计图

我们比较一下 20 世纪 80 年代和 2010 年的 3 点相关数据和 2 点相关数据,对于 3 分统计数据,80 年代的球队通常每场比赛投 2~4 个三分球(3 分),其中 1~2 个球(3 分),命中率在 22% ~ 31%(3 分)。然而,2010 年的球队每场比赛投出 19 ~ 26 个三分球(2010 年多出 6~8 个),其中 7~10 个投篮命中率在 33% ~ 36%。对于二分球的统计,80 年代的球队通常每场比赛投 82 ~ 88 个二分球(2 分),其中 40 ~ 43 分,命中率为 48% ~ 50%。在 2010 年的球队中,58 ~ 62 投 2 分,命中率为 48% ~ 51%,与 80 年代相似。可以调用函数 single_heatmap() 绘制热点图,代码如下:

```
single_heatmap(main_df)
```

执行效果如图 9-6 所示。

(3)使用以下代码统计每支球队的季后赛数据,统计一支球队在季后赛中出现的次数。代码如下:

```
counted = count_decade_playoffs(main_df)
counted
```

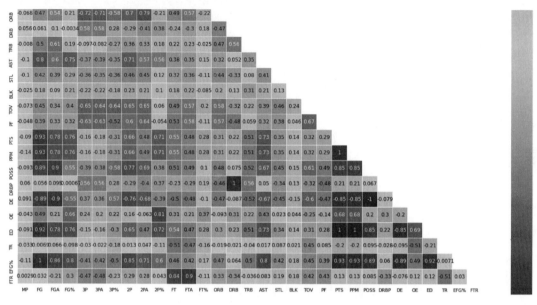

图 9-6　绘制的技术统计热点图

执行后会输出：

```
0  Atlanta Hawks 26
1  Boston Celtics 30
2  Brooklyn Nets 19
3  Charlotte Hornets 10
4  Chicago Bulls 26
5  Cleveland Cavaliers 19
6  Dallas Mavericks 21
7  Denver Nuggets 22
8  Detroit Pistons 23
9  Golden State Warriors 13
10 Houston Rockets 29
11 Indiana Pacers 26
12 Los Angeles Clippers 11
13 Los Angeles Lakers 32
14 Memphis Grizzlies 10
15 Miami Heat 20
16 Milwaukee Bucks 24
17 Minnesota Timberwolves 9
18 New Orleans Pelicans 7
19 New York Knicks 21
20 Oklahoma City Thunder 27
21 Orlando Magic 15
22 Philadelphia 76ers 23
23 Phoenix Suns 25
24 Portland Trail Blazers 32
```

```
25 Sacramento Kings 13
26 San Antonio Spurs 36
27 Toronto Raptors 11
28 Utah Jazz 28
29 Washington Wizards 16
```

然后通过以下代码绘制球队在季后赛中出现的次数的统计图：

```
compare_playoff_count(main_df)
```

执行效果如图 9-7 所示。

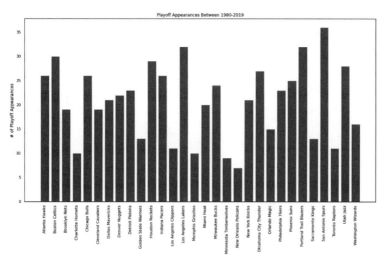

图 9-7　球队在季后赛中出现次数的统计图

9.3.5　比较季后赛和非季后赛球队的技术统计数据

下面开始比较季后赛和非季后赛球队的技术统计数据，具体实施流程如下：

（1）获取非季后赛球队的技术统计数据信息。代码如下：

```
main_df[main_df["Playoff"] == 0].describe()
```

执行效果如图 9-8 所示。

	Rk	G	MP	FG	FGA	FG%	3P	3PA	3P%	2P	2PA	2P%
count	480.000000	480.000000	480.000000	480.000000	480.000000	480.000000	480.000000	480.000000	480.000000	480.000000	480.000000	480.000000
mean	17.827083	80.666667	241.691250	38.050625	83.966458	0.452744	4.844792	14.071667	0.328087	33.208750	69.895208	0.475119
std	7.659323	5.787227	0.859217	3.069562	4.479214	0.018880	2.854819	7.823797	0.044257	4.891111	9.731274	0.019533
min	1.000000	50.000000	240.000000	30.800000	71.200000	0.401000	0.100000	1.000000	0.122000	25.300000	50.200000	0.421000
25%	12.000000	82.000000	241.200000	35.800000	80.700000	0.440750	2.800000	8.450000	0.317750	29.700000	63.100000	0.463000
50%	19.000000	82.000000	241.500000	37.600000	83.650000	0.450500	4.900000	14.350000	0.341000	31.400000	66.700000	0.474000
75%	24.000000	82.000000	242.100000	40.100000	87.000000	0.465000	6.600000	18.950000	0.354250	36.900000	77.050000	0.487000
max	30.000000	82.000000	244.300000	47.700000	108.100000	0.506000	13.000000	37.000000	0.407000	46.700000	95.800000	0.543000

图 9-8　非季后赛球队的技术统计数据

（2）获取季后赛球队的技术统计数据信息。代码如下：

```
main_df[main_df["Playoff"] == 1].describe()
```

执行效果如图 9-9 所示。

	Rk	G	MP	FG	FGA	FG%	3P	3PA	3P%	2P	2PA	2P%
count	624.000000	624.000000	624.000000	624.000000	624.000000	624.000000	624.000000	624.000000	624.000000	624.000000	624.000000	624.000000
mean	11.838141	80.766026	241.711378	39.293269	83.674199	0.469115	5.015545	14.095833	0.335497	34.280609	69.578365	0.492756
std	7.624478	5.599220	0.826400	3.373571	4.769852	0.020532	3.217483	8.524297	0.049811	5.646112	11.037333	0.020959
min	1.000000	50.000000	240.000000	30.800000	71.300000	0.409000	0.100000	0.900000	0.104000	23.100000	41.900000	0.431000
25%	5.000000	82.000000	241.200000	36.600000	80.200000	0.454000	2.200000	6.800000	0.322750	30.000000	61.275000	0.479000
50%	11.000000	82.000000	241.500000	38.750000	83.300000	0.468000	5.000000	14.000000	0.351000	32.000000	66.050000	0.492000
75%	18.000000	82.000000	242.100000	41.900000	87.100000	0.484000	7.100000	19.425000	0.367000	39.600000	79.975000	0.506000
max	30.000000	82.000000	244.900000	48.500000	99.300000	0.545000	16.100000	45.400000	0.428000	48.200000	96.000000	0.565000

图 9-9　季后赛球队的技术统计数据

（3）绘制可视化柱状图，比较季后赛和非季后赛球队的技术统计数据。代码如下：

```
all_float_vars = main_df.select_dtypes(include = ["float64"]).columns
compare_two_groups(main_df[main_df["Playoff"] == 1], main_df[main_df["Playoff"] == 0], all_float_vars, 8, 4)
```

执行效果如图 9-10 所示。

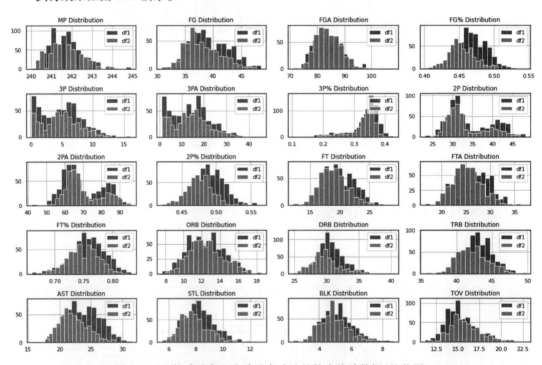

图 9-10　比较季后赛和非季后赛球队的技术统计数据（柱状图）

（4）绘制可视化折线图，比较季后赛和非季后赛球队的技术统计数据。代码如下：

```
all_float_vars = main_df.select_dtypes(include = ["float64"]).columns
time_series_stat(main_df, all_float_vars, 8, 4)
```

执行效果如图 9-11 所示。

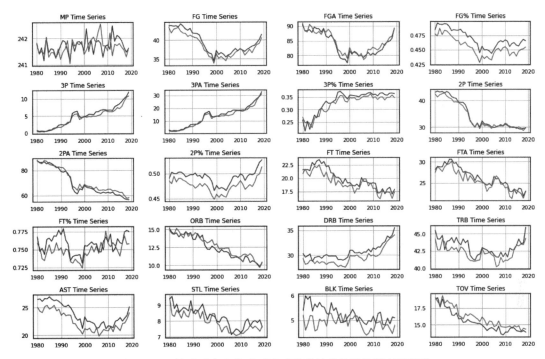

图 9-11　比较季后赛和非季后赛球队的技术统计数据（折线图）

9.3.6　创建模型

到目前为止，把所有的东西放在一起，小的差异的积累导致季后赛和非季后赛球队之间的指标。让我们回顾一下是什么造就了一支季后赛球队：

- 更多的分数（PTS）；
- 更多的出手（FGA）；
- 更多的罚球（FTA）；
- 更少的进攻篮板（球）；
- 更多的防守篮板；
- 更多的抢断（STL）；
- 更多的盖帽（BLK）；
- 更少的失误（TO, TR）。

根据上面的数据集创建模型，在建模前，数据集被分解为一个训练集和测试集，每个模型将从训练集"学习"，并使用测试集进行测试。

（1）逻辑回归。首先分割训练数据，然后分别实现模型训练和测试功能。代码如下：

```
from sklearn.model_selection import train_test_split
X_train, X_test, y_train, y_test = train_test_split(predictors_data, labels,
test_size=0.2)
from sklearn.linear_model import LogisticRegression
from sklearn.preprocessing import StandardScaler
from sklearn.pipeline import Pipeline

# 定义逻辑回归
```

```
log_clf = LogisticRegression(random_state = 42)

# 创建"管道 - 预处理"数据
baseline_log_clf = Pipeline(steps = [
                    ("scaler",StandardScaler()),
                    ("logistic",log_clf)
                    ])
# 训练模型
baseline_log_clf.fit(X_train, y_train)
# 测试模型
baseline_log_clf_score = baseline_log_clf.score(X_test, y_test)
# 当前参数
print("Current Hyperparameters:",log_clf.get_params)
```

执行后会输出：

```
Current Hyperparameters: < bound method BaseEstimator. get _ params of
LogisticRegression(C = 1.0, class_weight = None, dual = False, fit_intercept = True,
                intercept_scaling = 1, l1_ratio = None, max_iter = 100,
                multi_class = 'auto', n_jobs = None, penalty = 'l2',
                random_state = 42, solver = 'lbfgs', tol = 0.0001, verbose = 0,
                warm_start = False) >
```

（2）使用随机森林算法，打印输出当前的参数。代码如下：

```
from sklearn.ensemble import RandomForestClassifier
# 定义逻辑回归
rnd_clf = RandomForestClassifier(random_state = 42)

baseline_rnd_clf = rnd_clf.fit(X_train, y_train)
baseline_rnd_clf_score = baseline_rnd_clf.score(X_test, y_test)
print("Current Hyperparameters:", rnd_clf.get_params)
```

执行后会输出：

```
Current Hyperparameters: < bound method BaseEstimator. get _ params of
RandomForestClassifier(bootstrap = True, ccp_alpha = 0.0, class_weight = None,
                criterion = 'gini', max_depth = None, max_features = 'auto',
                max_leaf_nodes = None, max_samples = None,
                min_impurity_decrease = 0.0, min_impurity_split = None,
                min_samples_leaf = 1, min_samples_split = 2,
                min_weight_fraction_leaf = 0.0, n_estimators = 100,
                n_jobs = None, oob_score = False, random_state = 42, verbose = 0,
                warm_start = False) >
```

（3）使用 SVM 算法，打印输出当前的参数。代码如下：

```
from sklearn.svm import SVC
# 定义 SVM
svm_clf = SVC(random_state = 42, probability = True)

baseline_svm_clf = Pipeline(steps = [
                    ("scaler",StandardScaler()),
                    ("svm", svm_clf)
```

```
                     ])
baseline_svm_clf.fit(X_train, y_train)
baseline_svm_clf_score=baseline_svm_clf.score(X_test, y_test)
print("Current Hyperparameters:", svm_clf.get_params)
```

执行后会输出：

```
Current Hyperparameters: <bound methodBaseEstimator.get_params of SVC(C=1.0,
break_ties=False, cache_size=200, class_weight=None, coef0=0.0,
    decision_function_shape='ovr', degree=3, gamma='scale', kernel='rbf',
    max_iter=-1, probability=True, random_state=42, shrinking=True, tol=
0.001,
    verbose=False) >
```

（4）获取基准性能指标。代码如下：

```
from sklearn.metrics import precision_score
from sklearn.metrics import recall_score
from sklearn.metrics import f1_score
from sklearn.metrics import accuracy_score

baseline_metric_data = {
                    "Model": [],
                    "Precision": [],
                    "Recall": [],
                    "F1 Score": [],
                    "Accuracy": [],
                                    }
for clf in (baseline_log_clf, baseline_rnd_clf, baseline_svm_clf):
  clf.fit(X_train, y_train)
  y_pred=clf.predict(X_test)
  try:
      if (clf[1] and clf.__class__.__name__ == "Pipeline"):
          baseline_metric_data["Model"].append(clf[1].__class__.__name__)
          baseline_metric_data["Precision"].append(precision_score(y_test, y_
pred))
          baseline_metric_data["Recall"].append(recall_score(y_test, y_pred))
          baseline_metric_data["F1 Score"].append(f1_score(y_test, y_pred))
          baseline_metric_data["Accuracy"].append(accuracy_score(y_test, y_
pred))
      else:
          baseline_metric_data["Model"].append(clf[0][1])
          baseline_metric_data["Precision"].append(precision_score(y_test, y_
pred))
          baseline_metric_data["Recall"].append(recall_score(y_test, y_pred))
          baseline_metric_data["F1 Score"].append(f1_score(y_test, y_pred))
          baseline_metric_data["Accuracy"].append(accuracy_score(y_test, y_
pred))
      except:
          baseline_metric_data["Model"].append(clf.__class__.__name__)
          baseline_metric_data["Precision"].append(precision_score(y_test, y_
pred))
```

```
        baseline_metric_data["Recall"].append(recall_score(y_test, y_pred))
        baseline_metric_data["F1 Score"].append(f1_score(y_test, y_pred))
        baseline_metric_data["Accuracy"].append(accuracy_score(y_test, y_
pred))

    baseline_metric_table = pd.DataFrame(data = baseline_metric_data)
    baseline_metric_table
```

执行效果如图 9-12 所示。由此可见，每个模型的默认参数在所有指标上都做得很好，得分都接近或高于 80%。继续通过一些调整，还可以提高这些得分。

	Model	Precision	Recall	F1 Score	Accuracy
0	LogisticRegression	0.858333	0.851240	0.854772	0.841629
1	RandomForestClassifier	0.830645	0.851240	0.840816	0.823529
2	SVC	0.878049	0.892562	0.885246	0.873303

图 9-12　基准性能指标

9.3.7　优化模型

接下来开始优化模型，具体实现流程如下：

（1）为了优化每个模型，在 Scikit-learn 中的 GridSearchCV 使用传入的超参数形成的组合创建多个模型。根据指定的得分器选择最佳模型。选择"精准"为模型打分是因为在所有被归类为季后赛球队的球队中，我们想知道有多少是真正的季后赛球队。代码如下：

```
from sklearn.metrics import make_scorer
from sklearn.metrics import precision_score
from sklearn.metrics import recall_score
from sklearn.metrics import f1_score
from sklearn.metrics import accuracy_score

clf_scorer = {
    'precision' : make_scorer(precision_score),
    'recall' : make_scorer(recall_score),
    'f1_score' : make_scorer(f1_score),
    'accuracy' : make_scorer(accuracy_score)
}

refit = 'precision'
```

（2）然后实现逻辑回归算法。代码如下：

```
from sklearn.model_selection import GridSearchCV
from sklearn.preprocessing import StandardScaler
from sklearn.pipeline import Pipeline


op_log_clf_pipeline = Pipeline(
    steps = [
    ('standard_scaler', StandardScaler()),
```

```
        ('op_logistic', log_clf) # log_clf = LogisticRegression(random_state = 42),
from base model
    ]
)

param_grid = {
    'op_logistic__penalty' : ['l1', 'l2', 'elasticnet'],
    'op_logistic__C' : (list(np.logspace(-4, 4, 10)) + [1, 10, 100]),
    'op_logistic__solver' : ['newton-cg', 'lbfgs', 'liblinear', 'sag', 'saga'],
    'op_logistic__max_iter' : [100, 500, 1000, 2000]
}

op_log_clf_scorer = clf_scorer

op_log_clf_gridCV = GridSearchCV(
    estimator = op_log_clf_pipeline,
    scoring = op_log_clf_scorer,
    param_grid = param_grid,
    verbose = True,
    n_jobs = -1,
    return_train_score = True,
    refit = refit,
    cv = 3
)

op_log_clf = op_log_clf_gridCV.fit(X_train, y_train)
```

执行后会输出：

```
Fitting 3 folds for each of 780 candidates, totalling 2340 fits
```

然后分别打印输出旧参数和新参数。代码如下：

```
new_log_clf = op_log_clf.best_estimator_

print("OLD PARAMETERS: \n", baseline_log_clf.get_params , "\n")

print("NEW PARAMETERS: \n", new_log_clf.get_params)
```

执行后会输出：

```
OLD PARAMETERS:
<bound methodPipeline.get_params of Pipeline(memory = None,
        steps = [('scaler',
                StandardScaler(copy = True, with_mean = True, with_std = True)),
                ('logistic',
                LogisticRegression(C = 1.0, class_weight = None, dual = False,
                            fit_intercept = True, intercept_scaling = 1,
                            l1_ratio = None, max_iter = 100,
                            multi_class = 'auto', n_jobs = None,
                            penalty = 'l2', random_state = 42,
                            solver = 'lbfgs', tol = 0.0001, verbose = 0,
                            warm_start = False))],
```

```
                    verbose = False) >

NEW PARAMETERS:
 < bound methodPipeline.get_params of Pipeline(memory = None,
        steps = [ ('standard_scaler',
                    StandardScaler(copy = True, with_mean = True, with_std = True)),
                ('op_logistic',
                    LogisticRegression(C = 21.54434690031882, class_weight = None,
                                dual = False, fit_intercept = True,
                                intercept_scaling = 1, l1_ratio = None,
                                max_iter = 2000, multi_class = 'auto',
                                n_jobs = None, penalty = 'l1', random_state = 42,
                                solver = 'saga', tol = 0.0001, verbose = 0,
                                warm_start = False)) ],
        verbose = False) >
```

（3）实现随机森林算法。代码如下：

```
op_rnd_clf_pipeline = RandomForestClassifier(random_state = 42)

op_rnd_clf_param_grid = {
    'bootstrap' : [True, False],
    'max_depth' : (list(np.linspace(10,100,10)) + [None]),
    'criterion' : ['gini', 'entropy'],
    'max_features' : ['auto', 'sqrt', 'log2'],
    'oob_score' : [True, False],
}

op_log_clf_scorer = clf_scorer

op_rnd_clf_gridCV = GridSearchCV(
    estimator = op_rnd_clf_pipeline,
    scoring = op_log_clf_scorer,
    param_grid = op_rnd_clf_param_grid,
    verbose = True,
    n_jobs = -1,
    return_train_score = True,
    refit = refit,
    cv = 3
)

op_rnd_clf = op_rnd_clf_gridCV.fit(X_train, y_train)
```

执行后会输出：

```
[Parallel(n_jobs = -1)]: Using backend LokyBackend with 2 concurrent workers.
Fitting 3 folds for each of 264 candidates, totalling 792 fits
[Parallel(n_jobs = -1)]: Done  46 tasks        | elapsed:   11.1s
[Parallel(n_jobs = -1)]: Done 196 tasks        | elapsed:   46.8s
[Parallel(n_jobs = -1)]: Done 446 tasks        | elapsed:  1.9min
[Parallel(n_jobs = -1)]: Done 792 out of 792 | elapsed:  2.8min finished
```

然后也需要分别打印输出旧参数和新参数。代码如下：

```
new_rnd_clf = op_rnd_clf.best_estimator_
print("OLD PARAMETERS: \n", baseline_rnd_clf.get_params , "\n")
print("NEW PARAMETERS: \n", new_rnd_clf[0].get_params)
```

执行后会输出：

```
OLD PARAMETERS:
 <bound methodBaseEstimator.get_params of RandomForestClassifier(bootstrap =
True, ccp_alpha = 0.0, class_weight = None,
                        criterion = 'gini', max_depth = None, max_features = 'auto',
                        max_leaf_nodes = None, max_samples = None,
                        min_impurity_decrease = 0.0, min_impurity_split = None,
                        min_samples_leaf = 1, min_samples_split = 2,
                        min_weight_fraction_leaf = 0.0, n_estimators = 100,
                        n_jobs = None, oob_score = False, random_state = 42, verbose = 0,
                        warm_start = False) >

NEW PARAMETERS:
 <bound methodBaseEstimator.get_params of DecisionTreeClassifier(ccp_alpha = 0.
0, class_weight = None, criterion = 'entropy',
                        max_depth = 20.0, max_features = 'auto', max_leaf_nodes = None,
                        min_impurity_decrease = 0.0, min_impurity_split = None,
                        min_samples_leaf = 1, min_samples_split = 2,
                        min_weight_fraction_leaf = 0.0, presort = 'deprecated',
                        random_state = 1608637542, splitter = 'best') >
For the optimal Random Forest model, "max_depth" was set to 20, and "max_features"
was set to "log2"
```

(4)实现 SVM 算法。代码如下：

```
op_svm_clf_pipeline = Pipeline(
    steps = [
        ("scaler", StandardScaler()),
        ('op_svm', svm_clf) # svm_clf = SVC(random_state = 42), from base model
    ]
)

op_svm_clf_param_grid = {
    'op_svm__kernel' : ['linear', 'poly', 'rbf', 'sigmoid'],
    'op_svm__degree' : [1,2,3,4,5],
    'op_svm__gamma' : ['scale', 'auto'],
    'op_svm__decision_function_shape' : ['ovo', 'ovr'],
    'op_svm__C' : [0.001, 0.01, 0.1, 1, 10]

}

op_svm_clf_scorer = clf_scorer

op_svm_clf_gridCV = GridSearchCV(
    estimator = op_svm_clf_pipeline,
    scoring = op_svm_clf_scorer,
    param_grid = op_svm_clf_param_grid,
```

```
            verbose = True,
            n_jobs = -1,
            return_train_score = True,
            refit = refit,
            cv = 3
    )


    op_svm_clf = op_svm_clf_gridCV.fit(X_train, y_train)
```

执行后会输出：

```
Fitting 3 folds for each of 400 candidates, totalling 1200 fits
[Parallel(n_jobs = -1)]: Using backend LokyBackend with 2 concurrent workers.
[Parallel(n_jobs = -1)]: Done  88 tasks      | elapsed:    8.5s
[Parallel(n_jobs = -1)]: Done 388 tasks      | elapsed:   37.4s
[Parallel(n_jobs = -1)]: Done 888 tasks      | elapsed:  1.3min
[Parallel(n_jobs = -1)]: Done 1200 out of 1200 | elapsed:  2.0min finished
```

然后也需要分别打印输出旧参数和新参数。代码如下：

```
new_svm_clf = op_svm_clf.best_estimator_
print("OLD PARAMETERS: \n", baseline_svm_clf[1].get_params , "\n")
print(new_svm_clf[1].get_params)
```

执行后会输出：

```
OLD PARAMETERS:
 <bound method BaseEstimator.get_params  of  SVC(C = 1.0, break_ties = False,
cache_size =200, class_weight =None, coef0 =0.0,
    decision_function_shape = 'ovr', degree =3, gamma = 'scale', kernel = 'rbf',
    max_iter = -1, probability = True, random_state = 42, shrinking = True, tol =
0.001,
    verbose = False) >

 <bound method BaseEstimator.get_params  of  SVC(C = 10, break_ties = False,
cache_size =200, class_weight =None, coef0 =0.0,
    decision_function_shape = 'ovo', degree = 1, gamma = 'scale', kernel = '
linear',
    max_iter = -1, probability = True, random_state = 42, shrinking = True, tol =
0.001,
    verbose = False) >
For the optimal SVM model, "decision_function_shape" was set to "ovo" (one vs
one), "degree" set to 1, and kernel set to "linear".
```

（5）使用上面的算法，打印输出对应的基准性能指标。代码如下：

```
op_baseline_metric_data = {
                    "Model": [],
                    "Precision": [],
                    "Recall": [],
                    "F1 Score": [],
                    "Accuracy": [],
                            }
```

```
for clf in (baseline_log_clf, new_log_clf, baseline_rnd_clf, new_rnd_clf,
baseline_svm_clf, new_svm_clf):
    clf.fit(X_train, y_train)
    y_pred = clf.predict(X_test)
    try:
        if (clf[1] and clf.__class__.__name__ == "Pipeline"):
            op_baseline_metric_data["Model"].append(clf[1].__class__.__name__)
            op_baseline_metric_data["Precision"].append(precision_score(y_
test, y_pred))
            op_baseline_metric_data["Recall"].append(recall_score(y_test, y_
pred))
            op_baseline_metric_data["F1 Score"].append(f1_score(y_test, y_
pred))
            op_baseline_metric_data["Accuracy"].append(accuracy_score(y_test,
y_pred))
        else:
            op_baseline_metric_data["Model"].append(clf[0][1])
            op_baseline_metric_data["Precision"].append(precision_score(y_
test, y_pred))
            op_baseline_metric_data["Recall"].append(recall_score(y_test, y_
pred))
            op_baseline_metric_data["F1 Score"].append(f1_score(y_test, y_
pred))
            op_baseline_metric_data["Accuracy"].append(accuracy_score(y_test,
y_pred))
    except:
        op_baseline_metric_data["Model"].append(clf.__class__.__name__)
        op_baseline_metric_data["Precision"].append(precision_score(y_
test, y_pred))
        op_baseline_metric_data["Recall"].append(recall_score(y_test, y_
pred))
        op_baseline_metric_data["F1 Score"].append(f1_score(y_test, y_
pred))
        op_baseline_metric_data["Accuracy"].append(accuracy_score(y_test,
y_pred))

op_baseline_metric_table = pd.DataFrame(data = op_baseline_metric_data)
op_baseline_metric_table
```

执行效果如图 9-13 所示。由此可见,随机森林和 SVM 模型能够显著改善,增加 1% ~2% 。
Logistic 模型没有得到太多的改善,差异小于 1% 。超参数变化可以在每个模型的单元格下
找到。

	Model	Precision	Recall	F1 Score	Accuracy
0	LogisticRegression	0.858333	0.851240	0.854772	0.841629
1	LogisticRegression	0.850000	0.842975	0.846473	0.832579
2	RandomForestClassifier	0.830645	0.851240	0.840816	0.823529
3	RandomForestClassifier	0.833333	0.867769	0.850202	0.832579
4	SVC	0.878049	0.892562	0.885246	0.873303
5	SVC	0.861789	0.876033	0.868852	0.855204

图 9-13　基准性能指标

9.3.8 样本预测

接下来开始实现样本预测功能,具体实现流程如下:

(1)分别提取 Year、Team、G、Rk 和 Playoff 列的样本。代码如下:

```
x = 0
random_team = main_df.iloc[x].drop(["Year","Team", "G","Rk", "Playoff"])
main_df.iloc[x]
```

执行后会输出:

```
Rk                          1
Team        San Antonio Spurs
G                          82
MP                      240.9
FG                         47
FGA                      94.4
FG%                     0.498
3P                        0.6
3PA                       2.5
3P%                     0.252
2P                       46.4
2PA                      91.9
2P%                     0.505
FT                       24.7
FTA                      30.8
FT%                     0.801
ORB                      14.1
DRB                      30.7
TRB                      44.7
AST                      28.4
STL                       9.4
BLK                       4.1
TOV                      19.4
PF                       25.6
PTS                     119.4
Year                     1980
Playoff                     1
PPM                  0.495641
POSS                  108.722
DRBP                 0.711776
DE                    93.7493
OE                    109.821
ED                    16.0722
TR                    1.29558
EFG%                  47.0032
FTR                  0.326271
Name: 0,dtype: object
```

(2)提取洛杉矶湖人队的样本数据。代码如下:

```
year1 = 1980
```

```
name1 = "Los Angeles Lakers"
team1 = main_df[ (main_df["Year"] == year1) & (main_df["Team"] == name1)]
team1 = team1.drop(["Year","Team", "G","Rk", "Playoff"], axis = 1)
team1
```

执行效果如图 9-14 所示。

	MP	FG	FGA	FG%	3P	3PA	3P%	2P	2PA	2P%	FT	FTA	FT%	ORB	DRB	TRB	AST	STL	BLK	TOV	PF	PTS	PPM	POSS	DRBP
1	242.4	47.5	89.9	0.529	0.2	1.2	0.2	47.3	88.6	0.534	19.8	25.5	0.775	13.2	32.4	45.6	29.4	9.4	6.7	20.0	21.8	115.1	0.474835	103.6032	0.722706

图 9-14　洛杉矶湖人队的样本数据

（3）在逻辑回归和支持向量机中，系数的符号（+/−）和大小决定了它预测的类别以及预测效果。例如，STL 是 1 级（季后赛球队）的良好预测因子，而 POSS 是 0 级（非季后赛球队）的良好预测因子。代码如下：

```
log_importance = new_log_clf[1].fit(X_train, y_train)
f_importances(log_importance.coef_, all_float_vars)
```

执行效果如图 9-15 所示。

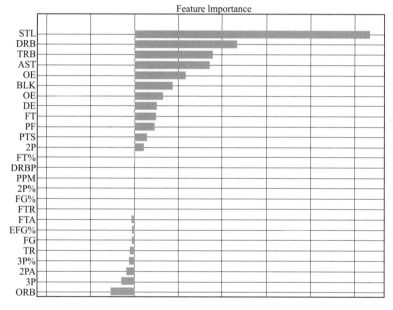

图 9-15　在逻辑回归和支持向量机中的技术指标

（4）随机森林模型。随机森林模型根据其纯粹分类的程度对特征进行评分，而不是根据其对正类和负类的分类程度。值越大，特征在分类决策中的贡献越大。代码如下：

```
forest_importance = new_rnd_clf.feature_importances_
feats = {}
for feature, importance in zip(all_float_vars, forest_importance):
    feats[feature] = importance

f_names = list(feats.keys())
f_vals = [list(feats.values())]
```

```
f_importances(f_vals, f_names)
```

执行效果如图 9-16 所示。

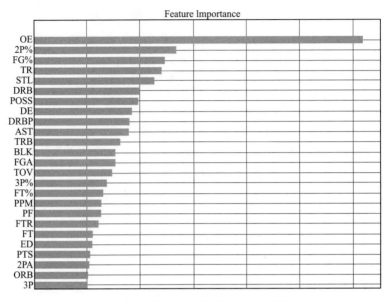

图 9-16　在随机森林模型中的技术指标

第10章　开发 AI 考勤管理系统

现在已经进入了一个人 AI 人工智能飞速发展的时代,在商业办公领域,考勤打卡应用已经实现了无纸化处理。在本章的内容中,将介绍使用 Scikit-learn 技术开发一个 AI 考勤打卡系统的过程,详细讲解了使用 OpenCV-Matplotlib + Django + Scikit-Learn + Dlib 实现一个大型人工智能项目的方法。

10.1　背景介绍

随着企业人事管理的日趋复杂和企业人员的增多,企业的考勤管理变得越来越复杂,有一个比较完善的考勤管理系统显得十分重要。考勤管理系统是使用计算机管理方式代替以前手工处理的工作,应用计算机技术和通信技术建立一个高效率的、无差错的考勤管理系统,能够有效地帮助企业实现"公正考勤,高效薪资",使企业的管理水平登上一个新的台阶。企业职工考勤管理系统,可用于各部门等机构的职工考勤管理、查询、更新与维护,使用方便,易用性强,图形界面清晰明了。解决目前员工出勤管理问题,实现员工出勤信息和缺勤信息对企业领导透明,使管理人员及时掌握员工的情况,及时与员工沟通,提高生产质量。

10.2　系统需求分析

需求分析是介于系统分析和软件设计阶段之间的桥梁,好的需求分析是项目成功的基石。一方面,需求分析以系统规格说明和项目规划作为分析活动的基本出发点,并从软件角度对它们进行检查与调整;另一方面,需求规格说明又是软件设计、实现、测试直至维护的主要基础。良好的分析活动有助于避免或尽早剔除早期错误,从而提高软件生产率,降低开发成本,改进软件质量。

10.2.1　可行性分析

考勤管理是企业管理中非常重要的一环,作为公司主管考勤的人员能够通过考勤管理系统清楚地看到公司员工的签到时间、签离时间以及是否迟到、早退等诸多信息。还能够通过所有员工的出勤记录比较来发现企业管理和员工作业方面的诸多问题。更是员工工资及福利待遇方面重要的参考依据。

10.2.2　系统操作流程分析

- 职工用户登录系统,上下班时进行签到考勤,经过系统验证通过后该员工签到成功。
- 管理用户登录本系统,输入用户名和密码,系统进行验证,验证通过即可进入程序主界面,在主界面对普通用户的信息进行录入,使用摄像头采集员工的人脸,然后通过机器学习技术创建学习模型。

10.2.3 系统模块设计

（1）登录验证模块

通过登录表单登录系统，整个系统分为管理员用户和普通员工用户。

（2）考勤打卡

普通用户登录系统后，可以分别实现在线上班打卡签到和下班打卡功能。

（3）添加新用户信息

管理员用户可以在后台添加新的员工信息，分别添加新员工的用户名和密码信息。

（4）采集照片

管理员用户可以在后台采集员工的照片，输入用户名，然后使用摄像头采集员工的照片。

（5）训练照片模型

使用机器学习技术训练采集到的员工照片，供员工打卡签到使用。

（6）考勤统计管理

使用可视化工具绘制员工的考勤数据，使用折线图统计最近两周每天到场的员工人数。

本项目的功能模块如图 10-1 所示。

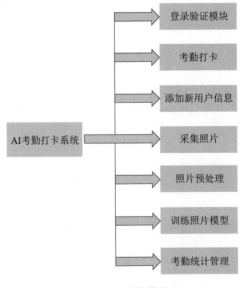

图 10-1　功能模块

10.3　系统配置

本系统是使用库 Django 实现的 Web 项目，在创建 Django Web 后会自动生成配置文件，开发者需要根据项目的需求设置这些配置文件。

10.3.1　Django 配置文件

文件 settings.py 是 Django 项目的配置文件，主要用于设置整个 Django 项目所用到的程序文件和配置信息。在本项目中，需要设置本项目使用 SQLite3 数据库的名字 db.sqlite3，并分别设置系统主页、登录页面和登录成功页面的 URL。文件 settings.py 的主要实现代码如下：

```
DATABASES = {
    'default': {
        'ENGINE': 'django.db.backends.sqlite3',
        'NAME':os.path.join(BASE_DIR, 'db.sqlite3'),
    }
}


STATIC_URL = '/static/'
CRISPY_TEMPLATE_PACK = 'bootstrap4'
LOGIN_URL = 'login'
LOGOUT_REDIRECT_URL = 'home'

LOGIN_REDIRECT_URL = 'dashboard'
```

10.3.2　路径导航文件

在 Django Web 项目中会自动创建路径导航文件 urls.py，设置整个 Web 中所有页面对应的视图模块。本实例文件 urls.py 的主要实现代码如下：

```
urlpatterns =[
    path('admin/', admin.site.urls),
        path('', recog_views.home, name = 'home'),

        path('dashboard/', recog_views.dashboard, name = 'dashboard'),
        path('train/', recog_views.train, name = 'train'),
        path('add_photos/', recog_views.add_photos, name = 'add-photos'),

path('login/', auth_views.LoginView.as_view(template_name = 'users/login.html'),
name = 'login'),

path('logout/', auth_views.LogoutView.as_view(template_name = 'recognition/home.
html'),name = 'logout'),
        path('register/', users_views.register, name = 'register'),
        path('mark_your_attendance', recog_views.mark_your_attendance ,name = 'mark
-your-attendance'),
        path('mark_your_attendance_out', recog_views.mark_your_attendance_out ,
name = 'mark-your-attendance-out'),
        path('view_attendance_home', recog_views.view_attendance_home ,name = 'view
-attendance-home'),

        path('view_attendance_date', recog_views.view_attendance_date ,name = 'view
-attendance-date'),
        path('view_attendance_employee', recog_views.view_attendance_employee ,
name = 'view-attendance-employee'),
        path('view_my_attendance', recog_views.view_my_attendance_employee_login ,
name = 'view-my-attendance-employee-login'),
        path('not_authorised', recog_views.not_authorised, name = 'not-authorised
')
    ]
```

183

10.4　用户注册和登录验证

为了提高开发效率,本项目使用库 Django 中的 django. contrib. auth 模块实现用户注册和登录验证功能。这样做的好处是减少代码编写量,节省开发时间。

10.4.1　登录验证

根据文件 urls. py 中的以下代码可知,用户登录页面对应的模板文件是 login. html,此文件提供了用户登录表单,调用 django. contrib. auth 模块验证表单中的数据是否合法。

```
path('login/',auth_views.LoginView.as_view(template_name = 'users/login.html'),
name = 'login'),
```

文件 login. html 的主要实现代码如下:

```
{% load static % }
{% loadcrispy_forms_tags % }

<! DOCTYPE html >
<html >
<head >

    <!-- Bootstrap CSS -- >
    <link rel = "stylesheet" href = "https://maxcdn.bootstrapcdn.com/bootstrap/
4.0.0/css/bootstrap.min.css" integrity = "sha384 - Gn5384xqQ1aoWXA + 058RXPxPg6fy4I
WvTNh0E263XmFcJlSAwiGgFAW/dAiS6JXm" crossorigin = "anonymous" >

    <style >
    body{
      background:url('{% static "recognition/img/bg_image.png"% }') no - repeat
center center fixed;
      background - size: cover;

    }

    </style >

</head >
<body >

<div class = "col - lg - 12" style = "background: rgba (0,0,0,0.6); max - height:
20px ; padding - top:1em; padding - bottom:3em; color: # fff; border - radius:10px; -
webkit - box - shadow: 2px 2px 15px 0px rgba (0, 3, 0, 0.7);
    - moz - box - shadow:    2px 2px 15px 0px rgba (0, 3, 0, 0.7);
    box - shadow:        2px2px 15px 0px rgba (0, 3, 0, 0.7); margin - left: auto;
margin - right: auto; " >

    <ahref = "{% url 'home' % }" > <h5 class = "text - left" > Home </h5 > </a >
</div >
```

```
    < div class = "col - lg - 4" style = "background:rgba(0,0,0,0.6);margin - top:300px
; padding - top:1em;padding - bottom:3em;color:# fff;border - radius:10px; - webkit -
box - shadow: 2px 2px 15px 0px rgba(0, 3, 0, 0.7);
    - moz - box - shadow:    2px 2px 15px 0px rgba(0, 3, 0, 0.7);
    box - shadow:        2px2px 15px 0px rgba(0, 3, 0, 0.7); margin - left:auto;
margin - right: auto; " >

    < form method = "POST" >
        {% csrf_token % }
        < fieldset class = "form - group" >
          < legend class = "border - bottom mb - 4" > Log In </legend >
          {{form|crispy}}
        </fieldset >

        < div class = "form - group" >
          < button class = "btn btn - outline - info" type = "submit" > Login! </
button >
        </div >
      </form >

  </div >
```

用户登录验证表单页面的执行效果如图 10-2 所示。

图 10-2　用户登录验证表单页面

10.4.2　添加新用户

根据文件 urls.py 中的以下代码可知,新用户注册页面对应的功能模块是 users_views.register。

```
path('register/', users_views.register, name = 'register'),
```

在文件 views.py 中,函数 register()用于获取注册表单中的注册信息,实现新用户注册功能。文件 views.py 的主要实现代码如下:

```
@login_required
def register(request):
    if request.user.username! = 'admin':
        return redirect('not - authorised')
    if request.method == 'POST':
        form = UserCreationForm(request.POST)
```

```
            if form.is_valid():
                form.save() # # # add user to database
                messages.success(request, f'Employee registered successfully! ')
                return redirect('dashboard')

        else:
            form = UserCreationForm()
        returnrender(request,'users/register.html', {'form' : form})
```

在模板文件 register. html 中提供了注册表单功能。主要实现代码如下:

```
< form method = "POST" >
    {% csrf_token % }
    < fieldset class = "form - group" >
        < legend class = "border - bottom mb - 4" > Register New Employee </
legend >
        {{form | crispy}}
    </fieldset >
    < div class = "form - group" >
        < button class = "btn btn - outline - info" type = "submit" > Register </
button >
    </div >
</ form >
</div >
```

添加新用户表单页面的执行效果如图 10-3 所示。

图 10-3　添加新用户表单页面

10.4.3　设计数据模型

在 Django Web 项目中,使用模型文件 models. py 设计项目中需要的数据库结构。因为本项目使用 django. contrib. auth 模块实现登录验证功能,所以在文件 models. py 中无须为会员用户设计数据库结构。模型文件 models. py 的主要实现代码如下:

```
from django.db import models
```

```
from django.contrib.auth.models import User

import datetime

class Present(models.Model):
    user = models.ForeignKey(User,on_delete=models.CASCADE)
    date = models.DateField(default=datetime.date.today)
    present = models.BooleanField(default=False)

class Time(models.Model):
    user = models.ForeignKey(User,on_delete=models.CASCADE)
    date = models.DateField(default=datetime.date.today)
    time = models.DateTimeField(null=True,blank=True)
    out = models.BooleanField(default=False)
```

通过上述代码设计了以下两个数据库表：
- Present：保存当前的打卡信息。
- Time：保存打卡的时间信息。

10.5 采集照片和机器学习

添加新的注册员工信息后，接下来需要采集员工的照片，然后使用 Scikit-learn 将这些照片训练为机器学习模型，为员工的考勤打卡提供人脸识别和检测功能。

10.5.1 设置采集对象

管理员用户成功登录系统后，打开后台主页 http://127.0.0.1:8000/dashboard/，执行效果如图 10-4 所示。

管理员可以在后台采集员工的照片，单击"Add Photos"上面的"＋"按钮后打开 http://127.0.0.1:8000/add_photos/，在此页面提供了如图 10-5 所示的表单，在表单中输入被采集对象的用户名。

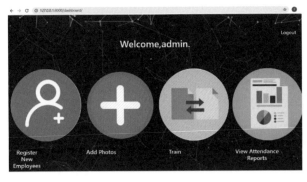

图 10-4 后台主页

图 10-5 输入被采集对象的用户名

根据文件 urls.py 中的以下代码可知，输入被采集对象用户名页面对应的视图模块是 recog_views.add_photos。

```
path('add_photos/', recog_views.add_photos, name='add-photos'),
```

在文件 views. py 中,视图函数 add_photos()的功能是获取在表单中输入的用户名,验证输入的用户名是否在数据库中存在,如果存在则继续下一步的照片采集工作。函数 add_photos()的具体实现代码如下:

```python
@login_required
def add_photos(request):
    if request.user.username! ='admin':
        return redirect('not-authorised')
    if request.method=='POST':
        form = usernameForm(request.POST)
        data = request.POST.copy()
        username = data.get('username')
        if username_present(username):
            create_dataset(username)
            messages.success(request, f'Dataset Created')
            return redirect('add-photos')
        else:
            messages.warning(request, f'No such username found. Please register employee first.')
            return redirect('dashboard')
    else:

        form = usernameForm()
        return render(request,'recognition/add_photos.html', {'form' : form})
```

文件 add_photos. html 提供了输入被采集对象用户名的表单。主要实现代码如下:

```html
< form method = "POST" >
    {% csrf_token % }
    < fieldset class = "form-group" >
      < legend class = "border-bottom mb-4" > Enter Username < /legend >
      {{form|crispy}}
    < /fieldset >

    < div class = "form-group" >
      < button class = "btn btn-outline-info" type = "submit" > Submit < /button >
    < /div >
  < /form >
< /div >
< div class = "col-lg-12" style = "padding-top: 100px;" >
{% if messages % }
    {% for message in messages% }
    < div class = "alert alert-{{message.tags}}" > {{message}}
    < /div >
    {% endfor % }

    {% endif% }
  < /div >
```

10.5.2 采集照片

在采集表单中输入用户名并单击"Submit"按钮后,打开当前计算机中的摄像头采集照片,然后采集照片中的人脸,并将这些人脸数据创建为 Dataset 文件。在文件 views. py 中,视图函数 create_dataset()的功能是将采集的照片创建为 Dataset 文件。具体实现代码如下:

```
def create_dataset(username):
    id = username
    if(os.path.exists('face_recognition_data/training_dataset/{}/'.format
(id)) == False):
        os.makedirs('face_recognition_data/training_dataset/{}/'.format(id))
    directory = 'face_recognition_data/training_dataset/{}/'.format(id)

    # 检测人脸
    print("[INFO] Loading the facial detector")
    detector = dlib.get_frontal_face_detector()
    predictor = dlib.shape_predictor('face_recognition_data/shape_predictor_68
_face_landmarks.dat')    # 向形状预测器添加路径#######稍后更改为相对路径
    fa = FaceAligner(predictor, desiredFaceWidth = 96)
    # 从摄像头捕获图像并处理和检测人脸
    # 初始化视频流
    print("[INFO] Initializing Video stream")
    vs = VideoStream(src = 0).start()
    # time.sleep(2.0) #### CHECK######

    # 识别码,我们将把 id 放在这里,并将 id 与一张脸一起存储,以便稍后我们可以识别它是谁
的脸,将我们的数据集命名计数器
    sampleNum = 0
    # 一张一张地捕捉人脸,检测出人脸并显示在窗口上
    while(True):
        # 拍摄图像,使用 vs.read 读取每一帧
        frame = vs.read()
        # 调整每个图像的大小
        frame = imutils.resize(frame, width = 800)
        # 返回的 img 是一个彩色图像,但是为了使分类器工作,我们需要一个灰度图像来转换
        gray_frame = cv2.cvtColor(frame, cv2.COLOR_BGR2GRAY)
        # 存储人脸,检测当前帧中的所有图像,并返回图像中人脸的坐标和其他一些参数以获得
准确的结果
        faces = detector(gray_frame, 0)
        # 在上面的"faces"变量中,可以有多个人脸,因此我们必须得到每个人脸,并在其周围
绘制一个矩形
        for face in faces:
            print("inside for loop")
            (x, y, w, h) = face_utils.rect_to_bb(face)

            face_aligned = fa.align(frame, gray_frame, face)
            # 每当程序捕捉到人脸时,我们都会把它写成一个文件夹
            # 在捕获人脸之前,我们需要告诉脚本它是为谁的人脸创建的,我们需要一个标识
符,这里我们称为 id
            # 所以现在抓到一张人脸后需要把它写进一个文件
            sampleNum = sampleNum + 1
            # 保存图像数据集,但只保存面部,裁剪掉其余的部分
            if face is None:
                print("face is none")
```

```
            continue

        cv2.imwrite(directory + '/' + str(sampleNum) + '.jpg', face_aligned)
        face_aligned = imutils.resize(face_aligned , width = 400)
        # cv2.imshow("Image Captured",face_aligned)
        # @params 矩形的初始点是 x,y,终点是 x 的宽度和 y 的高度
        # #@params 矩形的颜色
        # #@params 矩形的厚度
        # @params
        cv2.rectangle(frame,(x,y),(x + w,y + h),(0,255,0),1)
        # 在继续下一个循环之前,设置 50 毫秒的暂停等待键
        cv2.waitKey(50)

    # 在另一个窗口中显示图像,创建一个窗口,窗口名为"Face",图像为 img
    cv2.imshow("Add Images",frame)
    # 在关闭它之前,我们需要给出一个 wait 命令,否则 opencv 将无法工作,通过以下代码
设置延迟 1 毫秒
    cv2.waitKey(1)
    # 跳出循环
    if(sampleNum > 300):
        break

# Stoping thevideostream
vs.stop()
# 销毁所有窗口
cv2.destroyAllWindows()
```

10.5.3　训练照片模型

在创建 Dataset 文件后单击后台主页中的"Train"图表按钮,使用机器学习技术 Scikit-learn 训练 Dataset 数据集文件。根据文件 urls. py 中的以下代码可知,本项目通过 recog_views. train 模块训练 Dataset 数据集文件。

```
path('train/', recog_views.train, name = 'train'),
```

在视图文件 views. py 中,函数 predict()的功能是实现预测处理。具体实现代码如下:

```
def predict(face_aligned,svc,threshold = 0.7):
    face_encodings = np.zeros((1,128))
    try:
        x_face_locations = face_recognition.face_locations(face_aligned)
        faces_encodings = face_recognition.face_encodings(face_aligned,known_face_
locations = x_face_locations)
        if(len(faces_encodings) == 0):
            return ([ -1],[0])
    except:
        return ([ -1],[0])

    prob = svc.predict_proba(faces_encodings)
    result = np.where(prob[0] == np.amax(prob[0]))
    if(prob[0][result[0]] < = threshold):
```

```
        return ([-1],prob[0][result[0]])

    return (result[0],prob[0][result[0]])
```

在视图文件 views.py 中，函数 train() 的功能是训练数据集文件。具体实现代码如下：

```
@login_required
def train(request):
    if request.user.username! = 'admin':
        return redirect('not-authorised')
    training_dir = 'face_recognition_data/training_dataset'

    count = 0
    for person_name in os.listdir(training_dir):
        curr_directory = os.path.join(training_dir,person_name)
        if not os.path.isdir(curr_directory):
            continue
        for imagefile in image_files_in_folder(curr_directory):
            count + =1

    X = []
    y = []
    i = 0

    for person_name in os.listdir(training_dir):
        print(str(person_name))
        curr_directory = os.path.join(training_dir,person_name)
        if not os.path.isdir(curr_directory):
            continue
        for imagefile in image_files_in_folder(curr_directory):
            print(str(imagefile))
            image = cv2.imread(imagefile)
            try:
                X.append((face_recognition.face_encodings(image)[0]).tolist())

                y.append(person_name)
                i + =1
            except:
                print("removed")
                os.remove(imagefile)

    targets = np.array(y)
    encoder = LabelEncoder()
    encoder.fit(y)
    y = encoder.transform(y)
    X1 = np.array(X)
    print("shape: " + str(X1.shape))
    np.save('face_recognition_data/classes.npy', encoder.classes_)
    svc = SVC(kernel = 'linear',probability = True)
    svc.fit(X1,y)
    svc_save_path = "face_recognition_data/svc.sav"
```

```
    withopen(svc_save_path, 'wb') as f:
        pickle.dump(svc,f)
    vizualize_Data(X1,targets)
    messages.success(request, f'Training Complete.')
    return render(request,"recognition/train.html")
```

训练完毕后会可视化展示训练结果,如图10-6所示,说明本项目在目前只是采集了两名员工的照片信息。

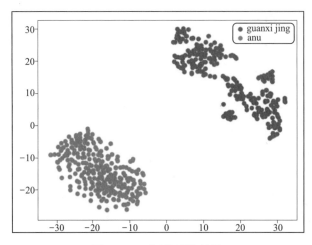

图 10-6 可视化训练结果

10.6 考勤打卡

员工登录系统主页后,可以分别实现在线上班打卡签到和下班打卡功能。在本节的内容中,将详细讲解实现考勤打卡功能的过程。

10.6.1 上班打卡签到

在系统主页单击"Mark Your Attendance-In"上面的图标链接,打开上班打卡页面 http://127.0.0.1:8000/mark_your_attendance,根据文件 urls.py 中的以下代码可知,考勤打卡页面功能是通过调用 recog_views.mark_your_attendance 模块实现的。

```
    path('mark_your_attendance', recog_views.mark_your_attendance ,name = 'mark -
your - attendance'),
```

在视图文件 views.py 中,函数 mark_your_attendance(request)的功能是采集摄像头中的人脸,根据前面训练的模型识别出是哪一名员工,然后实现考勤打卡功能,并将打卡信息添加到数据库中。函数 mark_your_attendance(request)的具体实现代码如下:

```
    def mark_your_attendance(request):
        detector = dlib.get_frontal_face_detector()
        predictor = dlib.shape_predictor('face_recognition_data/shape_predictor_68
_face_landmarks.dat')    #向形状预测器中添加路径########稍后更改为相对路径
        svc_save_path = "face_recognition_data/svc.sav"
        with open(svc_save_path, 'rb') as f:
```

```python
            svc = pickle.load(f)
        fa = FaceAligner(predictor, desiredFaceWidth = 96)
    encoder = LabelEncoder()
    encoder.classes_ = np.load('face_recognition_data/classes.npy')

    faces_encodings = np.zeros((1,128))
    no_of_faces = len(svc.predict_proba(faces_encodings)[0])
    count  = dict()
    present  = dict()
    log_time = dict()
    start  = dict()
    fori in range(no_of_faces):
        count[encoder.inverse_transform([i])[0]] = 0
        present[encoder.inverse_transform([i])[0]] = False

    vs = VideoStream(src = 0).start()
    sampleNum = 0
    while(True):
        frame = vs.read()
        frame = imutils.resize(frame, width = 800)
        gray_frame = cv2.cvtColor(frame, cv2.COLOR_BGR2GRAY)
        faces = detector(gray_frame,0)

        for face in faces:
            print("INFO : inside for loop")
            (x,y,w,h) = face_utils.rect_to_bb(face)
            face_aligned = fa.align(frame,gray_frame,face)
            cv2.rectangle(frame, (x,y), (x + w,y + h), (0,255,0),1)
            (pred,prob) = predict(face_aligned,svc)
            if(pred! = [ -1]):

                person_name = encoder.inverse_transform(np.ravel([pred]))[0]
                pred = person_name
                if count[pred] == 0:
                    start[pred] = time.time()
                    count[pred] = count.get(pred,0) + 1

                if count[pred] == 4 and (time.time() - start[pred]) > 1.2:
                     count[pred] = 0
                else:
                # if count[pred] == 4 and (time.time() - start) <  = 1.5:
                    present[pred] = True
                    log_time[pred] = datetime.datetime.now()
                    count[pred] = count.get(pred,0) + 1
                    print(pred, present[pred], count[pred])
                cv2.putText(frame, str(person_name) + str(prob), (x + 6,y + h - 6),
cv2.FONT_HERSHEY_SIMPLEX,0.5,(0,255,0),1)
            else:
                person_name = "unknown"
                cv2.putText(frame, str(person_name), (x + 6,y + h - 6), cv2.FONT_
HERSHEY_SIMPLEX,0.5,(0,255,0),1)
```

```
            # cv2.putText()
            # 在继续下一个循环之前,设置一个 50 毫秒的暂停等待键
            # cv2.waitKey(50)


        # 在另一个窗口中显示图像
        # 创建一个窗口,窗口名为"Face",图像为 img
        cv2.imshow("Mark Attendance - In - Press q to exit",frame)
            # 在关闭它之前,我们需要给出一个 wait 命令,否则 opencv 将无法工作,下面的参数#
@params 表示延迟 1 毫秒
            # cv2.waitKey(1)
            # 停止循环
            key = cv2.waitKey(50) & 0xFF
            if(key == ord("q")):
                break
    # 停止视频流
    vs.stop()

    # 销毁所有窗体
    cv2.destroyAllWindows()
    update_attendance_in_db_in(present)
    return redirect('home')
```

10.6.2 下班打卡

在系统主页单击"Mark Your Attendance-Out"上面的图标链接,打开下班打卡页面 http://127.0.0.1:8000/mark_your_attendance_out,根据文件 urls.py 中的以下代码可知,下班打卡页面功能是通过调用 recog_views.mark_your_attendance_out 模块实现的。

```
    path('mark_your_attendance_out',
    recog_views.mark_your_attendance_out ,name = 'mark - your - attendance - out'),
```

在视图文件 views.py 中,函数 mark_your_attendance_out()的功能是采集摄像头中的人脸,根据前面训练的模型识别出是哪一名员工,然后实现下班打卡功能,并将打卡信息添加到数据库中。函数 mark_your_attendance_out()的具体实现代码如下:

```
    def mark_your_attendance_out(request):
        detector = dlib.get_frontal_face_detector()
        predictor = dlib.shape_predictor('face_recognition_data/shape_predictor_68
_face_landmarks.dat')    # 向形状预测器添加路径# # # # # # #稍后更改为相对路径
        svc_save_path = "face_recognition_data/svc.sav"

        with open(svc_save_path, 'rb') as f:
                svc = pickle.load(f)
        fa = FaceAligner(predictor , desiredFaceWidth = 96)
        encoder = LabelEncoder()
        encoder.classes_ = np.load('face_recognition_data/classes.npy')

        faces_encodings = np.zeros((1,128))
        no_of_faces = len(svc.predict_proba(faces_encodings)[0])
        count = dict()
```

```
present  = dict()
log_time = dict()
start    = dict()
fori in range(no_of_faces):
    count[encoder.inverse_transform([i])[0]] = 0
    present[encoder.inverse_transform([i])[0]] = False

vs = VideoStream(src = 0).start()
sampleNum = 0
while(True):
    frame = vs.read()
    frame = imutils.resize(frame , width = 800)
    gray_frame = cv2.cvtColor(frame, cv2.COLOR_BGR2GRAY)
    faces = detector(gray_frame,0)
    for face in faces:
        print("INFO : inside for loop")
        (x,y,w,h) = face_utils.rect_to_bb(face)
        face_aligned = fa.align(frame,gray_frame,face)
        cv2.rectangle(frame, (x,y),(x + w,y + h),(0,255,0),1)

        (pred,prob) = predict(face_aligned,svc)
        if(pred! = [-1]):
            person_name = encoder.inverse_transform(np.ravel([pred]))[0]
            pred = person_name
            if count[pred] == 0:
                start[pred] = time.time()
                count[pred] = count.get(pred,0) + 1
            if count[pred] == 4 and (time.time() - start[pred]) > 1.5:
                count[pred] = 0
            else:
            # if count[pred] == 4 and (time.time() - start) < = 1.5:
                present[pred] = True
                log_time[pred] = datetime.datetime.now()
                count[pred] = count.get(pred,0) + 1
                print(pred, present[pred], count[pred])
            cv2.putText(frame,  str(person_name) +  str(prob),  (x + 6,y +
h - 6), cv2.FONT_HERSHEY_SIMPLEX,0.5,(0,255,0),1)
        else:
            person_name = "unknown"
            cv2.putText(frame,  str(person_name),  (x + 6,y + h - 6), cv2.
FONT_HERSHEY_SIMPLEX,0.5,(0,255,0),1)


    #在另一个窗口中显示图像将创建一个窗口,窗口名为"Face",图像为 img
    cv2.imshow("Mark Attendance - Out - Press q to exit",frame)
    # 在关闭它之前,我们需要给出一个 wait 命令,否则 opencv 将无法工作,下面的参数 #
@params 表示延迟 1 毫秒
    # cv2.waitKey(1)
    key = cv2.waitKey(50) & 0xFF
    if(key == ord("q")):
        break
```

```
vs.stop()

cv2.destroyAllWindows()
update_attendance_in_db_out(present)
return redirect('home')
```

10.7 可视化考勤数据

管理员登录系统后,可以在考勤统计管理页面查看员工的考勤信息。在本项目中,使用可视化工具绘制员工的考勤数据,使用折线图统计最近两周的员工考勤信息。

10.7.1 统计最近两周的考勤数据

1. 视图函数

在后台主页单击"View Attendance Reports"上面的图标链接,在打开的网页 http://127.0.0.1:8000/view_attendance_home 中可以查看员工的考勤统计信息。根据文件 urls.py 中的以下代码可知,可视化考勤数据页面的功能是通过调用 recog_views.view_attendance_home 模块实现的。

```
path('view_attendance_home', recog_views.view_attendance_home ,name='view
-attendance-home'),
```

在视图文件 views.py 中,函数 view_attendance_home()的功能是可视化展示员工的考勤信息,具体实现代码如下:

```
@login_required
defview_attendance_home(request):
    total_num_of_emp = total_number_employees()
    emp_present_today = employees_present_today()
    this_week_emp_count_vs_date()
    last_week_emp_count_vs_date()
    return render(request,"recognition/view_attendance_home.html", {'total_num
_of_emp': total_num_of_emp, 'emp_present_today': emp_present_today})
```

在上述代码中用到了以下 4 个函数:

(1)函数 total_number_employees()的功能是统计当前系统中的考勤员工信息。具体实现代码如下:

```
deftotal_number_employees():
    qs = User.objects.all()
    return (len(qs) -1)
```

(2)函数 employees_present_today()的功能是统计今日打卡的员工数量。具体实现代码如下:

```
defemployees_present_today():
    today = datetime.date.today()
    qs = Present.objects.filter(date = today).filter(present = True)
    returnlen(qs)
```

(3)函数 this_week_emp_count_vs_date()的功能是统计本周每天员工的打卡信息,并绘制可视化折线图。具体实现代码如下:

```
def this_week_emp_count_vs_date():
    today = datetime.date.today()
    some_day_last_week = today - datetime.timedelta(days = 7)
    monday_of_last_week = some_day_last_week -
datetime.timedelta(days = (some_day_last_week.isocalendar()[2] - 1))
    monday_of_this_week = monday_of_last_week + datetime.timedelta(days = 7)
    qs = Present.objects.filter(date__gte = monday_of_this_week).filter(date__
lte = today)
    str_dates = []
    emp_count = []
    str_dates_all = []
    emp_cnt_all = []
    cnt = 0

    for obj in qs:
        date = obj.date
        str_dates.append(str(date))
        qs = Present.objects.filter(date = date).filter(present = True)
        emp_count.append(len(qs))
    while(cnt < 5):
        date = str(monday_of_this_week + datetime.timedelta(days = cnt))
        cnt += 1
        str_dates_all.append(date)
        if(str_dates.count(date)) > 0:
            idx = str_dates.index(date)
            emp_cnt_all.append(emp_count[idx])
        else:
            emp_cnt_all.append(0)

    df = pd.DataFrame()
    df["date"] = str_dates_all
    df["Number of employees"] = emp_cnt_all

    sns.lineplot(data = df, x = 'date', y = 'Number of employees')
    plt.savefig('./recognition/static/recognition/img/attendance_graphs/this_
week/1.png')
    plt.close()
```

（4）函数 last_week_emp_count_vs_date() 的功能是统计上一周每天员工的打卡信息。具体实现代码如下：

```
def last_week_emp_count_vs_date():
    today = datetime.date.today()
    some_day_last_week = today - datetime.timedelta(days = 7)
    monday_of_last_week = some_day_last_week -
datetime.timedelta(days = (some_day_last_week.isocalendar()[2] - 1))
    monday_of_this_week = monday_of_last_week + datetime.timedelta(days = 7)
    qs = Present.objects.filter(date__gte = monday_of_last_week).filter(date__
lt = monday_of_this_week)
    str_dates = []
    emp_count = []
```

```
str_dates_all = []
emp_cnt_all = []
cnt = 0

for obj in qs:
    date = obj.date
    str_dates.append(str(date))
    qs = Present.objects.filter(date = date).filter(present = True)
    emp_count.append(len(qs))
while(cnt < 5):
    date = str(monday_of_last_week + datetime.timedelta(days = cnt))
    cnt += 1
    str_dates_all.append(date)
    if(str_dates.count(date)) > 0:
        idx = str_dates.index(date)
        emp_cnt_all.append(emp_count[idx])
    else:
        emp_cnt_all.append(0)
df = pd.DataFrame()
df["date"] = str_dates_all
df["emp_count"] = emp_cnt_all

sns.lineplot(data = df, x = 'date', y = 'emp_count')
plt.savefig('./recognition/static/recognition/img/attendance_graphs/last_
week/1.png')
plt.close()
```

2. 模板文件

编写模板文件 view_attendance_home. html,其功能是调用上面的视图函数使用曲线图可视化展示最近两周的员工考勤数据。主要实现代码如下:

```
< div class = "collapse navbar - collapse" id = "navbarNav" >
  < ul class = "navbar - nav" >

    < li class = "nav - item active" >
      < a   class = "nav - link"  href = "{% url   'view - attendance - employee'
% }" > By Employee </a >
    </li >
      < li class = "nav - item active" >
      < a class = "nav - link"  href = "{%  url 'view - attendance - date' % }" > By
Date </a >
    </li >
      < li class = "nav - item active" style = "padding - left: 1440px" >
      < a class = "nav - link"href = "{%  url 'dashboard' % }" > Back to Admin
Panel </a >
    </li >
  </ul >
  </div >
</nav >
```

```html
    < div class = "card" style = "margin - top: 2em; margin - left: 2em; margin -
right: 2em; margin - bottom: 2em;" >
        < div class = "card - body" >
    < h2 > Today's Statistics </h2 >
        < div class = "row" style = "margin - left: 12em" >
    < div class = "card" style = "width: 20em; background - color: # 338044; text -
align : center; margin - left: 5em; margin - top: 5em; color: white;" >
        < div class = "card - body" >
        < h5 class = "card - title" > < b > Total NumberOf Employees </b > </h5 >
        < p  class = "card - text"  style = "padding - top:  1em;  font - size:
28px;" > < b >{{total_num_of_emp }} </b > </p >
        </div >
    </div >
    < div class = "card" style = "width:  20em;  background - color:  # 80335b; text
- align : center; margin - left: 5em; margin - top: 5em; color: white;" >
        < div class = "card - body" >
        < h5 class = "card - title" > < b > Employees present today </b > </h5 >
        < p  class = "card - text"  style = "padding - top:  1em;  font - size:
28px;" > < b > {{emp_present_today }} </b > </p >
        </div >
    </div >


    </div >
    </div >
    </div >


    < div class = "card" style = "margin - top: 2em; margin - left: 2em; margin -
right: 2em; margin - bottom: 2em;" >
        < div class = "card - body" >
    < div class = "row" >
    < div class = "col - md - 6" >
    < h2 > Last Week </h2 >
        < div class = "card" style = "width: 50em;" >
    < img  class = "card - img - top"  src = "{%  static 'recognition/img/
attendance_graphs/last_week/1.png'% }" alt = "Card image cap" >
    < div class = "card - body" >
        < p class = "card - text" style = "text - align: center;" >Number of employees
present each day </p >
    </div >
    </div >

    </div >
    < div class = "col - md - 6" >
    < h2 > This Week </h2 >
    < div class = "card" style = "width: 50em;" >
    < img  class = "card - img - top"  src = "{%  static 'recognition/img/
attendance_graphs/this_week/1.png'% }" alt = "Card image cap" >
    < div class = "card - body" >
        < p class = "card - text" style = "text - align: center;" >Number of employees
present each day </p >
    </div >
    </div >
```

员工考勤数据可视化页面的执行效果如图 10-7 所示。

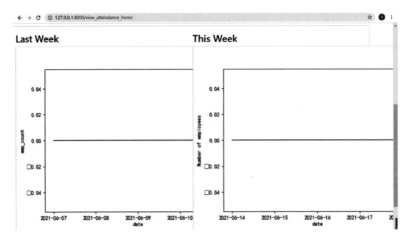

图 10-7　员工考勤数据可视化页面

10.7.2　查看本人指定时间范围内的考勤统计图

1. 视图函数

普通员工登录系统后，单击"View My Attendance"上面的图标链接，打开 http://127.0.0.1:8000/view_my_attendance 页面，如图 10-8 所示。

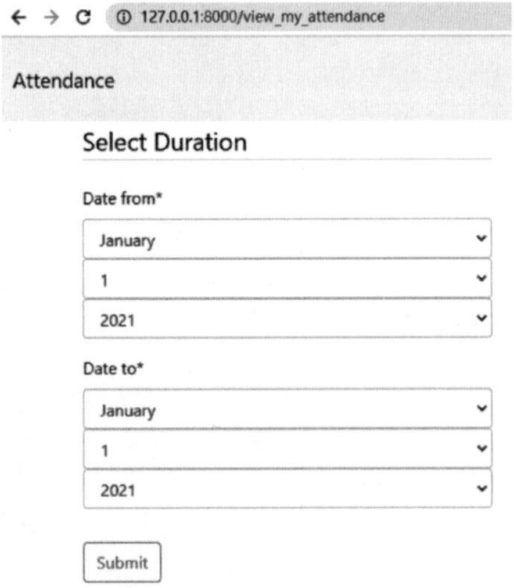

图 10-8　选择时间范围

在此页面中可以查看指定员工在指定时间段内的考勤统计图信息。根据文件 urls.py 中的以下代码可知，查看本人指定时间范围内的考勤数据的功能是通过调用 recog_views.view_my_attendance_employee_login 模块实现的。

```
    path('view_my_attendance',
recog_views.view_my_attendance_employee_login    ,name = 'view - my - attendance -
employee - login'),
```

在视图文件 views. py 中,函数 view_my_attendance_employee_login()的功能是可视化展示本人在指定时间段内的考勤信息。具体实现代码如下:

```
@login_required
def view_my_attendance_employee_login(request):
    if request.user.username == 'admin':
        return redirect('not-authorised')
    qs = None
    time_qs = None
    present_qs = None
    if request.method == 'POST':
        form = DateForm_2(request.POST)
        if form.is_valid():
            u = request.user
            time_qs = Time.objects.filter(user = u)
            present_qs = Present.objects.filter(user = u)
            date_from = form.cleaned_data.get('date_from')
            date_to = form.cleaned_data.get('date_to')
            if date_to < date_from:
                    messages.warning(request, f'Invalid date selection.')
                    return redirect('view-my-attendance-employee-login')
            else:
        time_qs = time_qs.filter(date__gte = date_from).filter(date__lte = date_to).
order_by('-date')

        present_qs = present_qs.filter(date__gte = date_from).filter(date__lte =
date_to).order_by('-date')

                    if (len(time_qs) >0 or len(present_qs) >0):

        qs = hours_vs_date_given_employee(present_qs,time_qs,admin = False)
                            return
render(request,'recognition/view_my_attendance_employee_login.html',  {'form'
: form, 'qs' :qs})
                    else:
                            messages.warning(request,  f'No  records  for
selected duration.')
                            return redirect('view-my-attendance-employee-login')
    else:
            form = DateForm_2()
            return
render(request,'recognition/view_my_attendance_employee_login.html',  {'form'
: form, 'qs' :qs})
```

在上述代码中,调用函数 hours_vs_date_given_employee()绘制在指定时间段内的考勤统计图。具体实现代码如下:

```
def hours_vs_date_given_employee(present_qs,time_qs,admin = True):
    register_matplotlib_converters()
    df_hours = []
    df_break_hours = []
```

```
        qs = present_qs
        for obj in qs:
            date = obj.date
            times_in = time_qs.filter(date = date).filter(out = False).order_by('time')
            times_out = time_qs.filter(date = date).filter(out = True).order_by('time')
            times_all = time_qs.filter(date = date).order_by('time')
            obj.time_in = None
            obj.time_out = None
            obj.hours = 0
            obj.break_hours = 0
            if (len(times_in) > 0):
                obj.time_in = times_in.first().time
            if (len(times_out) > 0):
                obj.time_out = times_out.last().time
            if(obj.time_in is not None and obj.time_out is not None):
                ti = obj.time_in
                to = obj.time_out
                hours = ((to - ti).total_seconds())/3600
                obj.hours = hours
            else:
                obj.hours = 0
            (check, break_hourss) = check_validity_times(times_all)
            if check:
                obj.break_hours = break_hourss

            else:
                obj.break_hours = 0
            df_hours.append(obj.hours)
            df_break_hours.append(obj.break_hours)
            obj.hours = convert_hours_to_hours_mins(obj.hours)
            obj.break_hours = convert_hours_to_hours_mins(obj.break_hours)
        df = read_frame(qs)
        df["hours"] = df_hours
        df["break_hours"] = df_break_hours

        print(df)
        sns.barplot(data = df, x = 'date', y = 'hours')
        plt.xticks(rotation = 'vertical')
        rcParams.update({'figure.autolayout': True})
        plt.tight_layout()
        if(admin):

            plt.savefig('./recognition/static/recognition/img/attendance_graphs/
hours_vs_date/1.png')
            plt.close()
        else:

            plt.savefig('./recognition/static/recognition/img/attendance_graphs/
employee_login/1.png')
            plt.close()
        returnqs
```

在上述代码中,如果当前登录用户是管理员,则绘制在指定时间段内本人每天的上班时间。如果当前登录用户不是管理员,而是普通员工,则绘制本人在这个时间段内的考勤统计图,如图 10-9 所示。

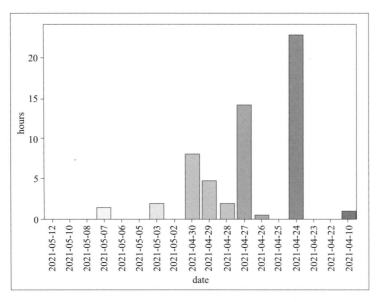

图 10-9　统计在指定时间段内的考勤信息

2. 模板文件

编写模板文件 view_attendance_date. html,其功能是创建选择时间段的表单页面。主要实现代码如下:

```
< nav class = "navbar navbar - expand - lg navbar - lightbg - light" >
    < a   class = "navbar - brand"  href = "{% url  'view - attendance - home'  % }"
> Attendance Dashboard < /a >
    < button   class = "navbar - toggler"   type = "button"   data - toggle = "
collapse" data - target = "# navbarNav" aria - controls = "navbarNav"  aria - expanded
= "false"   aria - label = "Toggle navigation" >
    < span class = "navbar - toggler - icon" > < /span >
    < /button >
< div class = "collapse navbar - collapse" id = "navbarNav" >
    < ul class = "navbar - nav" >

    < li class = "nav - item active" >
        < a   class = "nav - link"  href = "{% url   'view - attendance - employee'
% }" > By Employee < /a >
    < /li >
    < li class = "nav - item active" >
    < a class = "nav - link"href = "{% url 'view - attendance - date' % }" > By
Date < /a >
    < /li >
    < li class = "nav - item active" style = "padding - left: 1440px" >
    < a class = "nav - link"href = "{% url 'dashboard' % }" > Back to Admin
Panel < /a >
```

```
    </li>

      </ul>
    </div>
  </nav>


  <div class = "container">
    <div style = "width: 400px">
  <form method = "POST">
      {% csrf_token % }
      <fieldset class = "form - group">
        <legend class = "border - bottom mb - 4"> Select Date </legend>
        {{form |crispy}}
      </fieldset>
      <div class = "form - group">
        <button  class = "btn  btn - outline - info"  type = "submit"  value = "
Create"> Submit </button>
      </div>
    </form>
  </div>
  {% if qs % }
  <table  class = "table"  style = "margin - top: 5em;   ">
    <thead class = "thead - dark">
    <tr>
        <th scope = "col"> Date </th>
        <th scope = "col" >Employee </th>
        <th scope = "col"> Present </th>
        <th scope = "col"> Time in </th>
        <th scope = "col"> Time out </th>
        <th scope = "col"> Hours </th>
        <th scope = "col"> Break Hours </th>
    </tr>
  </thead>
  <tbody>
    {% for item in qs % }
    <tr>
        <td>{{ item.date }} </td>
        <td>{{ item.user.username}} </td>
    {% if item.present % }
      <td> P </td>
      {% else % }
      <td> A </td>
      {% endif % }
      {% ifitem.time_in % }
      <td>{{ item.time_in }} </td>
    {% else % }
    <td>  -  </td>
    {% endif % }
      {% ifitem.time_out % }
      <td>{{ item.time_out }} </td>
    {% else % }
```

```
      <td> - </td>
      {% endif % }
         <td> {{item.hours}}</td>
         <td> {{item.break_hours}}</td>
   </tr>
      {% endfor % }
</tbody>
</table>
```

10.7.3　查看某员工在指定时间范围内的考勤统计图

1. 视图函数

管理员登录系统后,输入 URL 链接 http://127.0.0.1:8000/view_attendance_employee,如图 10-10 所示。在此页面中输入员工的名字和时间段,单击"Submit"按钮后可以查看这名员工在指定时间段内的考勤信息。

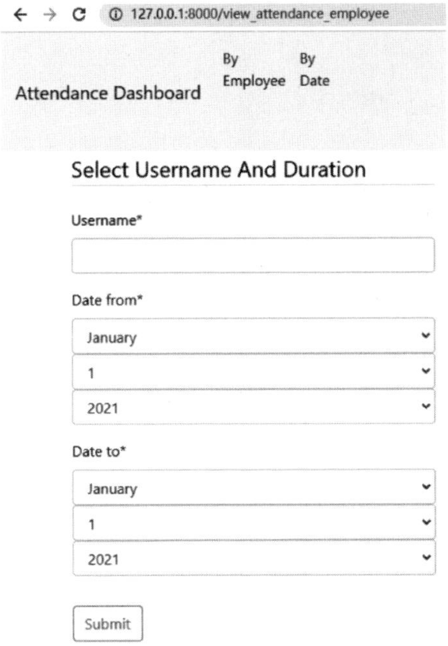

图 10-10　选择时间范围

在此页面中可以查看指定员工在指定时间段内的考勤统计图信息。根据文件 urls.py 中的以下代码可知,查看某员工在指定时间范围内的考勤统计图的功能是通过调用 recog_views.view _attendance_employee 模块实现的。

```
    path('view_attendance_employee',
recog_views.view_attendance_employee ,name = 'view - attendance - employee'),
```

在视图文件 views.py 中,函数 view_attendance_employee()的功能是可视化展示指定员工在指定时间段内的考勤信息。具体实现代码如下:

```
@login_required
def view_attendance_employee(request):
```

```
    if request.user.username! = 'admin':
        return redirect('not - authorised')
time_qs = None
present_qs = None
qs = None

if request.method = = 'POST':
    form = UsernameAndDateForm(request.POST)
    if form.is_valid():
        username = form.cleaned_data.get('username')
        if username_present(username):
            u = User.objects.get(username = username)
            time_qs = Time.objects.filter(user = u)
            present_qs = Present.objects.filter(user = u)
            date_from = form.cleaned_data.get('date_from')
            date_to = form.cleaned_data.get('date_to')
            if date_to < date_from:
                messages.warning(request, f'Invalid date selection.')
                return redirect('view - attendance - employee')
            else:

time_qs = time_qs.filter(date__gte = date_from).filter(date__lte = date_to).
order_by(' - date')

    present_qs = present_qs.filter(date__gte = date_from).filter(date__lte =
date_to).order_by(' - date')

                    if (len(time_qs) > 0 or len(present_qs) > 0):

    qs = hours_vs_date_given_employee(present_qs, time_qs, admin = True)
                        return
render(request, 'recognition/view_attendance_employee.html',  {'form' : form,
'qs' :qs})
                    else:
                        # print("inside qs is None")
                            messages. warning(request,  f'No  records  for
selected duration.')
                        return redirect('view - attendance - employee')

        else:
            print("invalid username")
            messages.warning(request, f'No such username found.')
            return redirect('view - attendance - employee')
    else:
        form = UsernameAndDateForm()
        return  render(request, 'recognition/view_attendance_employee.html',
{'form' : form, 'qs' :qs})
```

在上述代码中,也需要使用前面介绍的视图函数 hours_vs_date_given_employee()绘制柱状考勤统计图。

2. 模板文件

编写模板文件 view_attendance_employee. html,其功能是创建设置员工用户名和选择时间段的表单页面。主要实现代码如下:

```html
<body>
    <nav class = "navbar navbar - expand - lg navbar - light bg - light" >
    <a    class = "navbar - brand"   href = "{% url    'view - attendance - home'   % }"
>Attendance Dashboard </a >
    <button    class = "navbar - toggler"   type = "button"    data - toggle = "
collapse" data - target = "# navbarNav" aria - controls = "navbarNav"   aria - expanded
= "false"   aria - label = "Toggle navigation" >
        <span class = "navbar - toggler - icon" > </span >
    </button >
    <div class = "collapse navbar - collapse" id = "navbarNav" >
      <ul class = "navbar - nav" >

        <li class = "nav - item active" >
          <a    class = "nav - link"   href = "{% url    'view - attendance - employee'
% }" >By Employee </a >
        </li >
          <li class = "nav - item active" >
          <a class = "nav - link"href = "{% url 'view - attendance - date' % }" >By
Date </a >
        </li >
          <li class = "nav - item active" style = "padding - left: 1440px" >
          <a class = "nav - link"href = "{% url 'dashboard' % }" >Back to Admin
Panel </a >
        </li >

      </ul >
    </div >
  </nav >


  <div class = "container" >
    <div style = "width:400px;" >

  <form method = "POST" >
      {% csrf_token % }
      <fieldset class = "form - group" >
        <legend class = "border - bottom mb - 4" > Select UsernameAnd Duration </
legend >
        {{form | crispy}}
      </fieldset >

      <div class = "form - group" >
        <button class = "btn btn - outline - info" type = "submit" > Submit </
button >
      </div >
    </form >

  </div >

  {% ifqs% }
  <table class = "table"   style = "margin - top: 5em;" >
    <thead class = "thead - dark" >
    <tr >
```

```html
            <th scope = "col" > Date </th>

            <th scope = "col" >Employee </th>
            <th scope = "col" >Present </th>
            <th scope = "col" >Time in </th>
            <th scope = "col" >Time out </th>
             <th scope = "col" >Hours </th>
              <th scope = "col" > Break Hours </th>
       </tr>
  </thead>
  <tbody>
     {% for item in qs % }
     <tr>
           <td>{{ item.date }} </td>
          <td>{{ item.user.username}} </td>

          {% ifitem.present % }
          <td> P </td>
          {% else % }
          <td> A </td>
          {% endif % }
          {% ifitem.time_in % }
          <td>{{ item.time_in }} </td>
         {% else % }
         <td> - </td>
          {% endif % }
           {% ifitem.time_out % }
          <td>{{ item.time_out }} </td>
         {% else % }
         <td> - </td>
          {% endif % }
          <td> {{item.hours}} </td>
             <td> {{item.break_hours}} </td>
      </tr>
     {% endfor % }
  </tbody>
  </table>

  <div class = "card" style = " margin-top: 5em; margin-bottom: 10em;" >
     <img   class = "card-img-top"   src = "{%   static 'recognition/img/
attendance_graphs/hours_vs_date/1.png'% }" alt = "Card image cap" >
     <div class = "card-body" >
       <p class = "card-text" style = "text-align: center;" > Number of hours
worked eachday. </p>
     </div>
  </div>
  {% endif % }
  {% if messages % }
      {% for message in messages% }
      <div class = "alert alert-{{message.tags}}" > {{message}}
      </div>
      {% endfor % }
    {% endif% }
```

第 11 章　开发 AI 智能问答系统

本章通过一个综合实例详细讲解 TensorFlow 技术在智能问答系统中的具体应用。本项目使用预先训练的模型根据给定段落的内容回答问题,该模型可用于构建用自然语言回答用户问题的系统。

11.1　技术架构介绍

在本项目中使用 SQuAD 2.0 数据集构建了一个可以用自然语言回答用户问题的系统,然后使用 BERT 的压缩版本模型 MobileBERT 进行处理。

11.1.1　SQuAD 2.0

SQuAD 2.0 即斯坦福问答数据集,是一个阅读理解文章的数据集,由维基百科的文章和每篇文章的一组问答对组成。是自然语言处理界最重量级的数据集之一,该数据集展现了斯坦福大学要做一个自然语言处理 ImageNet 的野心。SQuAD 2.0 很有可能成为自然语言学术界未来至少一年内最流行的数据集。神经学习模型可以很容易地在该数据集上做出好的成绩,可以让自己的文章加分不少,被顶会录取的概率会大大增加。如果读者想发顶会,且目前没有明确的研究方向,那么刷这个数据集是一条很好的道路。

同时,SQuAD 2.0 数据集也会为工业界做出贡献,意图构建一个类似“ImageNet”的测试集合,会实时在 leaderboard 上显示分数,该数据集有以下优势:

(1)测试出真正的好算法:尤其对于工业界,该数据集十分值得关注,因为可以告诉大家现在各个算法在“阅读理解”或者说“自动问答”这个任务上的排名。可以光看分数排名,就知道世界上哪个算法最好,不会再怀疑是作者作假了还是实现的不对。

(2)提供阅读理解大规模数据集的机会:由于之前的阅读理解数据集规模太小或者十分简单,用一个普通的深度学习算法就可以达到90%的准确度,所以并不能很好地体现不同算法优劣。

纵使 SQuAD 2.0 不会像 ImageNet 有那么大的影响力,但绝对会在接下来的几年内对自动问答领域产生深远的影响,并且是各大巨头在自动问答这个领域上的兵家必争之地(IBM 已经开始了)。

11.1.2　BERT

Google 在论文 *BERT*:*Pre-training of Deep Bidirectional Transformers for Language Understanding* 中提出了 BERT 模型,BERT 模型主要利用 Transformer 的 Encoder 结构,采用最原始的 Transformer。总的来说,BERT 具有以下特点。

- 结构:采用 Transformer 的 Encoder 结构,但是模型结构比 Transformer 要深。Transformer Encoder 包括 6 个 Encoder block,BERT-base 模型包括 12 个 Encoder block,BERT-large 包括 24 个 Encoder block。
- 训练:训练主要分为预训练阶段和 Fine-tuning 阶段。预训练阶段与 Word2Vec、ELMo 等类似,是在大型数据集上根据一些预训练任务训练得到的。Fine-tuning 阶段是后续用于一些下游任务时进行微调,如文本分类、词性标注和问答系统等,BERT 无须调整结构就可以在不同的任务上进行微调。

- 预训练任务 1:BERT 的第一个预训练任务是 Masked LM,在句子中随机遮盖一部分单词,然后同时利用上下文的信息预测遮盖的单词,这样可以更好地根据全文理解单词的意思。Masked LM 是 BERT 的重点,和 biLSTM 预测方法是有区别的,后续会讲到。
- 预训练任务 2:BERT 的第二个预训练任务是 Next Sentence Prediction(NSP),下一句预测任务,该任务主要是让模型能够更好地理解句子间的关系。

11.1.3 知识蒸馏

本章实例使用的神经网络模型是 BERT 的压缩版本 MobileBERT,和前者相比,压缩后的 MobileBERT 运行速度提高了 4 倍,模型尺寸缩小了 4 倍。本项目之所以采用压缩版的 MobileBERT,目的是提高速度和时间,如果更深入地说,是使用了知识蒸馏技术。

近年来,神经模型在几乎所有领域都取得了成功,包括极端复杂的问题。然而,这些模型的体积巨大,有数百万(甚至数十亿)个参数,因此不能部署在边缘设备上。

知识蒸馏是指模型压缩思想,通过一步一步地使用一个较大的已经训练好的网络(教师网络)去教导一个较小的网络(学生网络)确切地去做什么。通过尝试复制大网络在每一层的输出(不仅仅是最终的损失),小网络被训练以学习大网络的准确行为。

深度学习在计算机视觉、语音识别、自然语言处理等众多领域取得了令人难以置信的成绩。然而,这些模型中的大多数在移动电话或嵌入式设备上运行的计算成本太过昂贵。显然,模型越复杂,理论搜索空间越大。但是,如果假设较小的网络也能实现相同(甚至相似)的收敛,那么教师网络的收敛空间应该与学生网络的解空间重叠。

但是,仅凭这一点并不能保证学生网络收敛在同一点。学生网络的收敛点可能与教师网络有很大的不同。如果引导学生网络复制教师网络的行为(教师网络已经在更大的解空间中进行了搜索),则其预期收敛空间会与原有的教师网络收敛空间重叠。

知识蒸馏模式下的"教师学生网络"到底如何工作呢? 基本流程如下:

(1)训练教师网络:首先使用完整数据集分别对高度复杂的教师网络进行训练,这个步骤需要高计算性能,因此只能离线(在高性能 gpu 上)完成。

(2)构建对应关系:在设计学生网络时,需要建立学生网络的中间输出与教师网络的对应关系。这种对应关系可以直接将教师网络中某一层的输出信息传递给学生网络,或者在传递给学生网络之前进行一些数据增强。

(3)通过教师网络正向传播:教师网络正向传播数据以获得所有中间输出,然后对其应用数据增强(如果有的话)。

(4)通过学生网络反向传播:现在利用教师网络的输出和学生网络中反向传播误差的对应关系,使学生网络能够学会复制教师网络的行为。

随着 NLP 模型的大小增加到数千亿个参数,创建这些模型更紧凑表示的重要性也随之增加。知识蒸馏成功地实现了这一点,在一个例子中,教师模型性能的 96% 保留在一个小 7 倍的模型中。然而,在设计教师模型时,知识的提炼仍然被认为是事后考虑的事情,这可能会降低效率,把潜在的性能改进留给学生。

此外,在最初的提炼后对小型学生模型进行微调,而不降低它们的表现是困难的,这要求我们对教师模型进行预训练和微调,让它们完成我们希望学生能够完成的任务。因此,与只训练教师模型相比,通过知识蒸馏训练学生模型将需要更多的训练,这在推理时限制了学生模型的优点。

知识蒸馏 MobileBERT 的结构如图 11-1 所示。

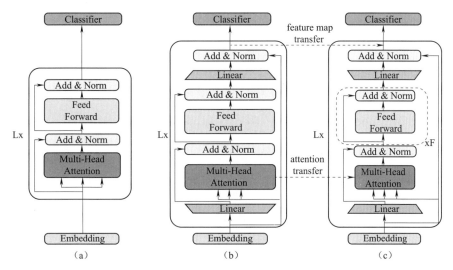

图 11-1 知识蒸馏 MobileBERT 的结构

在图 11-1 所示的 MobileBERT 结构中,(a)表示 BERT,(b)表示 MobileBERT 教师,(c)表示 MobileBERT 学生。用"Linear"标记的梯形称为 bottleneck 层,表示模型中的瓶颈层或瓶颈结构。

1. 线性层

知识蒸馏要求我们比较老师和学生的表示,以便将它们之间的差异最小化。当两个矩阵或向量维数相同时,这是很直接的。因此,MobileBERT 在 transformer 块中引入一个 bottleneck 层。这让学生和老师的输入在大小上是相等的,而它们的内部表示可以不同。这些 bottleneck 在图 11-1 中用"Linear"标记为梯形。在本例中,共享维度为 512,而教师和学生的内部表示大小分别为 1 024 和 128。这使得我们可以使用 BERT-large(340 MB)等效模型来训练一个 25 MB 的学生。

此外,由于两个模型的每个 transformer 块的输入和输出尺寸是相同的,因此可以通过简单的复制将嵌入参数和分类器参数从教师传递给学生!

2. 多头注意力

细心的读者会注意到,多头注意块(MHA)的输入不是先前线性投影的输出。相反,使用初始输入。该设计选择没有任何动机,只能让我们去推测。笔者相信其原因是它所允许的自由度增加了。基本上,将迫使模型处理信息的方式分离为两个单独的流,一个流入 MHA 块,另一个作为跳跃连接(使用线性投影的输出并不会因为初始的线性变换而改变 MHA 块的行为,这也是很容易说服自己的)。

3. 堆叠 FFN

为了在这个小的学生模型中实现足够大的容量,笔者引入了 stacked FFN,如图 11-1(c)中学生模型概述中的虚线框所示。stacked FFN 只是简单地将 Feed Forward + Add & Norm blocks 块重复了 4 次,选择这一方式得到 MHA 和 FFN block 之间良好的参数比例。通过消融实验(ablation study)的研究表明,当该比值在 0.4 ~ 0.6 内时,性能最佳。

4. 操作优化

由于其目标之一是在资源有限的设备上实现快速推理,因此笔者确定了他们的架构可以进一步改进的两个方面：

- 把 smooth GeLU 的激活函数更换为 ReLU；
- 将 normalization 操作转换为 element-wise 的线性变换。

5. 建议知识蒸馏目标

为了实现教师和学生之间的知识转移，笔者在模型的三个阶段进行了知识蒸馏。

- 特征图迁移：允许学生模仿老师在每个 transformer 层的输出。在图 11-1 中，它表示为模型输出之间的虚线箭头。
- 注意力图迁移：这让老师在不同层次上关注学生，这也是我们希望学生学习的另一个重要属性。这是通过最小化每一层和头部的注意力分布（KL 散度）之间的差异而实现的。
- 预训练蒸馏：也可以在预训练中使用蒸馏，通过组合 Masked 语言建模和下一个句子预测任务的线性组合。

有了这些目标后，就有了不止一种方法进行知识提炼。在此提出以下三种备选方案：

- 辅助知识迁移：分层的知识迁移目标与主要目标（Masked 语言建模和下一句预测）一起最小化。这可以被认为是最简单的方法。
- 联合知识迁移：不要试图一次完成所有的目标，可以将知识提炼和预训练分为两个阶段。首先对所有分层知识蒸馏损失进行训练直到收敛，然后根据预训练的目标进行进一步训练。
- 进一步的知识转移：两步法还可以更进一步。如果所有层同时进行训练，早期层没有很好的最小化的错误将会传播并影响以后层的训练。因此，最好是一次训练一层，同时冻结或降低前一层的学习速度。

研究发现，通过渐进式知识转移，训练这些不同的 MobileBERT 是最有效的，其效果始终显著优于其他两个。最终的实验证明：MobileBERT 在 transformer 模块中引入了 bottlenecks，这使得可以更容易地将知识从大尺寸的教师模型中提取到小尺寸的学生模型中。这种技术允许我们减少学生的宽度，而不是深度，这是已知的，以产生一个更有能力的模型。该模型强调了这样一个事实，它可以创建一个学生模型，它本身可以在最初的蒸馏过程后进行微调。

11.2　具体实现

本项目将使用 TensorFlow.js 设计一个网页，在网页中有一篇文章。利用 SQuAD 2.0 数据集和神经模型 MobileBERT 学习文章中的知识在表单中提问和文章内容有关的问题，系统会自动回答这个问题。

11.2.1　编写 HTML 文件

编写 HTML 文件 index.html，在上方文本框中显示介绍尼古拉·特斯拉的一篇文章信息，在下方文本框输入一个和文章内容相关的问题，单击"search"按钮后会自动输出显示这个问题的答案。文件 index.html 的具体实现代码如下：

```
<! doctype html >
<html >
<head >
  <meta http - equiv = "Content - Type" content = "text/html; charset = UTF - 8" >
  <script src = "./index.js" > </script >
</head >

<body >
```

```
<div>
    <h3>Context (you can paste your own content in the text area)</h3>
    <textarea id='context' rows="30" cols="120">Nikola Tesla (/'tɛslə/;[2]
Serbo-Croatian: [nǐkola têsla]; Serbian Cyrillic: Никола Тесла;[a] 10
    July 1856 - 7 January 1943) was a Serbian-American[4][5][6] inventor,
electrical engineer, mechanical engineer,
    and futurist who is best known for his contributions to the design of the
modern alternating current (AC)
    electricity supply system.[7] <br/>

    Born and raised in the Austrian Empire, Tesla studied engineering and
physics in the 1870s without receiving a
    degree, and gained practical experience in the early 1880s working in
telephony and at Continental Edison in the
    new electric power industry. He emigrated in 1884 to the United States,
where he would become a naturalized
    citizen. He worked for a short time at the Edison Machine Works in New York
City before he struck out on his own.
    With the help of partners to finance and market his ideas, Tesla set up
laboratories and companies in New York to
    develop a range of electrical and mechanical devices. His alternating
current (AC) induction motor and related
    polyphase AC patents, licensed by Westinghouse Electric in 1888, earned him
a considerable amount of money and
    became the cornerstone of the polyphase system which that company would
eventuallymarket. <br/>

    Attempting to develop inventions he could patent and market, Tesla
conducted a range of experiments with
    mechanical oscillators/generators, electrical discharge tubes, and early
X-ray imaging. He also built a
    wireless-controlled boat, one of the first ever exhibited. Tesla became
well known as an inventor and would
    demonstrate his achievements to celebrities and wealthy patrons at his lab,
and was noted for his showmanship at
    public lectures. Throughout the 1890s, Tesla pursued his ideas for wireless
lighting and worldwide wireless
    electric power distribution in his high-voltage, high-frequency power
experiments in New York and Colorado
    Springs. In 1893, he made pronouncements on the possibility of wireless
communication with his devices. Tesla
    tried to put these ideas to practical use in his unfinished Wardenclyffe
Tower project, an intercontinental
    wireless communication and power transmitter, but ran out of funding before
he could complete it.[8] <br/>

    AfterWardenclyffe, Tesla experimented with a series of inventions in the
1910s and 1920s with varying degrees of
    success. Having spent most of his money, Tesla lived in a series of New York
hotels, leaving behind unpaid bills.
```

```
        He died in New York City in January 1943.[9] Tesla's work fell into relative
obscurity following his death, until
        1960, when the General Conference on Weights and Measures named the SI unit
of magnetic flux density the tesla in
        his honor.[10] There has been a resurgence in popular interest in Tesla
since the 1990s.[11] </textarea >
        <h3 >Question </h3 >
        < input type = text id = "question" >  < button id = "search" > Search </
button >
        <h3 >Answers </h3 >
        <div id = 'answer' > </div >
    </div >
    </body >
    </html >
```

11.2.2　脚本处理

当用户单击"search"按钮后会调用脚本文件 index.js,其功能是获取用户在文本框中输入的问题,然后调用神经网络模型回答这个问题。文件 index.js 的具体实现代码如下:

```
import *  asqna from '@tensorflow - models/qna';
import '@tensorflow/tfjs - core';
import '@tensorflow/tfjs - backend - cpu';
import '@tensorflow/tfjs - backend - webgl';

letmodelPromise = {};
let search;
let input;
letcontextDiv;
letanswerDiv;

const process = async () => {
  const model = awaitmodelPromise;
  const answers = awaitmodel.findAnswers(input.value, contextDiv.value);
  console.log(answers);
  answerDiv.innerHTML =
      answers.map(answer => answer.text + ' (score =' + answer.score + ')')
         .join(' <br >');
};

window.onload = () => {
  modelPromise = qna.load();
  input = document.getElementById('question');
  search = document.getElementById('search');
  contextDiv = document.getElementById('context');
  answerDiv = document.getElementById('answer');
  search.onclick = process;

  input.addEventListener('keyup', async (event) => {
    if (event.key === 'Enter') {
```

```
      process();
    }
  });
};
```

在上述代码中，使用 addEventListener 监听用户输入的问题，然后调用函数 model.
findAnswers()回答问题。

11.2.3　加载训练模型

在文件 question_and_answer.ts 中加载神经网络模型 MobileBERT，具体实现流程如下：

（1）首先设置输入参数和大小长度。代码如下：

```
const MODEL_URL = 'https://tfhub.dev/tensorflow/tfjs-model/mobilebert/1';
const INPUT_SIZE = 384;
const MAX_ANSWER_LEN = 32;
const MAX_QUERY_LEN = 64;
const MAX_SEQ_LEN = 384;
const PREDICT_ANSWER_NUM = 5;
const OUTPUT_OFFSET = 1;
const NO_ANSWER_THRESHOLD = 4.3980759382247925;
```

在上述代码中，NO_ANSWER_THRESHOLD 是确定问题是否与上下文无关的阈值，该值是
由训练 SQuAD 2.0 数据集的数据生成的。

（2）创建加载模型 MobileBert 的接口 ModelConfig，代码如下：

```
export interfaceModelConfig {
  /**
   * 指定模型的自定义 url 的可选字符串,这对无法访问模型托管 URL 的地区/国家/地区很有用
.
   */
  modelUrl: string;
  /**
   * 是否是来自 tfhub 的 URL
   */
  fromTFHub?: boolean;
}
```

11.2.4　查询处理

编写函数 process()实现检索处理，获取用户在表单中输入的问题，然后检索文章中的所有内
容。为了确保问题的完整性，如果用户没有在问题最后输入问号，会自动添加一个问号。代码
如下：

```
private process(
    query: string, context: string,maxQueryLen: number, maxSeqLen: number,
    docStride=128): Feature[] {
  //始终在查询末尾添加问号.
  query =query.replace(/\? /g, '');
  query =query.trim();
  query =query + '? ';
```

```javascript
const queryTokens = this.tokenizer.tokenize(query);
if (queryTokens.length > maxQueryLen) {
  throw new Error(
      'The length of question token exceeds the limit (${maxQueryLen}).');
}

const origTokens = this.tokenizer.processInput(context.trim());
const tokenToOrigIndex: number[] = [];
const allDocTokens: number[] = [];
for (leti = 0; i < origTokens.length; i + +) {
  const token = origTokens[i].text;
  const subTokens = this.tokenizer.tokenize(token);
  for (let j = 0; j < subTokens.length; j + +) {
    const subToken = subTokens[j];
    tokenToOrigIndex.push(i);
    allDocTokens.push(subToken);
  }
}
// 3 个选项: [CLS], [SEP] and [SEP]
cons tmaxContextLen = maxSeqLen - queryTokens.length - 3;

//我们可以有超过最大序列长度的文档。为了解决这个问题,采用滑动窗口的方法,
//在这种方法中,以"doc\u-stride"的步幅将大块的数据移动到最大长度
const docSpans: Array<{start: number, length: number}> = [];
let startOffset = 0;
while (startOffset < allDocTokens.length) {
  let length = allDocTokens.length - startOffset;
  if (length > maxContextLen) {
    length = maxContextLen;
  }
  docSpans.push({start: startOffset, length});
  if (startOffset + length === allDocTokens.length) {
    break;
  }
  startOffset + = Math.min(length, docStride);
}

const features = docSpans.map(docSpan => {
  const tokens = [];
  const segmentIds = [];
  const tokenToOrigMap: {[index: number]: number} = {};
  tokens.push(CLS_INDEX);
  segmentIds.push(0);
  for (leti = 0; i < queryTokens.length; i + +) {
    const queryToken = queryTokens[i];
    tokens.push(queryToken);
    segmentIds.push(0);
  }
  tokens.push(SEP_INDEX);
```

```
      segmentIds.push(0);
      for (leti = 0; i < docSpan.length; i + +) {
        const splitTokenIndex = i + docSpan.start;
        const docToken = allDocTokens[splitTokenIndex];
        tokens.push(docToken);
        segmentIds.push(1);
        tokenToOrigMap[tokens.length] = tokenToOrigIndex[splitTokenIndex];
      }
      tokens.push(SEP_INDEX);
      segmentIds.push(1);
      const inputIds = tokens;
      const inputMask = inputIds.map(id => 1);
      while ((inputIds.length < maxSeqLen)) {
        inputIds.push(0);
        inputMask.push(0);
        segmentIds.push(0);
      }
      return {inputIds, inputMask, segmentIds, origTokens, tokenToOrigMap};
    });
    return features;
}
```

11.2.5　文章处理

（1）编写函数 cleanText(),其功能是删除文章中文本中的无效字符和空白。代码如下：

```
  private cleanText(text: string, charOriginalIndex: number[]): string {
    const stringBuilder: string[] = [];
    let originalCharIndex = 0, newCharIndex = 0;
    for (constch of text) {
      //跳过不能使用的字符
      if (isInvalid(ch)) {
        originalCharIndex + = ch.length;
        continue;
      }
      if (isWhitespace(ch)) {
        if (stringBuilder.length > 0 &&
          stringBuilder[stringBuilder.length - 1] ! == ' ') {
          stringBuilder.push(' ');
          charOriginalIndex[newCharIndex] = originalCharIndex;
          originalCharIndex + = ch.length;
        } else {
          originalCharIndex + = ch.length;
          continue;
        }
      } else {
        stringBuilder.push(ch);
        charOriginalIndex[newCharIndex] = originalCharIndex;
        originalCharIndex + = ch.length;
      }
      newCharIndex + +;
```

```
    }
    return stringBuilder.join('');
  }
```

（2）编写函数 runSplitOnPunc()，其功能是拆分文本中的标点符号。代码如下：

```
private runSplitOnPunc(
    text: string, count: number,
    charOriginalIndex: number[]): Token[] {
  const tokens:Token[] =[];
  let startNewWord = true;
  for (constch of text) {
    if (isPunctuation(ch)) {
      tokens.push({text: ch, index: charOriginalIndex[count]});
      count + = ch.length;
      startNewWord = true;
    } else {
      if (startNewWord) {
        tokens.push({text: '', index: charOriginalIndex[count]});
        startNewWord = false;
      }
      tokens[tokens.length - 1].text + = ch;
      count + = ch.length;
    }
  }
  return tokens;
}
```

（3）编写函数 tokenize()，其功能是为指定的词汇库生成标记。该函数使用谷歌提供的全词屏蔽模型实现，这种新技术也称为全词掩码。在这种情况下，总是一次屏蔽与一个单词对应的所有标记。

```
tokenize(text: string): number[] {
  let outputTokens: number[] =[];

  const words = this.processInput(text);
  words.forEach(word => {
    if (word.text ! == CLS_TOKEN && word.text ! == SEP_TOKEN) {
      word.text = ' ${SEPERATOR} ${word.text.normalize(NFKC_TOKEN)}';
    }
  });

  for (leti = 0; i < words.length; i + +) {
    const chars =[];
    for (const symbol of words[i].text) {
      chars.push(symbol);
    }

    let isUnknown = false;
    let start = 0;
    const subTokens: number[] =[];
```

```
        const charsLength = chars.length;

      while (start < charsLength) {
        let end = charsLength;
        let currIndex;

        while (start < end) {
          const substr = chars.slice(start, end).join('');

          const match = this.trie.find(substr);
          if (match ! = null && match.end ! = null) {
            currIndex = match.getWord()[2];
            break;
          }

          end = end - 1;
        }

        if (currIndex == null) {
          isUnknown = true;
          break;
        }

        subTokens.push(currIndex);
        start = end;
      }

      if (isUnknown) {
        outputTokens.push(UNK_INDEX);
      } else {
        outputTokens = outputTokens.concat(subTokens);
      }
    }

    return outputTokens;
  }
}
```

11.2.6　加载处理

编写函数 load()加载数据和网页信息，首先使用函数 loadGraphModel()加载模型文件，然后使用函数 execute()执行根据用户输入的操作。代码如下：

```
asyncload() {
  this.model = await tfconv.loadGraphModel(
      this.modelConfig.modelUrl, {fromTFHub: this.modelConfig.fromTFHub});
  //预热后端
  const batchSize = 1;
  const inputIds = tf.ones([batchSize, INPUT_SIZE], 'int32');
  const segmentIds = tf.ones([1, INPUT_SIZE], 'int32');
```

```
    const inputMask = tf.ones([1, INPUT_SIZE], 'int32');
    this.model.execute({
      input_ids: inputIds,
      segment_ids: segmentIds,
      input_mask: inputMask,
      global_step: tf.scalar(1, 'int32')
    });

    this.tokenizer = await loadTokenizer();
  }
```

11.2.7　寻找答案

编写函数 model.findAnswers()，其功能是根据用户在表单中输入的问题寻找对应的答案。此函数包含以下三个参数：

- question：要找答案的问题。
- context：从这里面查找答案。
- 返回值是一个数组，每个选项是一种可能的答案。

函数 model.findAnswers() 的具体实现代码如下：

```
async findAnswers(question: string, context: string): Promise < Answer[] > {
  if (question == null || context == null) {
    throw newError(
        'The input tofindAnswers call is null, ' +
        'please pass a string as input.');
  }

  const features =
      this.process(question, context, MAX_QUERY_LEN, MAX_SEQ_LEN);
  const inputIdArray = features.map(f => f.inputIds);
  const segmentIdArray = features.map(f => f.segmentIds);
  const inputMaskArray = features.map(f => f.inputMask);
  const globalStep = tf.scalar(1, 'int32');
  const batchSize = features.length;
  const result = tf.tidy(() => {
    const inputIds =
      tf.tensor2d(inputIdArray, [batchSize, INPUT_SIZE], 'int32');
    const segmentIds =
      tf.tensor2d(segmentIdArray, [batchSize, INPUT_SIZE], 'int32');
    const inputMask =
      tf.tensor2d(inputMaskArray, [batchSize, INPUT_SIZE], 'int32');
    return this.model.execute(
            {
              input_ids: inputIds,
              segment_ids: segmentIds,
              input_mask: inputMask,
              global_step: globalStep
            },
            ['start_logits', 'end_logits']) as [tf.Tensor2D, tf.Tensor2D];
  });
```

```
const logits = awaitPromise.all([result[0].array(), result[1].array()]);
//处理所有中间张量
globalStep.dispose();
result[0].dispose();
result[1].dispose();

const answers = [];
for (leti = 0; i < batchSize; i + +) {
  answers.push(this.getBestAnswers(
      logits[0][i], logits[1][i], features[i].origTokens,
      features[i].tokenToOrigMap, context, i));
}

return answers.reduce((flatten, array) => flatten.concat(array), [])
    .sort((logitA, logitB) => logitB.score - logitA.score)
    .slice(0, PREDICT_ANSWER_NUM);
}
```

11.2.8　提取最佳答案

（1）通过以下代码从 logits 数组和输入中查找最佳的 N 个答案和 logits。其中参数 startoLogits 表示开始答案索引，参数 endLogits 表示结束答案索引，参数 origTokens 表示通道的原始标记，参数 tokenToOrigMap 表示令牌到索引的映射。

```
QuestionAndAnswerImpl. prototype. getBestAnswers = function (startLogits,
endLogits, origTokens, tokenToOrigMap, context, docIndex) {
    var _a;
    if (docIndex === void 0) { docIndex = 0; }
    //模型使用封闭区间[开始,结束]作为索引
    var startIndexes = this.getBestIndex(startLogits);
    var endIndexes = this.getBestIndex(endLogits);
    var origResults = [];
    startIndexes.forEach(function (start) {
        endIndexes.forEach(function (end) {
            if (tokenToOrigMap[start] && tokenToOrigMap[end] && end > =
start) {
                var length_2 = end - start + 1;
                if (length_2 < MAX_ANSWER_LEN) {
                  origResults.push({ start: start, end: end, score: startLogi
ts[start] + endLogits[end] });
                }
            }
        });
    });
    origResults.sort(function (a, b) { return b.score - a.score; });
    var answers = [];
    for (vari = 0; i < origResults.length; i + +) {
        if (i > = PREDICT_ANSWER_NUM ||
            origResults[i].score < NO_ANSWER_THRESHOLD) {
            break;
```

```
            }
            var convertedText = '';
            var startIndex = 0;
            var endIndex = 0;
            if (origResults[i].start > 0) {
                _a = this.convertBack(origTokens, tokenToOrigMap, origResults
[i].start, origResults[i].end, context), convertedText = _a[0], startIndex = _a[1],
endIndex = _a[2];
            }
            else {
                convertedText = '';
            }
            answers.push({
                text:convertedText,
                score:origResults[i].score,
                startIndex: startIndex,
                endIndex: endIndex
            });
        }
        return answers;
    };
```

（2）编写函数 getBestIndex()，其功能是通过神经网络模型检索文章后，会找到多个答案，根据比率高低选出其中的5个最佳答案。代码如下：

```
getBestIndex(logits: number[]): number[] {
  const tmpList = [];
  for (leti = 0; i < MAX_SEQ_LEN; i + +) {
    tmpList.push([i, i, logits[i]]);
  }
  tmpList.sort((a, b) => b[2] - a[2]);

  const indexes = [];
  for (leti = 0; i < PREDICT_ANSWER_NUM; i + +) {
    indexes.push(tmpList[i][0]);
  }
  return indexes;
}
```

11.2.9　将答案转换为文本形式

使用 convertBack() 将问题的答案转换为原始文本形式。代码如下：

```
convertBack(
    origTokens: Token[], tokenToOrigMap: {[key: string]: number},
    start: number, end: number, context: string): [string, number, number] {
    //移位索引是:logits + offset.
    const shiftedStart = start + OUTPUT_OFFSET;
    const shiftedEnd = end + OUTPUT_OFFSET;
    const startIndex = tokenToOrigMap[shiftedStart];
    const endIndex = tokenToOrigMap[shiftedEnd];
```

```
      const startCharIndex = origTokens[startIndex].index;
      const endCharIndex = endIndex < origTokens.length - 1 ?
         origTokens[endIndex + 1].index - 1 :
         origTokens[endIndex].index + origTokens[endIndex].text.length;
      return [
        context.slice(startCharIndex, endCharIndex + 1).trim(), startCharIndex,
        endCharIndex
      ];
    }
  }
```

11.3　运行调试

　　至此,整个实例介绍完毕,接下来开始运行调试本项目。本项目基于 Yarn 和 Npm 进行架构调试,其中 Yarn 对代码来说是一个包管理器,可以让我们使用并分享全世界开发者的(如 JavaScript)代码。运行调试本项目的基本流程如下:

　　(1)安装 Node.js,然后打开 Node.js 命令行界面,输入以下命令来到项目的“qna”目录:

```
cd qna
```

　　(2)输入以下命令在“qna”目录中安装 Npm:

```
npm install
```

　　(3)输入以下命令来到子目录“demo”:

```
cd qna/demo
```

　　(4)输入以下命令安装本项目需要的依赖项:

```
yarn
```

　　(5)输入以下命令编译依赖项:

```
yarn build - deps
```

　　(6)输入以下命令启动测试服务器,并监视文件的更改变化情况。

```
yarn watch
```

　　到目前为止,所有的编译运行工作全部完成,自笔者计算机中的整个编译过程如下:

```
E:\123\lv\TensorFlow\daima\tfjs - models - master\qna > cd demo

E:\123\lv\TensorFlow\daima\tfjs - models - master\qna\demo > yarn
yarn install v1.22.10
[1/5] Validatingpackage.json...
[2/5] Resolving packages...
warning Resolution field "is - svg@4.3.1" is incompatible with requested version
"is - svg@^3.0.0"
success Already up - to - date.
Done in 5.09s.
```

```
E:\123\lv\TensorFlow\daima\tfjs-models-master\qna\demo>yarn build-deps
yarn run v1.22.10
 $ yarn build-qna
 $ cd .. && yarn && yarn build-npm
warning package-lock.json found. Your project contains lock files generated by
tools other than Yarn. It is advised not to mix package managers in order to avoid
resolution i
 nconsistencies caused by unsynchronized lock files. To clear this warning, remove
package-lock.json.
 [1/4] Resolving packages...
success Already up-to-date.
 $ yarn build && rollup -c
 $ rimraf dist && tsc

src/index.ts → dist/qna.js...
created dist/qna.js in 1m 18.9s

src/index.ts → dist/qna.min.js...
created dist/qna.min.js in 1m 1.3s

src/index.ts → dist/qna.esm.js...
created dist/qna.esm.js in 45.8s
Done in 251.88s.

E:\123\lv\TensorFlow\daima\tfjs-models-master\qna\demo>yarn watch
yarn run v1.22.10
 $ cross-env NODE_ENV=development parcel index.html --no-hmr --open
 √   Built in 1.81s.
```

运行上述命令成功后自动打开一个网页 http://localhost:1234/，在网页显示本项目的执行效果。执行后在表单中输入一个问题，这个问题的答案可以在表单上方的文章中找到。例如输入"Where was Tesla born"，然后单击"search"按钮，会自动输出显示这个问题的答案，如图 11-2 所示。

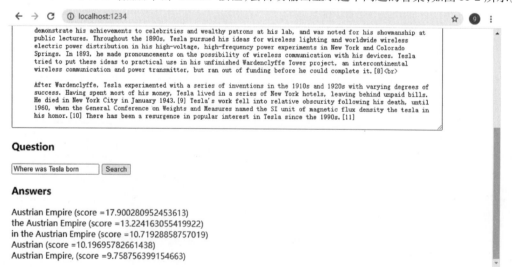

图 11-2　执行效果

第 12 章　开发 AI 声音识别系统

本章讲解使用 TensorFlow 技术开发一个 AI 声音识别系统的过程。本项目使用声纹识别技术实现,详细讲解了模型下载、创建数据、读取数据、训练模型、模型评估和声纹识别的过程。

12.1　系统架构介绍

本项目基于声纹识别技术实现,使用 TensorFlow 操作处理 zhvoice 声音数据集。本节详细讲解本项目的结构知识。

12.1.1　声纹识别

声纹(voiceprint)是用电声学仪器显示的携带言语信息的声波频谱,人类语言的产生是人体语言中枢与发音器官之间一个复杂的生理物理过程,人在讲话时使用的发声器官——舌、牙齿、喉头、肺、鼻腔在尺寸和形态方面每个人的差异很大,所以任何两个人的声纹图谱都有差异。每个人的语音声学特征既有相对稳定性,又有变异性,不是绝对的、一成不变的。这种变异可来自生理、病理、心理、模拟和伪装,也与环境干扰有关。尽管如此,由于每个人的发音器官都不尽相同,因此在一般情况下,人们仍能区别不同的人的声音或判断是否是同一人的声音。

声纹识别是生物识别技术的一种,也称为说话人识别,包括说话人辨认和说话人确认。声纹识别就是把声信号转换成电信号,再用计算机进行识别。不同的任务和应用会使用不同的声纹识别技术,如缩小刑侦范围时可能需要辨认技术,而银行交易时则需要确认技术。

声纹识别的应用范围很广,几乎可以应用到人们日常生活的各个方面,具体如下:

(1)信息领域:比如在自动总机系统中,把身份证的声纹辨认和关键词检出器结合起来,可以在姓名自动拨号的同时向受话方提供主叫方的身份信息。前者用于身份认证,后者用于内容认证。同样,声纹识别技术可以在呼叫中心(call center)应用中为注册的常客户提供友好的个性化服务。

(2)银行、证券:鉴于密码的安全性不高,可以用声纹识别技术对电话银行、远程炒股等业务中的用户身份进行确认,为了提供安全性,还可以采取一些其他措施,如密码和声纹双保险、随机提示文本用文本相关的声纹识别技术进行身份确认(随机提示文本保证无法用事先录好的音去假冒),甚至可以把交易时的声音录下来以备查询。

(3)公安司法:对于各种电话勒索、绑架、电话人身攻击等案件,声纹辨认技术可以在一段录音中查找出嫌疑人或缩小侦察范围;声纹确认技术还可以在法庭上提供身份确认(同一性鉴定)的旁证。在监狱亲情电话应用中,通过采集犯人家属的声纹信息,可有效鉴别家属身份的合法性。在司法社区矫正应用中,通过识别定位手机位置和呼叫对象说话声音的个人特征,系统就可以快速地自动判断被监控人是否在规定的时间出现在规定的场所,有效地解决人机分离问题。

(4)军队和国防。声纹辨认技术可以察觉电话交谈过程中是否有关键说话人出现,继而对交谈的内容进行跟踪(战场环境监听);在通过电话发出军事指令时,可以对发出命令的人的身份进行确认(敌我指战员鉴别)。

（5）保安和证件防伪：如机密场所的门禁系统；又如声纹识别确认可用于信用卡、银行自动取款机、门、车的钥匙卡、授权使用的计算机、声纹锁以及特殊通道口的身份卡，把声纹存储在卡上，在需要时，持卡者只要将卡插入专用机的插口上，通过一个传声器读出事先已存储的暗码，同时仪器接收持卡者发出的声音，然后进行分析比较，从而完成身份确认。同样可以把含有某人声纹特征的芯片嵌入证件中，通过上面所述的过程完成证件防伪。

12.1.2 zhvoice 语料库

zhvoice 语料库由 8 个开源数据集组成，经过降噪和去除静音处理而成，说话人约 3 200 个，音频约 900 小时，文本约 113 万条，共有约 1 300 万字。zhvoice 语料和原始数据相比，更加清晰和自然，减少了噪声的干扰，减少了因说话人说话不连贯造成的不自然。zhvoice 语料包括文本、语音和说话人 3 个方面的信息，可适用于多种语音相关的任务。zhvoice 语料由智浪淘沙清洗和处理，开源地址是：https://github.com/KuangDD/zhvoice。

在下载 zhvoice 后，各个数据集文件的具体说明如下：
- info：各个数据集的源数据信息，包括源数据出处、简介等。
- text：语音语料对应的文本，包括文本、相对路径、说话人、参考拼音等信息。
- sample：样本语音，每个说话人一个音频。
- metadata：语料元数据，一行对应一个音频文件，每行的格式音频相对路径\t 汉字文本\n。
- zh＊：zh 开头的是语料文件。目录结构：根目录下包含 metadata.csv 和语音文件目录。一个说话人对应一个子目录，音频是 mp3 格式。metadata.csv 的数据结构和 metadata 的一样，记录当前数据集的信息。

注意：本项目将演示使用 Tensorflow 实现声纹识别模型的方法，使用音频分类技术训练一个声纹识别模型，通过该模型可以识别说话的人是谁。本项目的实现思路和部分 API 参考了开源项目 https://github.com/yeyupiaoling/VoiceprintRecognition-Tensorflow。

12.2 具体实现

在本节的内容中，将详细讲解使用 Tensorflow 实现 AI 声音识别系统的过程，介绍各个模块的编码过程和原理。

12.2.1 创建数据集

编写文件 create_data.py 创建数据集，为了方便之后的数据读取操作，也为了方便读取使用其他的语音数据集，首先创建一个数据列表，数据列表的格式为：

```
<语音文件路径\t 语音分类标签 >
```

语音分类标签是指说话人的唯一 ID，不同的语音数据集，可以通过编写对应的生成数据列表的函数，把这些数据集都写在同一个数据列表中。

文件 create_data.py 的主要实现代码如下：

```
# 生成数据列表
defget_data_list(infodata_path, list_path, zhvoice_path):
    with open(infodata_path, 'r', encoding = 'utf - 8') as f:
        lines = f.readlines()
```

```python
    f_train = open(os.path.join(list_path, 'train_list.txt'), 'w')
    f_test = open(os.path.join(list_path, 'test_list.txt'), 'w')

    sound_sum = 0
    speakers = []
    speakers_dict = {}
    for line intqdm(lines):
        line = json.loads(line.replace('\n', ''))
        duration_ms = line['duration_ms']
        if duration_ms < 1300:
            continue
        speaker = line['speaker']
        if speaker not in speakers:
            speakers_dict[speaker] = len(speakers)
            speakers.append(speaker)
        label = speakers_dict[speaker]
        sound_path = os.path.join(zhvoice_path, line['index'])
        save_path = "%s.wav" % sound_path[:-4]
        if notos.path.exists(save_path):
            try:
                wav = AudioSegment.from_mp3(sound_path)
                wav.export(save_path, format = "wav")
                os.remove(sound_path)
            except Exception as e:
                print('数据出错:%s, 信息:%s' % (sound_path, e))
                continue
        if sound_sum % 200 == 0:
            f_test.write('%s\t%d\n' % (save_path.replace('\\', '/'), label))
        else:
            f_train.write('%s\t%d\n' % (save_path.replace('\\', '/'),
label))
        sound_sum += 1
    f_test.close()
    f_train.close()


# 删除错误音频
defremove_error_audio(data_list_path):
    with open(data_list_path, 'r', encoding = 'utf-8') as f:
        lines = f.readlines()
    lines1 = []
    for line intqdm(lines):
        audio_path, _ = line.split('\t')
        try:
            spec_mag = load_audio(audio_path)
            lines1.append(line)
        except Exception as e:
            print(audio_path)
            print(e)
    with open(data_list_path, 'w', encoding = 'utf-8') as f:
        for line in lines1:
            f.write(line)
```

```
if __name__ == '__main__':
    get_data_list('dataset/zhvoice/text/infodata.json', 'dataset', 'dataset/
zhvoice')
    remove_error_audio('dataset/train_list.txt')
    remove_error_audio('dataset/test_list.txt')
```

12.2.2 训练数据

编写文件 train.py 开始训练数据,使用 resnet34 模型,将数据输入层设置为[None,1,257,257],这个大小就是短时傅里叶变换的幅度谱的 shape。如果使用了其他的语音长度,也需要修改这个值。每当训练一轮结束后,执行一次模型评估,计算模型的准确率,以观察模型的收敛情况。同样地,每一轮训练结束保存一次模型,分别保存了可以恢复训练的模型参数,也可以作为预训练模型参数。文件 train.py 的主要实现代码如下:

```
parser = argparse.ArgumentParser(description = __doc__)
add_arg = functools.partial(add_arguments, argparser = parser)
add_arg('batch_size',        int,   16,                     '训练的批量大小')
add_arg('num_epoch',         int,   50,                     '训练的轮数')
add_arg('num_classes',       int,   3242,                   '分类的类别数量')
add_arg('learning_rate',     float, 1e-3,                   '初始学习率的大小')
add_arg('input_shape',       str,   '(257, 257, 1)',        '数据输入的形状')
add_arg('train_list_path',   str,   'dataset/train_list.txt', '训练数据的数据列
表路径')
add_arg('test_list_path',    str,   'dataset/test_list.txt',  '测试数据的数据列
表路径')
add_arg('save_model',        str,   'models/',              '模型保存的路径')
add_arg('pretrained_model',  str,   None,                   '预训练模型的路径,
当为 None 则不使用预训练模型')
args = parser.parse_args()

# 评估模型
def test(model, test_dataset, loss_object, test_loss_metrics, test_accuracy_
metrics):
    # 在下一个 epoch 开始时,重置评估指标
    test_loss_metrics.reset_states()
    test_accuracy_metrics.reset_states()
    # 开始评估
    for sounds, labels intest_dataset:
        predictions = model(sounds)
        # 获取损失值
        test_loss = loss_object(predictions, labels)
        # 计算平均损失值和准确率
        test_loss_metrics(test_loss)
        test_accuracy_metrics(labels, predictions)
    return test_loss_metrics.result(), test_accuracy_metrics.result()

# 保存模型
def save_model(model):
    if notos.path.exists(args.save_model):
        os.makedirs(args.save_model)
```

```
    infer_model = Model(inputs = model.input, outputs = model.get_layer('feature_
output').output)
    infer_model.save(filepath = os.path.join(args.save_model, 'infer_model.h5'),
include_optimizer = False)
    model.save_weights(filepath = os.path.join(args.save_model, 'model_
weights.h5'))


# 训练
def main():
    shutil.rmtree('log', ignore_errors = True)
    # 数据输入的形状
    input_shape = eval(args.input_shape)
    # 获取模型
    model = tf.keras.Sequential()
    model.add(ResNet50V2(input_shape = input_shape, include_top = False, weights
= None, pooling = 'max'))
    model.add(BatchNormalization())
    model.add(Dropout(rate = 0.5))
    model.add(Dense(512, kernel_regularizer = tf.keras.regularizers.l2(5e - 4),
bias_initializer = 'glorot_uniform'))
    model.add(BatchNormalization(name = 'feature_output'))
    model.add(ArcNet(num_classes = args.num_classes))
    # 打印模型
    model.build(input_shape = input_shape)
    model.summary()
    with open(args.train_list_path, 'r') as f:
        lines = f.readlines()
    epoch_step_sum = int(len(lines) / args.batch_size)
    # 定义优化方法
    boundaries = [10 * i * epoch_step_sum for i in range(1, args.num_epoch // 10, 1)]
    lr = [0.1 ** l * args.learning_rate for l in range(len(boundaries) + 1)]
    scheduler = tf.keras.optimizers.schedules.PiecewiseConstantDecay(boundari
es = boundaries, values = lr)
    optimizer = tf.keras.optimizers.SGD(learning_rate = scheduler, momentum = 0.9)
    # 获取训练数据和测试数据
    train_dataset = reader.train_reader(data_list_path = args.train_list_path,
                          batch_size = args.batch_size,
                          num_epoch = args.num_epoch,
                          spec_len = input_shape[1])
    test_dataset = reader.test_reader(data_list_path = args.test_list_path,
                          batch_size = args.batch_size,
                          spec_len = input_shape[1])
    # 加载预训练模型
    if args.pretrained_model is not None:
        model.load_weights(os.path.join(args.save_model, 'model_weights.h5'))
        print('加载预训练模型成功! ')
    train_loss_metrics = tf.keras.metrics.Mean(name = 'train_loss')
    train_accuracy_metrics = tf.keras.metrics.SparseCategoricalAccuracy(name =
'train_accuracy')
```

```
    test_loss_metrics = tf.keras.metrics.Mean(name = 'test_loss')
    test_accuracy_metrics = tf.keras.metrics.SparseCategoricalAccuracy(name = '
test_accuracy')

    train_summary_writer = tf.summary.create_file_writer('log/train')
    test_summary_writer = tf.summary.create_file_writer('log/test')
    # 定义损失函数
    loss_object = ArcLoss(num_classes = args.num_classes)
    # 开始训练
    train_loss_metrics.reset_states()
    train_accuracy_metrics.reset_states()
    count_step = epoch_step_sum * args.num_epoch
    test_step = 0
    # 开始训练
    for step, (sounds, labels) in enumerate(train_dataset):
        start = time.time()
        # 执行训练
        with tf.GradientTape() as tape:
            predictions = model(sounds)
            # 获取损失值
            train_loss = loss_object(predictions, labels)
        # 更新梯度
        gradients = tape.gradient(train_loss, model.trainable_variables)
        optimizer.apply_gradients(zip(gradients, model.trainable_variables))
        # 计算平均损失值和准确率
        train_loss_metrics(train_loss)
        train_accuracy_metrics(labels, predictions)
        # 日志输出
        if step % 100 == 0:
            eta_sec = ((time.time() - start) * 1000) * (count_step - step)
            eta_str = str(timedelta(seconds = int(eta_sec / 1000)))
            print("[% s] Step [% d/% d], Loss % f, Accuracy % f, eta: % s" % (
                datetime.now(), step, count_step, train_loss_metrics.result(),
train_accuracy_metrics.result(), eta_str))
            # 记录数据
            with train_summary_writer.as_default():
                tf.summary.scalar('Loss', train_loss_metrics.result(), step = step)
                tf.summary.scalar('Accuracy', train_accuracy_metrics.result(),
step = step)

        # 评估模型
        if step % epoch_step_sum == 0 and step ! = 0:
            test_loss, test_accuracy = test(model, test_dataset, loss_object,
test_loss_metrics, test_accuracy_metrics)
            print('===========================================')
            print("[% s] Test Loss % f, Accuracy % f" % (datetime.now(), test_
loss, test_accuracy))
            print('===========================================')
            # 记录数据
            with test_summary_writer.as_default():
```

```
                    tf.summary.scalar('Loss', test_loss, step = test_step)
                    tf.summary.scalar('Accuracy', test_accuracy, step = test_step)
                test_step + = 1
            # 保存模型
            save_model(model)
```

12.2.3　评估模型

训练结束后会保存预测模型,编写文件 eval. py 用预测模型来预测测试集中的音频特征,然后使用音频特征进行两两对比,阈值从 0 到 1,步长为 0.01 进行控制,找到最佳的阈值并计算准确率。文件 eval. py 的主要实现代码如下:

```
parser = argparse.ArgumentParser(description = __doc__)
add_arg = functools.partial(add_arguments, argparser = parser)
add_arg('list_path',        str,    'dataset/test_list.txt',    '测试数据的数据列
表路径')
add_arg('input_shape',      str,    '(1, 257, 257)',            '数据输入的形状')
add_arg('model_path',       str,    'models/infer_model.h5',    '预测模型的路径')
args = parser.parse_args()
print_arguments(args)
# 加载模型
model = tf.keras.models.load_model(args.model_path)


# 根据对角余弦值计算准确率
defcal_accuracy(y_score, y_true):
    y_score = np.asarray(y_score)
    y_true = np.asarray(y_true)
    best_accuracy = 0
    best_threshold = 0
    for i in range(len(y_score)):
        threshold = y_score[i]
        y_test = (y_score > = threshold)
        acc = np.mean((y_test == y_true).astype(int))
        if acc > best_accuracy:
            best_accuracy = acc
            best_threshold = threshold
    return best_accuracy, best_threshold


# 预测音频
def infer(audio_path):
    input_shape = eval(args.input_shape)
    data = load_audio(audio_path, mode = 'test', spec_len = input_shape[2])
    data = data[np.newaxis, :]
    # 执行预测
    feature = model(data)
    return feature


def get_all_audio_feature(list_path):
    with open(list_path, 'r', encoding = 'utf - 8') as f:
        lines = f.readlines()
```

```
        features, labels = [], []
        print('开始提取全部的音频特征...')
        for line intqdm(lines):
            path, label = line.replace('\n', '').split('\t')
            feature = infer(path)
            features.append(feature)
            labels.append(int(label))
        return features, labels


# 计算对角余弦值
def cosin_metric(x1, x2):
    return np.dot(x1, x2) / (np.linalg.norm(x1) * np.linalg.norm(x2))


def main():
    features, labels = get_all_audio_feature(args.list_path)
    scores = []
    y_true = []
    print('开始两两对比音频特征...')
    for i in tqdm(range(len(features))):
        feature_1 = features[i]
        for j inrange(i, len(features)):
            feature_2 = features[j]
            score = cosin_metric(feature_1, feature_2)
            scores.append(score)
            y_true.append(int(labels[i] == labels[j]))
    accuracy, threshold = cal_accuracy(scores, y_true)
    print('当阈值为% f, 准确率最大,为:% f' % (threshold, accuracy))
```

执行后会输出:

```
- - - - - - - - - - Configuration Arguments - - - - - - - - - - - -
input_shape: (1, 257, 257)
list_path: dataset/test_list.txt
model_path: models/infer/model
- - - - - - - - - - - - - - - - - - - - - - - - - - - - - - - - -

开始提取全部的音频特征...
100% |████████████████████████████████████████████
████████████████████████| 5332/5332 [01:09 < 00:00, 77.06it/s]
开始两两对比的音频特征...
100% |████████████████████████████████████████████
████████████████████████| 5332/5332 [01:43 < 00:00, 51.62it/s]
100% |████████████████████████████████████████████
████████████████████████| 100/100 [00:03 < 00:00, 28.04it/s]
当阈值为 0.700000, 准确率最大,准确率为:0.999950
```

12.2.4 声纹识别

编写文件 infer_recognition.py 实现声纹识别,主要功能由以下函数实现:

- 函数 infer():声纹对比预测函数,获取语音的特征数据。
- 函数 load_audio_db():加载声纹库中的语音数据,这些音频就相当于已经注册的用户,他们注册的语音数据会存入这里,如果有用户需要通过声纹登录,就需要拿到用户的语音和语音库中的语音进行声纹对比。如果对比成功,那就相当于登录成功并且获取用户注册时的信息数据。

- 函数 register():把录音保存在声纹库中,同时获取该音频的特征添加到待对比的数据特征中。
- 函数 recognition():将输入的语音和语音库中的语音一一对比。

有了上面的声纹识别的函数,可以根据自己项目的需求完成声纹识别的方式,如通过录音来完成声纹识别。首先加载语音库中的语音,语音库文件夹为 audio_db,当用户按下回车键后录音 3 秒,然后程序会自动录音,并使用录音到的音频进行声纹识别,去匹配语音库中的语音,获取用户的信息。通过上述方式也可以修改成通过服务请求的方式完成声纹识别,如提供一个 API 供 App 调用,用户在 App 上通过声纹登录时,把录到的语音发送到后端完成声纹识别,再把结果返回给 App,前提是用户已经使用语音注册,并成功把语音数据存放在 audio_db 文件夹中。

文件 infer_recognition. py 的主要实现代码如下:

```
parser = argparse.ArgumentParser(description = __doc__)
add_arg = functools.partial(add_arguments, argparser = parser)
add_arg('input_shape',    str,   '(1, 257, 257)',        '数据输入的形状')
add_arg('threshold',      float,  0.7,                   '判断是否为同一个人
的阈值')
add_arg('model_path',     str,   'models/infer/model',   '预测模型的路径')
args = parser.parse_args()

print_arguments(args)

# 加载模型
model = tf.keras.models.load_model(args.model_path)

# 获取均值和标准值
input_shape = eval(args.input_shape)

# 打印模型
model.build(input_shape = input_shape)
model.summary()

person_feature = []
person_name = []

# 预测音频
def infer(audio_path):
    data = load_audio(audio_path, mode = 'infer', spec_len = input_shape[2])
    data = data[np.newaxis, :]
    feature = model.predict(data)
    return feature

# 加载要识别的音频库
def load_audio_db(audio_db_path):
    audios = os.listdir(audio_db_path)
    for audio in audios:
        path = os.path.join(audio_db_path, audio)
```

```
            name = audio[: -4]
            feature = infer(path)[0]
            person_name.append(name)
            person_feature.append(feature)
            print("Loaded % s audio." % name)


    # 声纹识别
    def recognition(path):
        name = ''
        pro = 0
        feature = infer(path)[0]
        for i, person_f in enumerate(person_feature):
            dist = np.dot(feature, person_f) / (np.linalg.norm(feature) * np.linalg.
norm(person_f))
            if dist > pro:
                pro = dist
                name = person_name[i]
        return name, pro


    # 声纹注册
    def register(path, user_name):
        save_path = os.path.join(args.audio_db, user_name + os.path.basename(path)
[-4:])
        shutil.move(path, save_path)
        feature = infer(save_path)[0]
        person_name.append(user_name)
        person_feature.append(feature)


    if __name__ == '__main__':
        load_audio_db(args.audio_db)
        record_audio = RecordAudio()


        while True:
            select_fun = int(input("请选择功能,0 为注册音频到声纹库,1 为执行声纹
识别:"))
            if select_fun == 0:
                audio_path = record_audio.record()
                name = input("请输入该音频用户的名称:")
                if name == '': continue
                register(audio_path, name)
            elif select_fun == 1:
                audio_path = record_audio.record()
                name, p = recognition(audio_path)
                if p > args.threshold:
                    print("识别说话的为:% s,相似度为:% f" % (name, p))
                else:
                    print("音频库没有该用户的语音")
            else:
                print('请正确选择功能')
```

执行后会输出识别结果:

```
- - - - - - - - - - -  Configuration Arguments - - - - - - - - - - -
audio_db: audio_db
input_shape: (1, 257, 257)
model_path: models/infer/model
threshold: 0.7
- - - - - - - - - - - - - - - - - - - - - - - - - - - - - - - - - - - -


Loaded 刘德华 audio.
Loaded 张润发 audio.
请选择功能,0 为注册音频到声纹库,1 为执行声纹识别:0
按下回车键开机录音,录音 3 秒:
开始录音……
录音已结束!
请输入该音频用户的名称:夜雨飘零
请选择功能,0 为注册音频到声纹库,1 为执行声纹识别:1
按下回车键开机录音,录音 3 秒:
开始录音……
录音已结束!
识别说话的为:刘德华,相似度为:0.920434
```

第 13 章　开发鲜花识别系统

经过前面内容的学习,已经学会了使用 TensorFlow Lite 识别手写数字的知识。本章通过一个鲜花识别系统的实现过程,详细讲解使用 TensorFlow Lite 开发大型软件项目的过程,包括项目的架构分析、创建模型和具体实现知识,详细介绍开发大型 TensorFlow Lite 项目的流程。

13.1　系统介绍

机器学习已成为移动开发中的重要工具,为现代移动应用程序提供了许多智能功能。在本项目中,将基于 Codelab 开发机器学习模型,将体验训练机器学习模型的端到端过程,该模型可以使用 TensorFlow 识别鲜花图像,然后将该模型部署到 Android 应用程序。在手机中通过摄像头采集鲜花照片,可以实时识别摄像头的鲜花的名字。本项目的具体结构如图 13-1 所示。

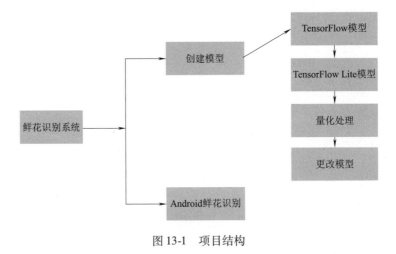

图 13-1　项目结构

13.2　创建模型

在创建鲜花识别系统之前,需要先创建识别模型。先使用 TensorFlow 创建普通的数据模型,然后转换为 TensorFlow Lite 数据模型。在本项目中,通过文件 mo.py 创建模型,下面将详细讲解这个模型文件的具体实现过程。

13.2.1　创建 TensorFlow 数据模型

(1)首先通过以下命令安装 GitHub repo 中的库 model maker:

```
pip install -q tflite-model-maker
```

然后导入本项目需要的库:

```
import os

import numpy as np

import tensorflow as tf
assert tf.__version__.startswith('2')

from tflite_model_maker import model_spec
from tflite_model_maker import image_classifier
from tflite_model_maker.config import ExportFormat
from tflite_model_maker.config import QuantizationConfig
from tflite_model_maker.image_classifier import DataLoader

import matplotlib.pyplot as plt
```

（2）获取数据路径。代码如下：

```
image_path = tf.keras.utils.get_file(
      'flower_photos.tgz',
  'https://storage.googleapis.com/download.tensorflow.org/example_images/
flower_photos.tgz',
      extract=True)
image_path = os.path.join(os.path.dirname(image_path), 'flower_photos')
```

执行后会输出：

```
Downloading data from https://storage.googleapis.com/download.tensorflow.org/
example_images/flower_photos.tgz
228818944/228813984 [==============================] - 63s 0us/step
228827136/228813984 [==============================] - 63s 0us/step
```

（3）加载特定于设备上 ML 应用程序的输入数据，将其拆分为训练数据和测试数据。代码如下：

```
data = DataLoader.from_folder(image_path)
train_data, test_data = data.split(0.9)
```

执行后会输出：

```
2021-013-12 11:22:56.386698: I tensorflow/stream_executor/cuda/cuda_gpu_
executor.cc:937] successful NUMA node read from SysFS had negative value (-1), but
there must be at least one NUMA node, so returning NUMA node zero
   INFO:tensorflow:Load image with size: 3670, num_label: 5, labels: daisy,
dandelion, roses, sunflowers, tulips.
2021-013-12 11:22:56.395523: I tensorflow/stream_executor/cuda/cuda_gpu_
executor.cc:937] successful NUMA node read from SysFS had negative value (-1), but
there must be at least one NUMA node, so returning NUMA node zero
2021-013-12 11:22:56.396549: I tensorflow/stream_executor/cuda/cuda_gpu_
executor.cc:937] successful NUMA node read from SysFS had negative value (-1), but
there must be at least one NUMA node, so returning NUMA node zero
2021-013-12 11:22:56.398220: I tensorflow/core/platform/cpu_feature_guard.
cc:142] This TensorFlow binary is optimized with oneAPI Deep Neural Network Library
```

```
(oneDNN) to use the following CPU instructions in performance - critical operations:
  AVX2 AVX512F FMA
    To enable them in other operations, rebuild TensorFlow with the appropriate
compiler flags.
    2021 - 013 - 12 11:22:56.398875: I tensorflow/stream_executor/cuda/cuda_gpu_
executor.cc:937] successful NUMA node read from SysFS had negative value ( - 1), but
there must be at least one NUMA node, so returning NUMA node zero
    2021 - 013 - 12 11:22:56.400004: I tensorflow/stream_executor/cuda/cuda_gpu_
executor.cc:937] successful NUMA node read from SysFS had negative value ( - 1), but
there must be at least one NUMA node, so returning NUMA node zero
    2021 - 013 - 12 11:22:56.400967: I tensorflow/stream_executor/cuda/cuda_gpu_
executor.cc:937] successful NUMA node read from SysFS had negative value ( - 1), but
there must be at least one NUMA node, so returning NUMA node zero
    2021 - 013 - 12 11:22:57.007249: I tensorflow/stream_executor/cuda/cuda_gpu_
executor.cc:937] successful NUMA node read from SysFS had negative value ( - 1), but
there must be at least one NUMA node, so returning NUMA node zero
    2021 - 013 - 12 11:22:57.008317: I tensorflow/stream_executor/cuda/cuda_gpu_
executor.cc:937] successful NUMA node read from SysFS had negative value ( - 1), but
there must be at least one NUMA node, so returning NUMA node zero
    2021 - 013 - 12 11:22:57.009214: I tensorflow/stream_executor/cuda/cuda_gpu_
executor.cc:937] successful NUMA node read from SysFS had negative value ( - 1), but
there must be at least one NUMA node, so returning NUMA node zero
    2021 - 013 - 12 11:22:57.010137: I tensorflow/core/common_runtime/gpu/gpu_
device.cc:1510] Created device /job:localhost/replica:0/task:0/device:GPU:0 with
14648 MB memory:  - > device: 0, name: Tesla V100 - SXM2 - 16GB, pci bus id: 0000:00:
05.0, compute capability: 7.0
```

（4）自定义 TensorFlow 模型。代码如下：

```
model = image_classifier.create(train_data)
```

执行后会输出：

```
INFO:tensorflow:Retraining the models...
    2021 - 013 - 12 11:23:00.961952: I tensorflow/compiler/mlir/mlir_graph_
optimization_pass.cc:185] None of the MLIR Optimization Passes are enabled
(registered 2)
    Model: "sequential"

    Layer (type)                    Output Shape              Param #
    =================================================================
    hub_keras_layer_v1v2 (HubKer    (None, 1280)              3413024

    dropout (Dropout)               (None, 1280)              0

    dense (Dense)                   (None, 5)                 6405
    =================================================================
    Total params: 3,419,429
    Trainable params: 6,405
    Non - trainable params: 3,413,024

    None
```

```
Epoch 1/5
/tmpfs/src/tf_docs_env/lib/python3.7/site-packages/keras/optimizer_v2/
optimizer_v2.py:356: UserWarning: The 'lr' argument is deprecated, use 'learning_
rate' instead.
   "The 'lr' argument is deprecated, use 'learning_rate' instead.")
2021-013-12 11:23:04.815901: I tensorflow/stream_executor/cuda/cuda_dnn.cc:
369] Loaded cuDNN version 8100
2021-013-12 11:23:05.396630: I tensorflow/core/platform/default/subprocess.
cc:304] Start cannot spawn child process: No such file or directory
103/103 [===============] - 7s 38ms/step - loss: 0.8676 - accuracy: 0.7618
Epoch 2/5
103/103 [===============] - 4s 41ms/step - loss: 0.6568 - accuracy: 0.8880
Epoch 3/5
103/103 [===============] - 4s 37ms/step - loss: 0.6238 - accuracy: 0.9111
Epoch 4/5
103/103 [===============] - 4s 37ms/step - loss: 0.6009 - accuracy: 0.9245
Epoch 5/5
103/103 [===============] - 4s 37ms/step - loss: 0.5872 - accuracy: 0.9287
```

（5）评估模型。代码如下：

```
loss, accuracy = model.evaluate(test_data)
```

执行后会输出：

```
12/12 [===============] - 2s 45ms/step - loss: 0.5993 - accuracy: 0.9292
```

（6）使用类 DataLoader 加载数据。代码如下：

```
data = DataLoader.from_folder(image_path)
```

假设同一个类的图像数据在同一个子目录下，子文件夹名就是类名。目前 DataLoader 支持的可以加载的图像类型有 JPEG 格式和 PNG 格式。

然后将数据拆分为训练数据（80%）、验证数据（10%，可选）和测试数据（10%）。代码如下：

```
train_data, rest_data = data.split(0.8)
validation_data, test_data = rest_data.split(0.5)
```

（7）输出显示 25 个带标签的图像例子。代码如下：

```
plt.figure(figsize = (10,10))
for i, (image, label) in enumerate(data.gen_dataset().unbatch().take(25)):
  plt.subplot(5,5,i+1)
  plt.xticks([])
  plt.yticks([])
  plt.grid(False)
  plt.imshow(image.numpy(), cmap = plt.cm.gray)
  plt.xlabel(data.index_to_label[label.numpy()])
plt.show()
```

执行效果如图 13-2 所示。

（8）根据加载的数据创建自定义图像分类器模型，默认模型是 EfficientNet-Lite0。代码如下：

```
model = image_classifier.create(train_data, validation_data = validation_data)
```

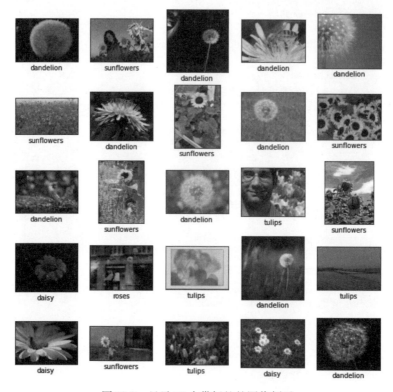

图 13-2　显示 25 个带标签的图像例子

（9）在 100 张测试图像中绘制预测结果，红色的预测标签是错误的预测结果，而其他是正确的。代码如下：

```
# 如果预测结果与"测试"数据集中提供的标签不同,将以红色突出显示它。
plt.figure(figsize = (20, 20))
predicts = model.predict_top_k(test_data)
for i, (image, label) in enumerate(test_data.gen_dataset().unbatch().take
(100)):
    ax = plt.subplot(10, 10, i + 1)
    plt.xticks([])
    plt.yticks([])
    plt.grid(False)
    plt.imshow(image.numpy(), cmap = plt.cm.gray)

    predict_label = predicts[i][0][0]
    color = get_label_color(predict_label,
                       test_data.index_to_label[label.numpy()])
    ax.xaxis.label.set_color(color)
    plt.xlabel('Predicted: % s' % predict_label)
plt.show()
```

执行效果如图 13-3 所示。

图 13-3 在 100 张测试图像中绘制预测结果

13.2.2 将 Keras 模型转换为 TensorFlow Lite

经过前面的介绍,已经成功训练了数字分类器模型。在接下来的内容中,将该模型转换为 TensorFlow Lite 格式以进行移动部署。

导出带有元数据的 TensorFlow Lite 模型,该元数据提供了模型描述的标准。标签文件嵌入元数据中。默认的训练后量化技术是图像分类任务的全整数量化。导出代码如下:

```
model.export(export_dir = '.')
```

执行后会输出:

```
2021 - 013 - 12 11:23:32.415723: I tensorflow/core/grappler/devices.cc:66]
Number of eligible GPUs (core count > = 8, compute capability > = 0.0): 1
2021 - 013 - 12 11:23:32.415840: I tensorflow/core/grappler/clusters/single_
machine.cc:357] Starting new session
```

```
    2021 - 013 - 12 11:23:32.416303: I tensorflow/stream_executor/cuda/cuda_gpu_
executor.cc:937] successful NUMA node read from SysFS had negative value (-1), but
there must be at least one NUMA node, so returning NUMA node zero
    2021 - 013 - 12 11:23:32.416699: I tensorflow/stream_executor/cuda/cuda_gpu_
executor.cc:937] successful NUMA node read from SysFS had negative value (-1), but
there must be at least one NUMA node, so returning NUMA node zero
    2021 - 013 - 12 11:23:32.417007: I tensorflow/stream_executor/cuda/cuda_gpu_
executor.cc:937] successful NUMA node read from SysFS had negative value (-1), but
there must be at least one NUMA node, so returning NUMA node zero
    2021 - 013 - 12 11:23:32.417414: I tensorflow/stream_executor/cuda/cuda_gpu_
executor.cc:937] successful NUMA node read from SysFS had negative value (-1), but
there must be at least one NUMA node, so returning NUMA node zero
    2021 - 013 - 12 11:23:32.417738: I tensorflow/stream_executor/cuda/cuda_gpu_
executor.cc:937] successful NUMA node read from SysFS had negative value (-1), but
there must be at least one NUMA node, so returning NUMA node zero
    2021 - 013 - 12 11:23:32.418047: I tensorflow/core/common_runtime/gpu/gpu_
device.cc:1510] Created device /job:localhost/replica:0/task:0/device:GPU:0 with
14648 MB memory:  - > device: 0, name: Tesla V100 - SXM2 -16GB, pci bus id: 0000:00:
05.0, compute capability: 7.0
    2021 - 013 - 12 11:23:32.451651: I tensorflow/core/grappler/optimizers/meta_
optimizer.cc:1137] Optimization results for grappler item: graph_to_optimize
    function_optimizer: Graph size after: 913 nodes (656), 923 edges (664), time =
17.945ms.
    function_optimizer: function_optimizer did nothing. time =0.391ms.

    2021 -013 - 12 11:23:33.380451: W tensorflow/compiler/mlir/lite/python/tf_tfl_
flatbuffer_helpers.cc:351] Ignored output_format.
    2021 -013 - 12 11:23:33.380503: W tensorflow/compiler/mlir/lite/python/tf_tfl_
flatbuffer_helpers.cc:354] Ignored drop_control_dependency.
    2021 - 013 - 12 11:23:33.426653: I tensorflow/compiler/mlir/tensorflow/utils/
dump_mlir_util.cc:210] disabling MLIR crash reproducer, set env var 'MLIR_CRASH_
REPRODUCER_DIRECTORY' to enable.
    fully_quantize: 0, inference_type: 6, input_inference_type: 3, output_inference_
type: 3
    WARNING:absl:For model inputs containing unsupported operations which cannot be
quantized, the 'inference_input_type' attribute will default to the original type.
    INFO:tensorflow:Label file is inside the TFLite model with metadata.
    INFO:tensorflow:Label file is inside the TFLite model with metadata.
    INFO:tensorflow:Saving labels in /tmp/tmpny214hzn/labels.txt
    INFO:tensorflow:Saving labels in /tmp/tmpny214hzn/labels.txt
    INFO:tensorflow:TensorFlow Lite model exported successfully: ./model.tflite
    INFO:tensorflow:TensorFlow Lite model exported successfully: ./model.tflite
```

上述模式可以集成到 Android 或使用的 iOS 应用 ImageClassifier API 中的 TensorFlow 精简版任务库,允许的导出格式可以是以下之一或列表:

- ExportFormat. TFLITE;
- ExportFormat. LABEL;
- ExportFormat. SAVED_MODEL。

在默认情况下,只导出带有元数据的 TensorFlow Lite 模型。还可以有选择地导出不同的文件。例如下面的代码仅导出标签文件:

```
model.export(export_dir='.', export_format=ExportFormat.LABEL)
```

还可以使用该 evaluate_tflite 方法评估 tflite 模型。代码如下：

```
model.evaluate_tflite('model.tflite', test_data)
```

执行后会输出：

```
{'accuracy': 0.9019073569482289}
```

13.2.3　量化处理

接下来开始在 TensorFlow Lite 模型上自定义训练后量化，训练后量化是一种转换技术，可以减少模型大小和推理延迟，同时还可以提高 CPU 和硬件加速器的推理速度，但是模型精度会略有下降。因此，它被广泛用于优化模型。

库 Model Maker 在导出模型时应用默认的训练后量化技术，如果想自定义训练后量化，Model Maker 也支持使用 QuantizationConfig 的多个训练后量化选项。例如下面的代码，以 float16 量化为例定义量化配置。

```
config=QuantizationConfig.for_float16()
```

然后用这样的配置导出 TensorFlow Lite 模型。代码如下：

```
model.export(export_dir='.', tflite_filename='model_fp16.tflite',
quantization_config=config)
```

```
INFO:tensorflow:Assets written to: /tmp/tmp3tagi8ov/assets
INFO:tensorflow:Assets written to: /tmp/tmp3tagi8ov/assets
2021-013-12 11:33:113.486299: I tensorflow/stream_executor/cuda/cuda_gpu_
executor.cc:937] successful NUMA node read from SysFS had negative value (-1), but
there must be at least one NUMA node, so returning NUMA node zero
2021-013-12 11:33:113.486660: I tensorflow/core/grappler/devices.cc:66]
Number of eligible GPUs (core count >= 8, compute capability >= 0.0): 1
2021-013-12 11:33:113.486769: I tensorflow/core/grappler/clusters/single_
machine.cc:357] Starting new session
2021-013-12 11:33:113.487314: I tensorflow/stream_executor/cuda/cuda_gpu_
executor.cc:937] successful NUMA node read from SysFS had negative value (-1), but
there must be at least one NUMA node, so returning NUMA node zero
2021-013-12 11:33:113.487754: I tensorflow/stream_executor/cuda/cuda_gpu_
executor.cc:937] successful NUMA node read from SysFS had negative value (-1), but
there must be at least one NUMA node, so returning NUMA node zero
2021-013-12 11:33:113.488070: I tensorflow/stream_executor/cuda/cuda_gpu_
executor.cc:937] successful NUMA node read from SysFS had negative value (-1), but
there must be at least one NUMA node, so returning NUMA node zero
2021-013-12 11:33:113.488480: I tensorflow/stream_executor/cuda/cuda_gpu_
executor.cc:937] successful NUMA node read from SysFS had negative value (-1), but
there must be at least one NUMA node, so returning NUMA node zero
2021-013-12 11:33:113.488804: I tensorflow/stream_executor/cuda/cuda_gpu_
executor.cc:937] successful NUMA node read from SysFS had negative value (-1), but
there must be at least one NUMA node, so returning NUMA node zero
2021-013-12 11:33:113.489094: I tensorflow/core/common_runtime/gpu/gpu_
device.cc:1510] Created device /job:localhost/replica:0/task:0/device:GPU:0 with
```

```
14648 MB memory:  - > device: 0, name: Tesla V100 - SXM2 - 16GB, pci bus id: 0000:00:
05.0, compute capability: 7.0
   2021 - 013 - 12 11:33:113.525503: I tensorflow/core/grappler/optimizers/meta_
optimizer.cc:1137] Optimization results for grappler item: graph_to_optimize
      function_optimizer: Graph size after: 913 nodes (656), 923 edges (664), time =
113.663ms.
      function_optimizer: function_optimizer did nothing. time =0.423ms.
   INFO:tensorflow:Label file is inside the TFLite model with metadata.
   2021 - 013 - 12 11:33:113.358426: W tensorflow/compiler/mlir/lite/python/tf_tfl_
flatbuffer_helpers.cc:351] Ignored output_format.
   2021 - 013 - 12 11:33:113.358474: W tensorflow/compiler/mlir/lite/python/tf_tfl_
flatbuffer_helpers.cc:354] Ignored drop_control_dependency.
   INFO:tensorflow:Label file is inside the TFLite model with metadata.
   INFO:tensorflow:Saving labels in /tmp/tmpyiyio9gh/labels.txt
   INFO:tensorflow:Saving labels in /tmp/tmpyiyio9gh/labels.txt
   INFO: tensorflow: TensorFlow  Lite  model  exported  successfully:  ./model _
fp16.tflite
   INFO: tensorflow: TensorFlow  Lite  model  exported  successfully:  ./model _
fp16.tflite
```

13.2.4 更改模型

在创建模型后可以修改模型,可以通过以下几种方式进行修改。

1. 更改此库中支持的模型

我们创建的模型支持转换为 EfficientNet-Lite、MobileNetV2 和 ResNet50 模型,其中 EfficientNet-Lite 是一系列图像分类模型,可以实现最先进的精度并适用于边缘设备。默认模型是 EfficientNet-Lite0。

只需在 create()方法中将参数设置为 MobileNetV2 模型,就可以将模型切换到 MobileNetV2。代码如下:

```
model = image_classifier.create (train_data, model_spec = model_spec.get ('
mobilenet_v2'), validation_data = validation_data)
```

执行后会输出:

```
INFO:tensorflow:Retraining the models...
INFO:tensorflow:Retraining the models...
Model: "sequential_2"

Layer (type)                    Output Shape            Param #
=================================================================
hub_keras_layer_v1v2_2 (HubK   (None, 1280)            2257984

dropout_2 (Dropout)            (None, 1280)            0

dense_2 (Dense)                (None, 5)               6405
=================================================================
Total params: 2,264,389
Trainable params: 6,405
Non - trainable params: 2,257,984
```

```
None
Epoch 1/5
/tmpfs/src/tf_docs_env/lib/python3.7/site-packages/keras/optimizer_v2/
optimizer_v2.py:356: UserWarning: The 'lr' argument is deprecated, use 'learning_
rate' instead.
    "The 'lr' argument is deprecated, use 'learning_rate' instead.")
 91/91 [===============] - 8s 57ms/step - loss: 0.9474 - accuracy: 0.7486
- val_loss: 0.6713 - val_accuracy: 0.8807
  Epoch 2/5
 91/91 [===============] - 5s 54ms/step - loss: 0.7013 - accuracy: 0.8764
- val_loss: 0.6342 - val_accuracy: 0.9119
  Epoch 3/5
 91/91 [===============] - 5s 54ms/step - loss: 0.6577 - accuracy: 0.8963
- val_loss: 0.6328 - val_accuracy: 0.9119
  Epoch 4/5
 91/91 [===============] - 5s 54ms/step - loss: 0.6245 - accuracy: 0.9176
- val_loss: 0.6445 - val_accuracy: 0.9006
  Epoch 5/5
 91/91 [===============] - 5s 55ms/step - loss: 0.6034 - accuracy: 0.9303
- val_loss: 0.6290 - val_accuracy: 0.9091
```

评估新重新训练的 MobileNetV2 模型以查看测试数据的准确性和损失。代码如下：

```
loss, accuracy = model.evaluate(test_data)
```

执行后会输出：

```
12/12 [===============] - 1s 38ms/step - loss: 0.6723 - accuracy: 0.8883
```

2. 更改 TensorFlow Hub 中的模型

还可以切换到其他新模型，输入图像并输出 TensorFlow Hub 格式的特征向量。以 Inception V3 模型为例，可以定义 inception_v3_specwhich 是 image_classifier.ModelSpec 的对象，包含 Inception V3 模型的规范。

需要指定模型名称 name，TensorFlow Hub 模型的 url uri。同时，默认值 input_image_shape 是 [224, 224]，需要将其更改 [299, 299] 为 Inception V3 模型。

```
inception_v3_spec = image_classifier.ModelSpec(
    uri = 'https://tfhub.dev/google/imagenet/inception_v3/feature_vector/1')
inception_v3_spec.input_image_shape = [299, 299]
```

然后，将参数 model_spec 设置为 inception_v3_specincreate，可以重新训练 Inception V3 模型。其余步骤完全相同，最终得到一个定制的 InceptionV3 TensorFlow Lite 模型。

3. 更改自己的自定义模型

如果想使用 TensorFlow Hub 中没有的自定义模型，应该在 TensorFlow Hub 中创建和导出 ModelSpec。

然后开始 ModelSpec 像上面的过程那样定义对象。

13.3　Android 鲜花识别器

在使用 TensorFlow 定义和训练机器学习模型，并将训练好的 TensorFlow 模型转换为

TensorFlow Lite 模型后,接下来将使用该模型开发一个 Android 鲜花识别器系统。

13.3.1　准备工作

（1）使用 Android Studio 导入本项目源码工程"TFLClassify-main",如图 13-4 所示。

图 13-4　导入工程

（2）将 TensorFlow Lite 模型添加到工程

将之前训练的 TensorFlow Lite 模型文件 mnist. tflite 复制 Android 工程,复制到下面的目录中:

```
TFLClassify-main/finish/src/main/ml
```

（3）更新 build. gradle

打开 app 模块中的文件 build. gradle,分别设置 Android 的编译版本和运行版本,设置需要使用的库文件,如摄像头库 CameraX、GPU 代理库,最后添加对 TensorFlow Lite 模型库的引用。代码如下:

```
plugins {
    id 'com.android.application'
    id 'kotlin-android'

    //建议使用 Kotlin-kapt 进行数据绑定
    id 'kotlin-kapt'
}

android {
    compileSdkVersion 30

    defaultConfig {
        applicationId "org.tensorflow.lite.examples.classification"
        minSdkVersion 21
        targetSdkVersion 30
        versionCode 1
        versionName "1.0"

        testInstrumentationRunner "androidx.test.runner.AndroidJUnitRunner"
```

```
    }

    buildTypes {
        release {
            minifyEnabled false
            proguardFiles getDefaultProguardFile('proguard - android - optimize.
txt'), 'proguard - rules.pro'
        }
    }

    //CameraX 需要 Java 8,这个 compileOptions 块是必需的
    compileOptions {
        sourceCompatibility JavaVersion.VERSION_1_8
        targetCompatibility JavaVersion.VERSION_1_8
    }
    kotlinOptions {
        jvmTarget = '1.8'
    }

    //启用数据绑定
    buildFeatures{
        dataBinding = true
        mlModelBinding true
    }

}

dependencies {

    //Kotlin 和 Jetpack 的默认导入
    implementation "org.jetbrains.kotlin:kotlin - stdlib: $ kotlin_version"
    implementation 'androidx.core:core - ktx:1.3.2'
    implementation 'androidx.appcompat:appcompat:1.2.0'
    implementation 'com.google.android.material:material:1.2.1'
    implementation 'org.tensorflow:tensorflow - lite - support:0.1.0 - rc1'
    implementation "androidx.recyclerview:recyclerview:1.1.0"
    implementation 'org.tensorflow:tensorflow - lite - metadata:0.1.0 - rc1'

    //导入 CameraX
    def camerax_version = "1.0.0 - beta10"
    //使用 camera2 实现的 CameraX 核心库
    implementation "androidx.camera:camera - camera2: $ camerax_version"
    //CameraX 生命周期库
    implementation "androidx.camera:camera - lifecycle: $ camerax_version"
    //CameraX 视图类
    implementation "androidx.camera:camera - view:1.0.0 - alpha17"
    implementation "androidx.activity:activity - ktx:1.1.0"

    // TODO 5:可选 GPU 代理
    implementation 'org.tensorflow:tensorflow - lite - gpu:2.3.0'
```

```
        testImplementation 'junit:junit:4.13'
        androidTestImplementation 'androidx.test.ext:junit:1.1.2'
        androidTestImplementation 'androidx.test.espresso:espresso-core:3.3.0'
    }
```

13.3.2 页面布局

本项目的页面布局文件是 activity_main. xml,其功能是在 Android 界面中显示相机预览框视图,在下方显示识别结果。文件 activity_main. xml 的具体实现代码如下:

```
<merge
    xmlns:android = "http://schemas.android.com/apk/res/android"
    xmlns:app = "http://schemas.android.com/apk/res-auto"
    xmlns:tools = "http://schemas.android.com/tools"
    android:layout_width = "match_parent"
    android:layout_height = "match_parent"
    tools:context = ".MainActivity" >

    <androidx.camera.view.PreviewView
        android:id = "@+id/viewFinder"
        android:layout_width = "match_parent"
        android:layout_height = "match_parent" />

    <androidx.appcompat.widget.Toolbar
        android:id = "@+id/toolbar"
        android:layout_width = "match_parent"
        android:layout_height = "?attr/actionBarSize"
        android:layout_gravity = "top"
        android:background = "#8000" >

            <ImageView
                android:layout_width = "wrap_content"
                android:layout_height = "wrap_content"
                android:src = "@drawable/tfl2_logo"
                android:contentDescription = "@string/tensorflow_lite_logo_
description" />

        </androidx.appcompat.widget.Toolbar>
        <androidx.recyclerview.widget.RecyclerView
            android:id = "@+id/recognitionResults"
            android:layout_width = "match_parent"
            android:layout_height = "wrap_content"
            android:layout_gravity = "bottom"
            android:orientation = "vertical"
            app:layoutManager = "LinearLayoutManager"  />
    </merge>
```

上述代码中,在 RecyclerView 识别结果视图区域中调用了 LinearLayoutManager 来显示识别结果。LinearLayoutManager 的功能在文件 recognition_item. xml 中实现,其功能是通过两列文字显示识别结果。文件 recognition_item. xml 的具体实现代码如下:

```xml
<layout xmlns:android = "http://schemas.android.com/apk/res/android"
    xmlns:tools = "http://schemas.android.com/tools" >

    <data >

        <variable
            name = "recognitionItem"
            type = "org.tensorflow.lite.examples.classification.viewmodel.Reco
gnition" />
    </data >

    <LinearLayout
        android:layout_width = "match_parent"
        android:layout_height = "wrap_content"
        android:background = "#8000"
        android:orientation = "horizontal" >

        <TextView
            android:id = "@ + id/recognitionName"
            android:layout_width = "0dp"
            android:layout_height = "wrap_content"
            android:layout_weight = "2"
            android:padding = "8dp"
            android:text = "@{recognitionItem.label}"
            android:textColor = "@color/white"
            android:textAppearance = "? attr/textAppearanceHeadline6"
            tools:text = "Orange" />

        <TextView
            android:id = "@ + id/recognitionProb"
            android:layout_width = "0dp"
            android:layout_height = "wrap_content"
            android:layout_weight = "1"
            android:gravity = "end"
            android:padding = "8dp"
            android:text = "@{recognitionItem.probabilityString}"
            android:textColor = "@color/white"
            android:textAppearance = "? attr/textAppearanceHeadline6"
            tools:text = "99% " />

    </LinearLayout >
</layout >
```

13.3.3　实现 UI Activity

本项目的 UI Activity 功能是由文件 RecognitionAdapter.kt 实现的,其功能是使用项目布局和数据绑定来扩展 ViewHolder。文件 RecognitionAdapter.kt 的主要实现代码如下:

```kotlin
class RecognitionAdapter(private val ctx: Context) :
    ListAdapter <Recognition, RecognitionViewHolder > (RecognitionDiffUtil()) {
```

```
    /**
     * 使用项目布局和数据绑定来扩展 ViewHolder
     */
    override fun onCreateViewHolder(parent: ViewGroup, viewType: Int):
Rec ognitionViewHolder
{       val inflater = LayoutInflater.from(ctx)
        val binding = RecognitionItemBinding.inflate(inflater, parent, false)
        return RecognitionViewHolder(binding)
    }

    //将数据字段绑定到 RecognitionViewHolder
    override fun onBindViewHolder(holder: RecognitionViewHolder, position: Int)
{
        holder.bindTo(getItem(position))
    }

    private class RecognitionDiffUtil : DiffUtil.ItemCallback < Recognition >
() {
       override fun areItemsTheSame(oldItem: Recognition, newItem: Recognition):
Boolean {
                return oldItem.label == newItem.label
        }

        override fun areContentsTheSame (oldItem: Recognition, newItem: Recog
nition): Boolean {
                return oldItem.confidence == newItem.confidence
        }
    }

    }

    class RecognitionViewHolder(private val binding: RecognitionItemBinding) :
        RecyclerView.ViewHolder(binding.root) {

        //将所有字段绑定到视图 - 要查看哪个 UI 元素绑定到哪个字段,请查看文件 layout/
recognition_item.xml
        fun bindTo(recognition: Recognition) {
          binding.recognitionItem = recognition
          binding.executePendingBindings()
        }
    }
```

13.3.4 实现主 Activity

本项目的主 Activity 功能是由文件 MainActivity. kt 实现的,其功能是调用前面的布局文件 activity_main. xml 在屏幕上方显示一个相机预览界面,在屏幕下方显示识别结果的文字信息。文件 MainActivity. kt 的具体实现流程如下:

(1)定义需要的常量,设置在屏幕中显示 3 行预测,设置使用相机权限。代码如下:

```
//常量
private const val MAX_RESULT_DISPLAY = 3//显示的最大结果数
private const val TAG = "TFL Classify"//日志记录的名称
private const val REQUEST_CODE_PERMISSIONS = 999//获取请求权限
private val REQUIRED_PERMISSIONS = arrayOf (Manifest.permission.CAMERA) //相机
权限

//ImageAnalyzer 结果的侦听器
typealias RecognitionListener = (recognition: List < Recognition >) - > Unit
```

（2）创建 TensorFlow Lite 分类器的入口类 MainActivity，打开相机预览功能，并在下方实现实时识别。代码如下：

```
class MainActivity : AppCompatActivity() {

    // CameraX 变量
    private lateinit var preview: Preview //预览实例,快速、灵敏地查看相机
    private lateinit var imageAnalyzer: ImageAnalysis //分析实例,用于运行 ML 代码
    private lateinit var camera: Camera
    private val cameraExecutor = Executors.newSingleThreadExecutor ()

    //视图附件
    private val resultRecyclerView by lazy {
        findViewById < RecyclerView > (R.id.recognitionResults) //显示分析结果
    }
    private val viewFinder by lazy {
        findViewById < PreviewView > (R.id.viewFinder) //显示来自摄影机的预览图像
    }

    //识别结果。因为它是一个 viewModel,所以它可以在屏幕旋转后继续使用
    private val recogViewModel: RecognitionListViewModel by viewModels ()

    override fun onCreate (savedInstanceState: Bundle?) {
        super.onCreate (savedInstanceState)
        setContentView (R.layout.activity_main)

        //请求相机权限
        if (allPermissionsGranted ()) {
            startCamera ()
        } else {
            ActivityCompat.requestPermissions (
                this, REQUIRED_PERMISSIONS, REQUEST_CODE_PERMISSIONS
            )
        }

        //初始化 resultRecyclerView 及其链接的 ViewAdapter
        val viewAdapter = RecognitionAdapter (this)
        resultRecyclerView.adapter = viewAdapter

        //禁用"回放视图"动画以减少闪烁,否则项目会随着列表的更改而移动、淡入和淡出
        resultRecyclerView.itemAnimator = null
```

```
            //在 recognitionList 的 LiveData 字段上附加一个观察者
            //每当在 recognitionList 的 LiveData 字段上设置新列表时,将通知 recycler 视图
进行更新
            recogViewModel.recognitionList.observe(this,
                Observer {
                    viewAdapter.submitList(it)
                }
            )


        }
```

（3）编写函数 allPermissionsGranted()，其功能是检查是否已授予所有权限，在本实例中是检查是否获取操作相机的权限。代码如下：

```
    private fun allPermissionsGranted(): Boolean = REQUIRED_PERMISSIONS.all {
        ContextCompat.checkSelfPermission(
            baseContext, it
        ) == PackageManager.PERMISSION_GRANTED
    }
```

（4）编写函数 onRequestPermissionsResult()，其功能是弹出是否开启"摄影机权限"提醒框窗口。代码如下：

```
    override fun onRequestPermissionsResult(
        requestCode: Int,
        permissions: Array<String>,
        grantResults: IntArray
    ) {
        if (requestCode == REQUEST_CODE_PERMISSIONS) {
            if (allPermissionsGranted()) {
                startCamera()
            } else {
                //如果未授予权限,请退出应用程序
                //更多有关权限信息的说明,请参阅:
                // https://developer.android.com/training/permissions/usage-notes
                Toast.makeText(
                    this,
                    getString(R.string.permission_deny_text),
                    Toast.LENGTH_SHORT
                ).show()
                finish()
            }
        }
    }
```

（5）编写函数 startCamera()，其功能是启动手机中的摄像机，具体包括以下 4 个功能：
- 初始化预览用例；
- 初始化图像分析仪用例；
- 将上述两者都附加到此活动的生命周期；
- 通过管道将预览对象的输出传输到屏幕上的 PreviewView 视图。

函数 startCamera() 的具体实现代码如下：

```kotlin
private fun startCamera() {
    val cameraProviderFuture = ProcessCameraProvider.getInstance(this)

    cameraProviderFuture.addListener(Runnable {
        //将相机的生命周期绑定到生命周期所有者
        val cameraProvider: ProcessCameraProvider = cameraProviderFuture.
get()

        preview = Preview.Builder()
            .build()

        imageAnalyzer = ImageAnalysis.Builder()
            //为要分析的图像设置了理想的尺寸,CameraX 将选择可能不完全相同或保持
相同纵横比的最合适的分辨率
            .setTargetResolution(Size(224, 224))
            //图像分析仪应如何输入:1.每帧,但不掉帧;2.转到最新帧,可能会丢失一些帧。
默认值为 2
            //
            // STRATEGY_KEEP_ONLY_LATEST.以下行是可选的,为了清晰起见保留在此处
            .setBackpressureStrategy(ImageAnalysis.STRATEGY_KEEP_ONLY_LATEST)
            .build()
            .also { analysisUseCase: ImageAnalysis ->
                analysisUseCase.setAnalyzer(cameraExecutor, ImageAnalyzer
(this) { items ->

                    //更新已识别对象的列表
                    recogViewModel.updateData(items)
                })
            }

        //选择"摄影机",默认为"后退"。如果不可用,请选择前摄像头
        val cameraSelector =
            if (cameraProvider.hasCamera(CameraSelector.DEFAULT_BACK_
CAMERA))
                CameraSelector.DEFAULT_BACK_CAMERA else CameraSelector.
DEFAULT_FRONT_CAMERA

        try {
            //在重新绑定之前解除绑定实例
            cameraProvider.unbindAll()

            //将创建的实例绑定到相机 - 尝试一次绑定所有内容,CameraX 将找到最佳
组合。

            camera = cameraProvider.bindToLifecycle(
                this, cameraSelector, preview, imageAnalyzer
            )

            //将预览附加到预览视图,也称为取景器
            preview.setSurfaceProvider(viewFinder.surfaceProvider)
```

```
        } catch (exc: Exception) {
            Log.e(TAG, "Use case binding failed", exc)
        }

    }, ContextCompat.getMainExecutor(this))
}
```

（6）编写类 ImageAnalyzer，其功能是分析摄像机中采集的图片信息，使用 TensorFlow Lite 模型实现图像识别。代码如下：

```
    private class ImageAnalyzer(ctx: Context, private val listener: Recognition
Listener) :
        ImageAnalysis.Analyzer {

        // TODO 1:添加类变量 TensorFlow Lite 模型
        //通过 lazy 初始化 flowerModel,以便在调用 process 方法时它在同一线程中运行。
        private val flowerModel: FlowerModel by lazy{

            // TODO 6.可选选项,开启 GPU 加速
            val compatList = CompatibilityList()

            val options = if(compatList.isDelegateSupportedOnThisDevice) {
                Log.d(TAG, "This device is GPU Compatible ")
                Model.Options.Builder().setDevice(Model.Device.GPU).build()
            } else {
                Log.d(TAG, "This device is GPU Incompatible ")
                Model.Options.Builder().setNumThreads(4).build()
            }

            //初始化花模型
            FlowerModel.newInstance(ctx, options)
        }

        override fun analyze(imageProxy: ImageProxy) {

            val items = mutableListOf < Recognition > ()

            // TODO 2:将图像转换为位图,然后转换为 TensorImage
            val tfImage = TensorImage.fromBitmap(toBitmap(imageProxy))

            // TODO 3:使用经过训练的模型对图像进行处理,并对处理结果进行排序和挑选
            val outputs = flowerModel.process(tfImage)
                .probabilityAsCategoryList.apply {
                    sortByDescending { it.score } //首先以最高的得分排序
                }.take(MAX_RESULT_DISPLAY) //以最高的得分为例

            // TODO 4:将最高概率项转换为识别列表
            for (output in outputs) {
                items.add(Recognition(output.label, output.score))
            }
```

```
            //返回结果
            listener(items.toList())

            //关闭图像,告诉 CameraX 将下一个图像提供给分析仪
            imageProxy.close()
        }

        /**
         * 将图像转换为位图
         */
        private val yuvToRgbConverter = YuvToRgbConverter(ctx)
        private lateinit var bitmapBuffer: Bitmap
        private lateinit var rotationMatrix: Matrix

        @SuppressLint("UnsafeExperimentalUsageError")
        private fun toBitmap(imageProxy: ImageProxy): Bitmap? {

            val image = imageProxy.image ?: return null

            //初始化缓冲区
            if (!::bitmapBuffer.isInitialized) {
                //图像旋转和 RGB 图像缓冲区仅初始化一次
                Log.d(TAG, "Initalise toBitmap()")
                rotationMatrix = Matrix()
                rotationMatrix.postRotate(imageProxy.imageInfo.rotationDegrees
.toFloat())
                bitmapBuffer = Bitmap.createBitmap(
                    imageProxy.width, imageProxy.height, Bitmap.Config.ARGB_8888
                )
            }

            //将图像传递给图像分析器
            yuvToRgbConverter.yuvToRgb(image, bitmapBuffer)

            //以正确的方向创建位图
            return Bitmap.createBitmap(
                bitmapBuffer,
                0,
                0,
                bitmapBuffer.width,
                bitmapBuffer.height,
                rotationMatrix,
                false
            )
        }
    }
}
```

13.3.5　图像转换

　　编写文件 YuvToRgbConverter.kt,其功能是将 YUV_420_888 格式的数据转换为 RGB 对象。YUV 即通过 Y、U 和 V 三个分量表示颜色空间,其中 Y 表示亮度,U 和 V 表示色度。不同于 RGB

中每个像素点都有独立的 R、G 和 B 三个颜色分量值,YUV 根据 U 和 V 采样数目的不同,分为如 YUV444、YUV422 和 YUV420 等,而 YUV420 表示每个像素点有一个独立的亮度,即 Y 分量;而色度,即 U 和 V 分量则由每 4 个像素点共享一个。举例来说,对于 4×4 的图片,在 YUV420 下,有 16 个 Y 值,4 个 U 值和 4 个 V 值。

YUV420 根据颜色数据的存储顺序不同,又分为多种不同的格式,如 YUV420Planar、YUV420PackedPlanar、YUV420SemiPlanar 和 YUV420PackedSemiPlanar,这些格式实际存储的信息还是完全一致的。例如,对于 4×4 的图片,在 YUV420 下,任何格式都有 16 个 Y 值,4 个 U 值和 4 个 V 值,不同格式只是 Y、U 和 V 的排列顺序变化。I420(YUV420Planar 的一种)则为:

```
YYYYYYYYYYYYYYYYUUUUVVVV
```

NV21(YUV420SemiPlanar)则为:

```
YYYYYYYYYYYYYYYYVUVUVUVU
```

也就是说,YUV420 是一类格式的集合,YUV420 并不能完全确定颜色数据的存储顺序。

对于 YUV 来说,图片的宽和高是必不可少的,因为 YUV 本身只存储颜色信息,想要还原出图片,必须知道图片的长宽。在 Android 中,使用 Image 保存有图片的宽和高,这可以分别通过函数 getWidth() 和 getHeight() 得到。每个 Image 有自己的格式,这个格式由 ImageFormat 确定。对于 YUV420 来说,ImageFormat 在 API≥21 的 Android 系统中新加入了 YUV_420_888 类型,其表示 YUV420 格式的集合,888 表示 Y、U、V 分量中每个颜色占 8bit。既然只能指定 YUV420 这个格式集合,那怎么知道具体的格式呢? Y、U 和 V 三个分量的数据分别保存在三个 Plane 类中,可以通过 getPlanes() 得到。Plane 实际是对 ByteBuffer 的封装。Image 保证了 plane # 0 一定是 Y,# 1 一定是 U,# 2 一定是 V。且对于 plane # 0,Y 分量数据一定是连续存储的,中间不会有 U 或 V 数据穿插,也就是说我们一定能够一次性得到所有 Y 分量的值。

文件 YuvToRgbConverter. kt 的具体实现流程如下:

```kotlin
class YuvToRgbConverter(context: Context) {
    private val rs = RenderScript.create(context)
    private val scriptYuvToRgb = ScriptIntrinsicYuvToRGB.create(rs, Element.U8_4(rs))

    private var pixelCount: Int = -1
    private lateinit var yuvBuffer: ByteBuffer
    private lateinit var inputAllocation: Allocation
    private lateinit var outputAllocation: Allocation

    @Synchronized
    fun yuvToRgb(image: Image, output: Bitmap) {

        //确保在已分配的输出缓冲区范围内进行处理
        if (!::yuvBuffer.isInitialized) {
            pixelCount = image.cropRect.width() * image.cropRect.height()
            //每个像素位是整个图像的平均值,因此计算完整缓冲区的大小是非常有用的,但不
应用于确定像素偏移
            val pixelSizeBits = ImageFormat.getBitsPerPixel(ImageFormat.YUV_420_888)
            yuvBuffer = ByteBuffer.allocateDirect(pixelCount * pixelSizeBits / 8)
        }
```

```
        //回退缓冲区,不需要清除它,因为它将被填充
        yuvBuffer.rewind()

        //使用 NV21 格式获取字节数组形式的 YUV 数据
        imageToByteBuffer(image, yuvBuffer.array())

        //确保已分配 RenderScript 输入和输出
        if (!::inputAllocation.isInitialized) {
            //显式创建一个 NV21 类型的元素,因为这是我们使用的像素格式
            val elemType = Type.Builder(rs, Element.YUV(rs)).setYuvFormat
(ImageFormat.NV21).create()
            inputAllocation = Allocation.createSized(rs, elemType.element,
yuvBuffer.array().size)
        }
        if (!::outputAllocation.isInitialized) {
            outputAllocation = Allocation.createFromBitmap(rs, output)
        }

        //将 NV21 格式 YUV 转换为 RGB
        inputAllocation.copyFrom(yuvBuffer.array())
        scriptYuvToRgb.setInput(inputAllocation)
        scriptYuvToRgb.forEach(outputAllocation)
        outputAllocation.copyTo(output)
    }

    private fun imageToByteBuffer(image: Image, outputBuffer: ByteArray) {
        if (BuildConfig.DEBUG && image.format ! = ImageFormat.YUV_420_888) {
            error("Assertion failed")
        }

        val imageCrop = image.cropRect
        val imagePlanes = image.planes

        imagePlanes.forEachIndexed { planeIndex, plane - >
            //输入时需要为每个输出值设置读取多少个值,仅 Y 平面为每个像素设置一个值,U
和 V 的分辨率为一半,即:
            // Y Plane              U Plane        V Plane
            // ================     =======        =======
            // Y Y Y Y Y Y Y Y      U U U U        V V V V
            // Y Y Y Y Y Y Y Y      U U U U        V V V V
            // Y Y Y Y Y Y Y Y      U U U U        V V V V
            // Y Y Y Y Y Y Y Y      U U U U        V V V V
            // Y Y Y Y Y Y Y Y
            // Y Y Y Y Y Y Y Y
            // Y Y Y Y Y Y Y Y
            val outputStride: Int

            //写入输出缓冲区中的索引的下一个值,对于 Y 来说它是 0,对于 U 和 V 来说从 Y 的
末尾开始并交叉处理
```

```
//
// First chunk                    Second chunk
// ================               ================
// Y Y Y Y Y Y Y Y                V U V U V U V U
// Y Y Y Y Y Y Y Y                V U V U V U V U
// Y Y Y Y Y Y Y Y                V U V U V U V U
// Y Y Y Y Y Y Y Y                V U V U V U V U
// Y Y Y Y Y Y Y Y
// Y Y Y Y Y Y Y Y
// Y Y Y Y Y Y Y Y
var outputOffset: Int

when (planeIndex) {
    0 - > {
        outputStride = 1
        outputOffset = 0
    }
    1 - > {
        outputStride = 2
        //对于 NV21 格式,U 为奇数索引
        outputOffset = pixelCount + 1
    }
    2 - > {
        outputStride = 2
        //对于 NV21 格式,V 为偶数索引
        outputOffset = pixelCount
    }
    else - > {
        //图像包含 3 个以上的平面
        return@ forEachIndexed
    }
}

val planeBuffer = plane.buffer
val rowStride = plane.rowStride
val pixelStride = plane.pixelStride

//如果不是 Y 平面,必须将宽度和高度除以 2
val planeCrop = if (planeIndex == 0) {
    imageCrop
} else {
    Rect(
        imageCrop.left / 2,
        imageCrop.top / 2,
        imageCrop.right / 2,
        imageCrop.bottom / 2
    )
}

val planeWidth = planeCrop.width()
```

```
        val planeHeight = planeCrop.height()

        //用于存储每行字节的中间缓冲区
        val rowBuffer = ByteArray(plane.rowStride)

        //每行的大小(字节)
        val rowLength = if (pixelStride == 1 && outputStride == 1) {
            planeWidth
        } else {
            //因为步幅可以包括来自除该特定平面和行之外的像素的数据,并且该数据可
以在像素之间,而不是在每个像素之后:
            //
            // |---- Pixel stride ----|              Row ends here -- > |
            // | Pixel 1 | Other Data | Pixel 2 | Other Data | ... | Pixel N |
            //
            // |----像素跨距--|行结束于此-->|
            //
            // |像素1 |其他数据 |像素2 |其他数据|……|像素N|
            ////我们需要得到(N-1)*(像素步幅字节)每行+1字节的最后一个像素
            (planeWidth - 1) * pixelStride + 1
        }

        for (row in 0 until planeHeight) {
            //将缓冲区位置移到此行的开头
            planeBuffer.position(
                (row + planeCrop.top) * rowStride + planeCrop.left * pixelStride
            )

            if (pixelStride == 1 && outputStride == 1) {
                //当像素和输出有一个步长值时,可以在一个步长中复制整行
                planeBuffer.get(outputBuffer, outputOffset, rowLength)
                outputOffset += rowLength
            } else {
                //当像素或输出的跨距大于1时,必须逐像素复制
                planeBuffer.get(rowBuffer, 0, rowLength)
                for (col in 0 until planeWidth) {
                    outputBuffer[outputOffset] = rowBuffer[col * pixelStride]
                    outputOffset += outputStride
                }
            }
        }
    }
  }
}
```

至此,整个项目工程全部开发完毕。单击 Android Studio 顶部的运行按钮运行本项目,在 Android 设备中将会显示执行效果。在屏幕上方会显示摄像头的拍摄界面,在下方显示摄像头视频的识别结果。执行效果如图 13-5 所示。

图 13-5　执行效果

13.3.6　使用 GPU 委托加速

TensorFlow Lite 支持多种硬件加速器,以加快移动设备上的推理速度。其中 GPU 是 TensorFlow Lite 可以通过委托机制利用的加速器之一,它非常易于使用。在本项目中模块下的 build. gradlestart 文件中,添加了如下的依赖:

```
implementation 'org.tensorflow:tensorflow-lite-gpu:2.3.0'
```

也可以在通过 Android Studio 导入 TensorFlow Lite 时,在"Import"界面中选择"Auto add TensorFlow Lite"复选框完成同样的功能,这样既可启用 GPU 加速功能,如图 13-6 所示。

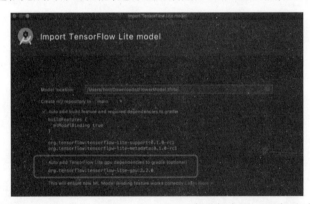

图 13-6　选择"Auto add TensorFlow Lite"复选框启用 GPU 加速功能

第14章 开发情感文本识别系统

经过前面内容的学习,已经学会了使用 TensorFlow Lite 识别图像的知识。本章通过一个情感文本识别系统的实现过程,详细讲解使用 TensorFlow Lite 开发大型软件项目的过程,包括项目的架构分析、创建模型和具体实现等知识。

14.1 系统介绍

机器学习已成为移动开发中的重要工具,为现代移动应用程序提供了许多智能功能。在本项目中,将基于对某电影的评论信息数据集开发机器学习模型,该模型可以使用 TensorFlow 识别评论文本的情感类型,然后将该模型转换为 TensorFlow Lite 模型,最后将转换后的模型部署到 Android 应用程序。在手机中可以接收用户输入新的评价信息,然后实时识别用户输入文本的情感类型。本项目的具体结构如图 14-1 所示。

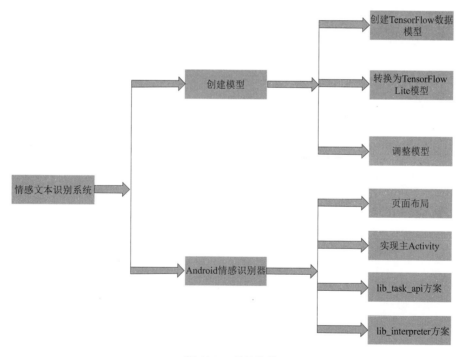

图 14-1　项目结构

14.2 创建模型

在创建文本情感识别系统之前,需要先创建识别模型。先使用 TensorFlow 创建普通的数据模型,然后将其转换为 TensorFlow Lite 数据模型。在本项目中,通过文件 mo. py 创建模型,下面讲解具体实现过程。

14.2.1 创建 TensorFlow 数据模型

(1)下载数据集样本训练数据。代码如下:

```
data_dir = tf.keras.utils.get_file(
    fname = 'SST-2.zip',
    origin = 'https://dl.fbaipublicfiles.com/glue/data/SST-2.zip',
    extract = True)
data_dir = os.path.join(os.path.dirname(data_dir), 'SST-2')
```

执行后会输出:

```
Downloading data from https://dl.fbaipublicfiles.com/glue/data/SST-2.zip
7446528/7439277 [==============================] - 2s 0us/step
7454720/7439277 [==============================] - 2s 0us/step
```

在本实例中将使用 SST-2(斯坦福情绪树库)数据集,这是 GLUE 基准测试中的任务之一,包括 67 349 条用于训练的电影评论和 872 条用于测试的电影评论。在该数据集中有两类信息:正面和负面的电影评论。

SST-2 数据集以 TSV 格式存储信息,TSV 和 CSV 之间的唯一区别是 TSV 使用制表"\t"作为分隔符,而不是 CSV 文件格式中的逗号。例如,下面列出了训练数据集中的前 5 行,label = 0 表示是"Negative"(否定)情绪,label = 1 表示是"Positive"(肯定)情绪。

评论句子	标签
hide new secretions from the parental units	0
contains no wit , only labored gags	0
that loves its characters and communicates something rather beautiful about human nature	1
remains utterly satisfied to remain the same throughout	0
on the worst revenge-of-the-nerds clichés the filmmakers could dredge up	0

(2)将数据集加载到 Pandas 数据框中,并将当前标签名称(0 和 1)更改为更易读的名称(negative 和 positive),并将它们用于模型训练。代码如下:

```
import pandas as pd

def replace_label(original_file, new_file):
    # 将原始文件加载到 pandas。我们需要将分隔符指定为"\t",因为训练数据是以 TSV 格式存储的
    df = pd.read_csv(original_file, sep = '\t')

    # 定义要如何更改标签名称
    label_map = {0: 'negative', 1: 'positive'}

    # 更改标签
    df.replace({'label': label_map}, inplace = True)

    # 将更新的数据集写入新文件
    df.to_csv(new_file)
```

```
# 替换训练和测试数据集的标签名称,然后将更新的 CSV 数据集写入当前文件夹
replace_label(os.path.join(os.path.join(data_dir, 'train.tsv')), 'train.csv')
replace_label(os.path.join(os.path.join(data_dir, 'dev.tsv')), 'dev.csv')
```

（3）选择文本分类模型的架构

使用平均词嵌入模型架构,将生成一个小而快速的模型,并且具有不错的准确性。代码如下：

```
spec = model_spec.get('average_word_vec')
```

当然,Model Maker 还支持其他类型的模型架构,如 BERT。

（4）训练和测试

Model Maker 可以采用 CSV 格式的输入数据,接下来将使用可读的标签名称加载训练和测试数据集,每个模型架构都需要以特定方式处理输入数据,DataLoader 读取 model_spec 需求并自动执行必要的预处理功能。代码如下：

```
train_data = DataLoader.from_csv(
      filename = 'train.csv',
      text_column = 'sentence',
      label_column = 'label',
      model_spec = spec,
      is_training = True)
test_data = DataLoader.from_csv(
      filename = 'dev.csv',
      text_column = 'sentence',
      label_column = 'label',
      model_spec = spec,
      is_training = False)
```

执行后会输出：

```
2021 - 08 - 12 12:42:14.766466: I tensorflow/stream_executor/cuda/cuda_gpu_
executor.cc:937] successful NUMA node read from SysFS had negative value (-1), but
there must be at least one NUMA node, so returning NUMA node zero
2021 - 08 - 12 12:42:14.774526: I tensorflow/stream_executor/cuda/cuda_gpu_
executor.cc:937] successful NUMA node read from SysFS had negative value (-1), but
there must be at least one NUMA node, so returning NUMA node zero
2021 - 08 - 12 12:42:14.775549: I tensorflow/stream_executor/cuda/cuda_gpu_
executor.cc:937] successful NUMA node read from SysFS had negative value (-1), but
there must be at least one NUMA node, so returning NUMA node zero
2021 - 08 - 12 12:42:14.778072: I tensorflow/core/platform/cpu_feature_guard.cc:
142] This TensorFlow binary is optimized with oneAPI Deep Neural Network Library
(oneDNN) to use the following CPU instructions in performance - critical operations:
AVX2 AVX512F FMA
To enable them in other operations, rebuild TensorFlow with the appropriate
compiler flags.
2021 - 08 - 12 12:42:14.778716: I tensorflow/stream_executor/cuda/cuda_gpu_
executor.cc:937] successful NUMA node read from SysFS had negative value (-1), but
there must be at least one NUMA node, so returning NUMA node zero
2021 - 08 - 12 12:42:14.779805: I tensorflow/stream_executor/cuda/cuda_gpu_
```

```
executor.cc:937] successful NUMA node read from SysFS had negative value (-1), but
there must be at least one NUMA node, so returning NUMA node zero
    2021-08-12 12:42:14.780786: I tensorflow/stream_executor/cuda/cuda_gpu_
executor.cc:937] successful NUMA node read from SysFS had negative value (-1), but
there must be at least one NUMA node, so returning NUMA node zero
    2021-08-12 12:42:11.372042: I tensorflow/stream_executor/cuda/cuda_gpu_
executor.cc:937] successful NUMA node read from SysFS had negative value (-1), but
there must be at least one NUMA node, so returning NUMA node zero
    2021-08-12 12:42:11.373107: I tensorflow/stream_executor/cuda/cuda_gpu_
executor.cc:937] successful NUMA node read from SysFS had negative value (-1), but
there must be at least one NUMA node, so returning NUMA node zero
    2021-08-12 12:42:11.374054: I tensorflow/stream_executor/cuda/cuda_gpu_
executor.cc:937] successful NUMA node read from SysFS had negative value (-1), but
there must be at least one NUMA node, so returning NUMA node zero
    2021-08-12 12:42:11.374939: I tensorflow/core/common_runtime/gpu/gpu_device.
cc:1510] Created device /job:localhost/replica:0/task:0/device:GPU:0 with 14648 MB
memory: -> device: 0, name: Tesla V100-SXM2-16GB, pci bus id: 0000:00:05.0,
compute capability: 7.0
```

（5）使用训练数据训练 TensorFlow 模型

在 batch_size 值等于 32 默认情况下使用平均词嵌入模型，因此将看到遍历训练数据集中的 67 349 个句子需要 2 104 个步骤。我们将训练模型 10 个 echo，这说明需要遍历训练数据集 10 次。代码如下：

```
model = text_classifier.create(train_data, model_spec = spec, epochs = 10)
```

执行后会输出：

```
    2021-08-12 12:42:11.945865: I tensorflow/core/profiler/lib/profiler_session.
cc:131] Profiler session initializing.
    2021-08-12 12:42:11.945910: I tensorflow/core/profiler/lib/profiler_session.
cc:146] Profiler session started.
    2021-08-12 12:42:11.946007: I tensorflow/core/profiler/internal/gpu/cupti_
tracer.cc:1614] Profiler found 1 GPUs
    2021-08-12 12:42:12.177195: I tensorflow/core/profiler/lib/profiler_session.
cc:164] Profiler session tear down.
    2021-08-12 12:42:12.180022: I tensorflow/core/profiler/internal/gpu/cupti_
tracer.cc:1748] CUPTI activity buffer flushed
    2021-08-12 12:42:12.260396: I tensorflow/compiler/mlir/mlir_graph_
optimization_pass.cc:185] None of the MLIR Optimization Passes are enabled
(registered 2)
    Epoch 1/10
       2/2104 [..............................] - ETA: 7:11 - loss: 0.6918 -
accuracy: 0.5469
    2021-08-12 12:42:13.142844: I tensorflow/core/profiler/lib/profiler_session.
cc:131] Profiler session initializing.
    2021-08-12 12:42:13.142884: I tensorflow/core/profiler/lib/profiler_session.
cc:146] Profiler session started.
    2021-08-12 12:42:13.337209: I tensorflow/core/profiler/lib/profiler_session.
cc:66] Profiler session collecting data.
    2021-08-12 12:42:13.340075: I tensorflow/core/profiler/internal/gpu/cupti_
```

tracer.cc:1748] CUPTI activity buffer flushed

58/2104 [..........................] - ETA: 15s - loss: 0.6902 - accuracy: 0.5436

2021 - 08 - 12 12:42:13.369348: I tensorflow/core/profiler/internal/gpu/cupti_collector.cc:673] GpuTracer has collected 155 callback api events and 152 activity events.

2021 - 08 - 12 12:42:13.372838: I tensorflow/core/profiler/lib/profiler_session.cc:164] Profiler session tear down.

2021 - 08 - 12 12:42:13.378566: I tensorflow/core/profiler/rpc/client/save_profile.cc:136] Creating directory: /tmp/tmp9i5p9rfi/summaries/train/plugins/profile/2021_08_12_12_42_13

2021 - 08 - 12 12:42:13.382803: I tensorflow/core/profiler/rpc/client/save_profile.cc:142] Dumped gzipped tool data for trace.json.gz to /tmp/tmp9i5p9rfi/summaries/train/plugins/profile/2021_08_12_12_42_13/kokoro - gcp - ubuntu - prod - 762150866.trace.json.gz

2021 - 08 - 12 12:42:13.390407: I tensorflow/core/profiler/rpc/client/save_profile.cc:136] Creating directory: /tmp/tmp9i5p9rfi/summaries/train/plugins/profile/2021_08_12_12_42_13

2021 - 08 - 12 12:42:13.391576: I tensorflow/core/profiler/rpc/client/save_profile.cc:142] Dumped gzipped tool data for memory_profile.json.gz to /tmp/tmp9i5p9rfi/summaries/train/plugins/profile/2021_08_12_12_42_13/kokoro - gcp - ubuntu - prod - 762150866.memory_profile.json.gz

2021 - 08 - 12 12:42:13.391931: I tensorflow/core/profiler/rpc/client/capture_profile.cc:251] Creating directory: /tmp/tmp9i5p9rfi/summaries/train/plugins/profile/2021_08_12_12_42_13

Dumped tool data for xplane.pb to /tmp/tmp9i5p9rfi/summaries/train/plugins/profile/2021_08_12_12_42_13/kokoro - gcp - ubuntu - prod - 762150866.xplane.pb

Dumped tool data for overview_page.pb to /tmp/tmp9i5p9rfi/summaries/train/plugins/profile/2021_08_12_12_42_13/kokoro - gcp - ubuntu - prod - 762150866.overview_page.pb

Dumped tool data for input_pipeline.pb to /tmp/tmp9i5p9rfi/summaries/train/plugins/profile/2021_08_12_12_42_13/kokoro - gcp - ubuntu - prod - 762150866.input_pipeline.pb

Dumped tool data for tensorflow_stats.pb to /tmp/tmp9i5p9rfi/summaries/train/plugins/profile/2021_08_12_12_42_13/kokoro - gcp - ubuntu - prod - 762150866.tensorflow_stats.pb

Dumped tool data for kernel_stats.pb to /tmp/tmp9i5p9rfi/summaries/train/plugins/profile/2021_08_12_12_42_13/kokoro - gcp - ubuntu - prod - 762150866.kernel_stats.pb

2104/2104 [==============] - 7s 3ms/step - loss: 0.6791 - accuracy: 0.5674
Epoch 2/10
2104/2104 [==============] - 6s 3ms/step - loss: 0.5622 - accuracy: 0.7169
Epoch 3/10
2104/2104 [==============] - 6s 3ms/step - loss: 0.4407 - accuracy: 0.7983
Epoch 4/10
2104/2104 [==============] - 6s 3ms/step - loss: 0.3911 - accuracy: 0.8284
Epoch 5/10
2104/2104 [==============] - 6s 3ms/step - loss: 0.3655 - accuracy: 0.8427
Epoch 6/10

```
2104/2104 [=============] - 6s 3ms/step - loss: 0.3520 - accuracy: 0.8516
Epoch 7/10
2104/2104 [=============] - 6s 3ms/step - loss: 0.3398 - accuracy: 0.8584
Epoch 8/10
2104/2104 [=============] - 6s 3ms/step - loss: 0.3339 - accuracy: 0.8631
Epoch 9/10
2104/2104 [=============] - 6s 3ms/step - loss: 0.3276 - accuracy: 0.8649
Epoch 10/10
2104/2104 [=============] - 6s 3ms/step - loss: 0.3224 - accuracy: 0.8673
```

（6）使用测试数据评估模型

在使用训练数据集中的句子训练文本分类模型后，将使用测试数据集中剩余的 872 个句子来评估模型，查看剩余数据的表现。因为默认批量大小为 32，所以遍历测试数据集中的 872 个句子需要 28 个步骤。代码如下：

```
loss, acc = model.evaluate(test_data)
```

执行后会输出：

```
28/28 [=============] - 0s 2ms/step - loss: 0.5172 - accuracy: 0.8337
```

14.2.2　将 Keras 模型转换为 TensorFlow Lite

经过前面的介绍，已经成功训练了情感文本识别系统的模型。在接下来的内容中，将该模型转换为 TensorFlow Lite 格式以进行移动部署。

导出带有元数据的 TensorFlow Lite 模型，设置导出模型的文件夹。在默认情况下，使用 average_word_vec 架构导出浮点 TFLite 模型。代码如下：

```
model.export(export_dir = 'average_word_vec')
```

执行后会输出：

```
021 - 08 - 12 12:43:14.533295: W tensorflow/python/util/util.cc:348] Sets are not
currently considered sequences, but this may change in the future, so consider
avoiding using them.
2021 - 08 - 12 12:43:14.973483: I tensorflow/stream_executor/cuda/cuda_gpu_
executor.cc:937] successful NUMA node read from SysFS had negative value (-1), but
there must be at least one NUMA node, so returning NUMA node zero
2021 - 08 - 12 12:43:14.973851: I tensorflow/core/grappler/devices.cc:66] Number
of eligible GPUs (core count > = 8, compute capability > = 0.0): 1
2021 - 08 - 12 12:43:14.973955: I tensorflow/core/grappler/clusters/single_
machine.cc:357] Starting new session
2021 - 08 - 12 12:43:14.974556: I tensorflow/stream_executor/cuda/cuda_gpu_
executor.cc:937] successful NUMA node read from SysFS had negative value (-1), but
there must be at least one NUMA node, so returning NUMA node zero
2021 - 08 - 12 12:43:14.974968: I tensorflow/stream_executor/cuda/cuda_gpu_
executor.cc:937] successful NUMA node read from SysFS had negative value (-1), but
there must be at least one NUMA node, so returning NUMA node zero
2021 - 08 - 12 12:43:14.975261: I tensorflow/stream_executor/cuda/cuda_gpu_
executor.cc:937] successful NUMA node read from SysFS had negative value (-1), but
there must be at least one NUMA node, so returning NUMA node zero
```

```
    2021 - 08 - 12 12:43:14.975641: I tensorflow/stream_executor/cuda/cuda_gpu_
executor.cc:937] successful NUMA node read from SysFS had negative value ( - 1), but
there must be at least one NUMA node, so returning NUMA node zero
    2021 - 08 - 12 12:43:14.975996: I tensorflow/stream_executor/cuda/cuda_gpu_
executor.cc:937] successful NUMA node read from SysFS had negative value ( - 1), but
there must be at least one NUMA node, so returning NUMA node zero
    2021 - 08 - 12 12:43:14.976253: I tensorflow/core/common_runtime/gpu/gpu_device.
cc:1510] Created device /job:localhost/replica:0/task:0/device:GPU:0 with 14648 MB
memory:  - > device: 0, name: Tesla V100 - SXM2 - 16GB, pci bus id: 0000:00:05.0,
compute capability: 7.0
    2021 - 08 - 12 12:43:14.977511: I tensorflow/core/grappler/optimizers/meta_
optimizer.cc:1137] Optimization results for grappler item: graph_to_optimize
    function_optimizer: function_optimizer did nothing. time = 0.007ms.
    function_optimizer: function_optimizer did nothing. time = 0.001ms.

    2021 - 08 - 12 12:43:11.008758: W tensorflow/compiler/mlir/lite/python/tf_tfl_
flatbuffer_helpers.cc:351] Ignored output_format.
    2021 - 08 - 12 12:43:11.008802: W tensorflow/compiler/mlir/lite/python/tf_tfl_
flatbuffer_helpers.cc:354] Ignored drop_control_dependency.
    2021 - 08 - 12 12:43:11.012064: I tensorflow/compiler/mlir/tensorflow/utils/dump
_mlir_util.cc:210] disabling MLIR crash reproducer, set env var 'MLIR_CRASH_
REPRODUCER_DIRECTORY' to enable.
    2021 - 08 - 12 12:43:11.027591: I tensorflow/compiler/mlir/lite/flatbuffer_
export.cc:1899] Estimated count of arithmetic ops: 722  ops, equivalently 361  MACs
```

model. jsonTFLite 模型在同一个文件夹中有一个文件,其中包含了捆绑在 TensorFlow Lite 模型中的元数据的 JSON 表示。模型元数据可以帮助 TFLite 任务库了解模型的作用,以及如何为模型"预处理/后处理"数据。我们不需要下载该 model. json 文件,因为它仅供参考,其内容已经在 TFLite 文件中。

上述模型可以集成到 Android 或使用的 iOS 应用 ImageClassifier API 中的 TensorFlow 精简版任务库,允许的导出格式可以是以下之一或列表:

- ExportFormat. TFLITE;
- ExportFormat. LABEL;
- ExportFormat. VOCAB;
- ExportFormat. SAVED_MODEL。

在默认情况下,它仅导出包含模型元数据的 TensorFlow Lite 模型文件。当然还可以选择导出与模型相关的其他文件,以便更好地检查。例如,仅导出标签文件和 vocab 文件的代码如下:

```
model.export(export_dir = 'mobilebert/', export_format = [ExportFormat.LABEL,
ExportFormat.VOCAB])
```

另外,还可以使用 evaluate_tflite 测量其准确性的方法来评估 TFLite 模型。将训练好的 TensorFlow 模型转换为 TFLite 格式并应用量化会影响其准确性,因此建议在部署前评估 TFLite 模型的准确性,代码如下:

```
accuracy = model.evaluate_tflite('mobilebert/model.tflite', test_data)
print('TFLite model accuracy: ', accuracy)
```

执行后会输出:

```
TFLite model accuracy:   {'accuracy': 0.911697247706422}
```

14.2.3 调整模型

在创建模型后还可以修改模型,具体操作如下:

1. 自定义平均词嵌入模型的超参数

可以使用较大的值来训练模型 wordvec_dim,如果基于 model_spec 修改模型,则必须构建一个新的 model_spec 实例:

```
new_model_spec = AverageWordVecSpec(wordvec_dim = 32)
```

然后通过以下代码获取预处理数据:

```
new_train_data = DataLoader.from_csv(
    filename = 'train.csv',
    text_column = 'sentence',
    label_column = 'label',
    model_spec = new_model_spec,
    is_training = True)
```

重新训练新模型:

```
model = text_classifier.create(new_train_data, model_spec = new_model_spec)
```

执行后会输出:

```
2021-08-12 13:04:08.907763: I tensorflow/core/profiler/lib/profiler_session.
cc:131] Profiler session initializing.
2021-08-12 13:04:08.907807: I tensorflow/core/profiler/lib/profiler_session.
cc:146] Profiler session started.
2021-08-12 13:04:09.074585: I tensorflow/core/profiler/lib/profiler_session.
cc:164] Profiler session tear down.
2021-08-12 13:04:09.086334: I tensorflow/core/profiler/internal/gpu/cupti_
tracer.cc:1748] CUPTI activity buffer flushed
Epoch 1/3
    2/2104 [...........................] - ETA: 5:58 - loss: 0.6948 -
accuracy: 0.4688
2021-08-12 13:04:09.720736: I tensorflow/core/profiler/lib/profiler_session.
cc:131] Profiler session initializing.
2021-08-12 13:04:09.720777: I tensorflow/core/profiler/lib/profiler_session.
cc:146] Profiler session started.
    21/2104 [...........................] - ETA: 2:30 - loss: 0.6940 -
accuracy: 0.4702
2021-08-12 13:04:14.973207: I tensorflow/core/profiler/lib/profiler_session.
cc:66] Profiler session collecting data.
2021-08-12 13:04:14.980573: I tensorflow/core/profiler/internal/gpu/cupti_
tracer.cc:1748] CUPTI activity buffer flushed
2021-08-12 13:04:11.045547: I tensorflow/core/profiler/internal/gpu/cupti_collector.
cc:673] GpuTracer has collected 155 callback api events and 152 activity events.
2021-08-12 13:04:11.052796: I tensorflow/core/profiler/lib/profiler_session.
cc:164] Profiler session tear down.
2021-08-12 13:04:11.063746: I tensorflow/core/profiler/rpc/client/save_
profile.cc:136] Creating directory: /tmp/tmphsi7rhs4/summaries/train/plugins/
profile/2021_08_12_13_04_11
```

```
 2021 - 08 - 12 13:04:11.068200: I tensorflow/core/profiler/rpc/client/save_
profile.cc:142] Dumped gzipped tool data for trace.json.gz to /tmp/tmphsi7rhs4/
summaries/train/plugins/profile/2021_08_12_13_04_11/kokoro - gcp - ubuntu - prod -
762150866.trace.json.gz
 2021 - 08 - 12 13:04:11.084769: I tensorflow/core/profiler/rpc/client/save_
profile.cc:136] Creating directory: /tmp/tmphsi7rhs4/summaries/train/plugins/
profile/2021_08_12_13_04_11

 2021 - 08 - 12 13:04:11.087101: I tensorflow/core/profiler/rpc/client/save_
profile.cc:142] Dumped gzipped tool data for memory_profile.json.gz to /tmp/
tmphsi7rhs4/summaries/train/plugins/profile/2021_08_12_13_04_11/kokoro - gcp -
ubuntu - prod - 762150866.memory_profile.json.gz
 2021 - 08 - 12 13:04:11.087939: I tensorflow/core/profiler/rpc/client/capture_
profile.cc:251] Creating directory: /tmp/tmphsi7rhs4/summaries/train/plugins/
profile/2021_08_12_13_04_11
 Dumped tool data for xplane.pb to /tmp/tmphsi7rhs4/summaries/train/plugins/
profile/2021_08_12_13_04_11/kokoro - gcp - ubuntu - prod - 762150866.xplane.pb
 Dumped tool data for overview_page.pb to /tmp/tmphsi7rhs4/summaries/train/
plugins/profile/2021_08_12_13_04_11/kokoro - gcp - ubuntu - prod - 762150866.overview
_page.pb
 Dumped tool data for input_pipeline.pb to /tmp/tmphsi7rhs4/summaries/train/
plugins/profile/2021_08_12_13_04_11/kokoro - gcp - ubuntu - prod - 762150866.input_
pipeline.pb
 Dumped tool data for tensorflow_stats.pb to /tmp/tmphsi7rhs4/summaries/train/
plugins/profile/2021_08_12_13_04_11/kokoro - gcp - ubuntu - prod - 762150866.
tensorflow_stats.pb
 Dumped tool data for kernel_stats.pb to /tmp/tmphsi7rhs4/summaries/train/
plugins/profile/2021_08_12_13_04_11/kokoro - gcp - ubuntu - prod - 762150866.kernel_
stats.pb
 2104/2104 [==============] - 8s 4ms/step - loss: 0.6526 - accuracy: 0.6062
 Epoch 2/3
 2104/2104 [==============] - 6s 3ms/step - loss: 0.4705 - accuracy: 0.7775
 Epoch 3/3
 2104/2104 [==============] - 6s 3ms/step - loss: 0.3944 - accuracy: 0.8228
```

2. 调整训练超参数

可以调整训练的超参数 epochs 和 batch_size 来影响模型的准确性，例如：

• epochs：更多的 epochs 可以获得更好的准确率，但可能会导致过拟合。

• batch_size：在一个训练步骤中使用的样本数。

例如可以训练更多的 epoch：

```
 model = text_classifier.create(new_train_data, model_spec = new_model_spec,
epochs = 20)
```

执行后会输出：

```
 2021 - 08 - 12 13:04:29.741606: I tensorflow/core/profiler/lib/profiler_session.
cc:131] Profiler session initializing.
 2021 - 08 - 12 13:04:29.741645: I tensorflow/core/profiler/lib/profiler_session.
cc:146] Profiler session started.
```

```
    2021 - 08 - 12 13:04:29.923763: I tensorflow/core/profiler/lib/profiler_session.
cc:164] Profiler session tear down.
    2021 - 08 - 12 13:04:29.937026: I tensorflow/core/profiler/internal/gpu/cupti_
tracer.cc:1748] CUPTI activity buffer flushed
    Epoch 1/20
      2/2104 [.............................] - ETA: 6:22 - loss: 0.6923 -
accuracy: 0.5781
    2021 - 08 - 12 13:04:30.617172: I tensorflow/core/profiler/lib/profiler_session.
cc:131] Profiler session initializing.
    2021 - 08 - 12 13:04:30.617216: I tensorflow/core/profiler/lib/profiler_session.
cc:146] Profiler session started.
    2021 - 08 - 12 13:04:30.818046: I tensorflow/core/profiler/lib/profiler_session.
cc:66] Profiler session collecting data.
     21/2104 [.............................] - ETA: 40s - loss: 0.6939 - accuracy:
0.4866
    2021 - 08 - 12 13:04:30.819829: I tensorflow/core/profiler/internal/gpu/cupti_
tracer.cc:1748] CUPTI activity buffer flushed
    2021 - 08 - 12 13:04:30.896524: I tensorflow/core/profiler/internal/gpu/cupti_
collector.cc:673]  GpuTracer has collected 155 callback api events and 152 activity
events.
    2021 - 08 - 12 13:04:30.902312: I tensorflow/core/profiler/lib/profiler_session.
cc:164] Profiler session tear down.
    2021 - 08 - 12 13:04:30.911299: I tensorflow/core/profiler/rpc/client/save_
profile.cc:136] Creating directory: /tmp/tmphsi7rhs4/summaries/train/plugins/
profile/2021_08_12_13_04_30
    2021 - 08 - 12 13:04:30.915427: I tensorflow/core/profiler/rpc/client/save_
profile.cc:142] Dumped gzipped tool data for trace.json.gz to /tmp/tmphsi7rhs4/
summaries/train/plugins/profile/2021_08_12_13_04_30/kokoro - gcp - ubuntu - prod -
762150866.trace.json.gz
    2021 - 08 - 12 13:04:30.928110: I tensorflow/core/profiler/rpc/client/save_
profile.cc:136] Creating directory: /tmp/tmphsi7rhs4/summaries/train/plugins/
profile/2021_08_12_13_04_30

    2021 - 08 - 12 13:04:30.929821: I tensorflow/core/profiler/rpc/client/save_
profile.cc:142] Dumped gzipped tool data for memory_profile.json.gz to /tmp/
tmphsi7rhs4/summaries/train/plugins/profile/2021_08_12_13_04_30/kokoro - gcp -
ubuntu - prod - 762150866.memory_profile.json.gz
    2021 - 08 - 12 13:04:30.930444: I tensorflow/core/profiler/rpc/client/capture_
profile.cc:251] Creating directory: /tmp/tmphsi7rhs4/summaries/train/plugins/
profile/2021_08_12_13_04_30
    Dumped tool data for xplane.pb to /tmp/tmphsi7rhs4/summaries/train/plugins/
profile/2021_08_12_13_04_30/kokoro - gcp - ubuntu - prod - 762150866.xplane.pb
    Dumped tool data for overview_page.pb to /tmp/tmphsi7rhs4/summaries/train/
plugins/profile/2021_08_12_13_04_30/kokoro - gcp - ubuntu - prod - 762150866.overview
_page.pb
    Dumped tool data for input_pipeline.pb to /tmp/tmphsi7rhs4/summaries/train/
plugins/profile/2021_08_12_13_04_30/kokoro - gcp - ubuntu - prod - 762150866.input_
pipeline.pb
    Dumped tool data for tensorflow_stats.pb to /tmp/tmphsi7rhs4/summaries/train/
plugins/profile/2021_08_12_13_04_30/kokoro - gcp - ubuntu - prod - 762150866.
tensorflow_stats.pb
```

```
Dumped tool data for kernel_stats.pb to /tmp/tmphsi7rhs4/summaries/train/
plugins/profile/2021_08_12_13_04_30/kokoro-gcp-ubuntu-prod-762150866.kernel_
stats.pb
    2104/2104 [=============] - 7s 3ms/step - loss: 0.6602 - accuracy: 0.5985
    Epoch 2/20
    2104/2104 [=============] - 6s 3ms/step - loss: 0.4865 - accuracy: 0.7690
    Epoch 3/20
    2104/2104 [=============] - 6s 3ms/step - loss: 0.4005 - accuracy: 0.8199
    Epoch 4/20
    2104/2104 [=============] - 7s 3ms/step - loss: 0.3676 - accuracy: 0.8400
    Epoch 5/20
    2104/2104 [=============] - 7s 3ms/step - loss: 0.3498 - accuracy: 0.8512
    Epoch 6/20
    2104/2104 [=============] - 6s 3ms/step - loss: 0.3380 - accuracy: 0.8567
    Epoch 7/20
    2104/2104 [=============] - 6s 3ms/step - loss: 0.3280 - accuracy: 0.8624
    Epoch 8/20
    2104/2104 [=============] - 6s 3ms/step - loss: 0.3215 - accuracy: 0.8664
    Epoch 9/20
    2104/2104 [=============] - 6s 3ms/step - loss: 0.3164 - accuracy: 0.8691
    Epoch 10/20
    2104/2104 [=============] - 6s 3ms/step - loss: 0.3105 - accuracy: 0.8699
    Epoch 11/20
    2104/2104 [=============] - 6s 3ms/step - loss: 0.3072 - accuracy: 0.8733
    Epoch 12/20
    2104/2104 [=============] - 6s 3ms/step - loss: 0.3045 - accuracy: 0.8739
    Epoch 13/20
    2104/2104 [=============] - 6s 3ms/step - loss: 0.3028 - accuracy: 0.8742
    Epoch 14/20
    2104/2104 [=============] - 7s 3ms/step - loss: 0.2993 - accuracy: 0.8773
    Epoch 15/20
    2104/2104 [=============] - 6s 3ms/step - loss: 0.2973 - accuracy: 0.8779
    Epoch 16/20
    2104/2104 [=============] - 6s 3ms/step - loss: 0.2957 - accuracy: 0.8791
    Epoch 17/20
    2104/2104 [=============] - 6s 3ms/step - loss: 0.2940 - accuracy: 0.8802
    Epoch 18/20
    2104/2104 [=============] - 7s 3ms/step - loss: 0.2919 - accuracy: 0.8807
    Epoch 19/20
    2104/2104 [=============] - 6s 3ms/step - loss: 0.2904 - accuracy: 0.8815
    Epoch 20/20
    2104/2104 [=============] - 6s 3ms/step - loss: 0.2895 - accuracy: 0.8825
```

然后使用 20 个 Epoch 评估重新训练的模型:

```
new_test_data = DataLoader.from_csv(
    filename = 'dev.csv',
    text_column = 'sentence',
    label_column = 'label',
    model_spec = new_model_spec,
    is_training = False)
```

```
loss, accuracy = model.evaluate(new_test_data)
```

执行后会输出：

```
28/28 [=============] - 0s 2ms/step - loss: 0.4997 - accuracy: 0.8349
```

14.3　Android 情感识别器

在使用 TensorFlow 定义和训练机器学习模型，并将训练好的 TensorFlow 模型转换为 TensorFlow Lite 模型后，接下来将使用该模型开发一个 Android 文本情感识别器系统。本项目提供了两种情感分析解决方案：

- lib_task_api：利用 TensorFlow Lite 任务库中的开箱即用 API；
- lib_interpreter：使用 TensorFlow Lite Interpreter Java API 创建自定义推断管道。

在本项目的内部 app 文件 build. gradle 中，设置了使用上述每一种方案的方法。

14.3.1　准备工作

（1）使用 Android Studio 导入本项目源码工程"text_classification"，如图 14-2 所示。

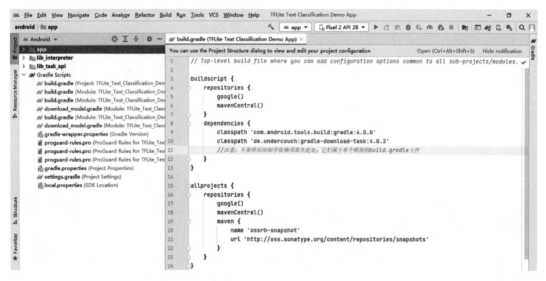

图 14-2　导入工程

（2）将 TensorFlow Lite 模型添加到工程

将之前训练的 TensorFlow Lite 模型文件 text_classification. tflite 复制 Android 工程，复制到下面的目录中：

```
text_classification/android/lib_task_api/src/main/assets
```

（3）更新 build. gradle

打开 app 模块中的文件 build. gradle，分别设置 Android 的编译版本和运行版本，设置需要使用的库文件，添加对 TensorFlow Lite 模型库的引用。代码如下：

```
android {
    compileSdkVersion 28
    buildToolsVersion "29.0.0"
    defaultConfig {
        applicationId "org.tensorflow.lite.examples.textclassification"
        minSdkVersion 21
        targetSdkVersion 28
        versionCode 1
        versionName "1.0"
        testInstrumentationRunner "android.support.test.runner.AndroidJUnitRu
nner"
    }
    buildTypes {
        release {
            minifyEnabled false
            proguardFiles getDefaultProguardFile('proguard - android - optimize.
txt'), 'proguard - rules.pro'
        }
    }
    compileOptions {
        sourceCompatibility = '1.8'
        targetCompatibility = '1.8'
    }
    aaptOptions {
        noCompress "tflite"
    }
    testOptions {
        unitTests {
            includeAndroidResources = true
        }
    }

    flavorDimensions "tfliteInference"
    productFlavors {
        //使用 TFLite Java 解释器构建 TFLite 推断
        interpreter {
            dimension "tfliteInference"
        }
        //默认:使用 TFLite 任务库(高级 API)构建 TFLite 推断
        taskApi {
            getIsDefault().set(true)
            dimension "tfliteInference"
        }
    }
}

dependencies {
    interpreterImplementation project(":lib_interpreter")
    taskApiImplementation project(":lib_task_api")
    implementation 'androidx.appcompat:appcompat:1.1.0'
```

```
    implementation 'androidx.constraintlayout:constraintlayout:1.1.3'
    implementation 'org.jetbrains:annotations:15.0'

    testImplementation 'androidx.test:core:1.2.0'
    testImplementation 'junit:junit:4.12'
    testImplementation 'org.robolectric:robolectric:4.3'
    androidTestImplementation 'com.android.support.test:runner:1.0.2'
    androidTestImplementation 'com.android.support.test.espresso:espresso-
core:3.0.2'
    }

    project(':app').tasks.withType(Test) {
        enabled = false
    }
```

通过上述代码,设置本项目使用"lib_task_api"模块中的分类功能。

14.3.2　页面布局

本项目的页面布局文件是 tfe_tc_activity_main. xml,其功能是在 Android 屏幕下方分别显示一个文本输入框和一个"识别"按钮,在屏幕上方显示情感分析的识别结果。文件 activity_main. xml 的具体实现代码如下:

```
<? xml version = "1.0" encoding = "utf-8"? >
<androidx.constraintlayout.widget.ConstraintLayout
    xmlns:android = "http://schemas.android.com/apk/res/android"
    xmlns:app = "http://schemas.android.com/apk/res-auto"
    xmlns:tools = "http://schemas.android.com/tools"
    android:layout_width = "match_parent"
    android:layout_height = "match_parent"
    android:layout_margin = "@dimen/tfe_tc_activity_margin"
    tools:context = ".MainActivity" >

    <ScrollView
        android:id = "@+id/scroll_view"
        android:layout_width = "match_parent"
        android:layout_height = "0dp"
        app:layout_constraintTop_toTopOf = "parent"
        app:layout_constraintBottom_toTopOf = "@+id/input_text" >

        <TextView
            android:id = "@+id/result_text_view"
            android:layout_width = "match_parent"
            android:layout_height = "wrap_content" />
    </ScrollView>

    <EditText
        android:id = "@+id/input_text"
        android:layout_width = "0dp"
        android:layout_height = "wrap_content"
        android:hint = "@string/tfe_tc_edit_text_hint"
```

```
    android:inputType = "textNoSuggestions"
    app:layout_constraintBaseline_toBaselineOf = "@ + id/button"
    app:layout_constraintEnd_toStartOf = "@ + id/button"
    app:layout_constraintStart_toStartOf = "parent"
    app:layout_constraintBottom_toBottomOf = "parent" / >

  < Button
    android:id = "@ + id/button"
    android:layout_width = "wrap_content"
    android:layout_height = "wrap_content"
    android:text = "@string/tfe_tc_button_ok"
    app:layout_constraintBottom_toBottomOf = "parent"
    app:layout_constraintEnd_toEndOf = "parent"
    app:layout_constraintStart_toEndOf = "@ + id/input_text"
    / >

</androidx.constraintlayout.widget.ConstraintLayout >
```

14.3.3　实现主 Activity

　　本项目的主 Activity 功能是由文件 MainActivity.java 实现的,其功能是调用前面的布局文件 tfe_tc_activity_main.xml,在屏幕下方分别显示一个文本输入框和一个"识别"按钮,然后监听用户的输入信息,当用户单击"识别"按钮时会调用识别程序实现情感识别。文件 MainActivity.java 的具体实现代码如下:

```
/** 提供与用户交互的 Activity * /
public class MainActivity extends AppCompatActivity {
  private static final String TAG = "TextClassificationDemo";

  private TextClassificationClient client;

  private TextView resultTextView;
  private EditText inputEditText;
  private Handler handler;
  private ScrollView scrollView;

  @Override
  protected void onCreate(Bundle savedInstanceState) {
    super.onCreate(savedInstanceState);
    setContentView(R.layout.tfe_tc_activity_main);
    Log.v(TAG, "onCreate");

    client = new TextClassificationClient(getApplicationContext());
    handler = new Handler();
    Button classifyButton = findViewById(R.id.button);
    classifyButton.setOnClickListener(
        (View v) - > {
          classify(inputEditText.getText().toString());
        });
    resultTextView = findViewById(R.id.result_text_view);
```

```
    inputEditText = findViewById(R.id.input_text);
    scrollView = findViewById(R.id.scroll_view);
}

@Override
protected void onStart() {
    super.onStart();
    Log.v(TAG, "onStart");
    handler.post(
        () -> {
            client.load();
        });
}

@Override
protected void onStop() {
    super.onStop();
    Log.v(TAG, "onStop");
    handler.post(
        () -> {
            client.unload();
        });
}

/** 将输入文本发送到 TextClassificationClient 并获取分类消息 * /
private void classify(final String text) {
    handler.post(
        () -> {
            //使用 TF Lite 运行文本分类
            List < Result > results = client.classify(text);

            //在屏幕上显示分类结果
            showResult(text, results);
        });
}

/** 在屏幕上显示分类结果 * /
    private void showResult (final String inputText, final List < Result >
results) {
    //在 UI 线程上运行,将更新应用程序的 UI 界面
    runOnUiThread(
        () -> {
            String textToShow = "输入: " + inputText + "\n 识别结果:\n";
            for (int i = 0; i < results.size(); i++) {
                Result result = results.get(i);
                textToShow += String.format("    % s: % s\n", result.getTitle(),
result.getConfidence());
            }
            textToShow += "--------\n";

            //将结果附加到 UI
```

```
        resultTextView.append(textToShow);

        //清除输入文本
        inputEditText.getText().clear();

        //滚动到底部以显示最新条目的分类结果
        scrollView.post(() -> scrollView.fullScroll(View.FOCUS_DOWN));
    });
  }
}
```

14.3.4　lib_task_api 方案

本项目默认使用 TensorFlow Lite 任务库中的开箱即用 API 实现情感文字识别功能,本功能主要由以下两文件组成。

(1)文件 TextClassificationClient. java:其功能是加载前面创建的 TfLite 数据模型,然后使用任务 API 实现文本识别。代码如下:

```
/** 加载 TfLite 模型并使用任务 api 提供识别 */
public class TextClassificationClient {
  private static final String TAG = "TaskApi";
  private static final String MODEL_PATH = "text_classification.tflite";

  private final Context context;

  NLClassifier classifier;

  public TextClassificationClient(Context context) {
    this.context = context;
  }

  public void load() {
    try {
      classifier = NLClassifier.createFromFile(context, MODEL_PATH);
    } catch (IOException e) {
      Log.e(TAG, e.getMessage());
    }
  }

  public void unload() {
    classifier.close();
    classifier = null;
  }

  public List < Result > classify(String text) {
    List < Category > apiResults = classifier.classify(text);
    List < Result > results = new ArrayList < > (apiResults.size());
    for (int i = 0; i < apiResults.size(); i ++) {
      Category category = apiResults.get(i);
      results.add(new Result("" + i, category.getLabel(), category.getScore()));
```

```
    }
    Collections.sort(results);
    return results;
  }
}
```

（2）文件 Result. java：其功能根据用户的输入返回情感分析的识别结果。代码如下：

```java
/**  TextClassifier 用于返回描述分类内容的结果 * /
public class Result implements Comparable < Result > {
  /**
   * 已分类内容的唯一标识符。特定于类，而不是对象的实例
   * /
  private final String id;

  /** 显示结果的名称 * /
  private final String title;

  /** 识别结果相对于其他结果有多个可排序的成绩，成绩越高越好 * /
  private final Float confidence;

  public Result(final String id, final String title, final Float confidence) {
    this.id = id;
    this.title = title;
    this.confidence = confidence;
  }

  public String getId() {
    return id;
  }

  public String getTitle() {
    return title;
  }

  public Float getConfidence() {
    return confidence;
  }

  @Override
  public String toString() {
    String resultString = "";
    if (id ! = null) {
      resultString + = "[" + id + "] ";
    }

    if (title ! = null) {
      resultString + = title + " ";
    }

    if (confidence ! = null) {
```

```
    resultString + = String.format("(% .1f% %) ", confidence * 100.0f);
    }

  return resultString.trim();
  }

  @Override
  public int compareTo(Result o) {
    return o.confidence.compareTo(confidence);
  }
}
```

14.3.5　lib_interpreter 方案

本项目还可以使用 lib_interpreter 方案实现情感分析识别功能,本方案使用 TensorFlow Lite 中的 Interpreter Java API 创建自定义识别函数。本功能主要由以下两文件组成。

(1)文件 TextClassificationClient.java:其功能是加载前面创建的 TfLite 数据模型,然后使用 TensorFlow Lite Interpreter 创建自定义函数实现推断识别功能。代码如下:

```
public class TextClassificationClient {
  private static final String TAG = "Interpreter";

  private static final int SENTENCE_LEN = 256; //设置输入句子的最大长度
  //用于拆分单词的简单分隔符
  private static final String SIMPLE_SPACE_OR_PUNCTUATION = " |\\, |\\. |\\! |\\? |\
n";

  private static final String MODEL_PATH = "text_classification.tflite";
  /*
   * ImdbDataSet dic 中的保留值:
   * dic["<PAD>"] = 0        用于填充
   * dic["<START>"] = 1      一个句子开头的 1 个标记
   * dic["<UNKNOWN>"] = 2    2 个未知单词标记(OOV)
   * /
  private static final String START = "<START>";
  private static final String PAD = "<PAD>";
  private static final String UNKNOWN = "<UNKNOWN>";

  /** 设置将在 UI 中显示的结果数 * /
  private static final int MAX_RESULTS = 3;

  private final Context context;
  private final Map < String, Integer > dic = new HashMap < > ();
  private final List < String > labels = new ArrayList < > ();
  private Interpreter tflite;

  public TextClassificationClient(Context context) {
    this.context = context;
  }

  /** 加载 TF - Lite 模型和字典,以便客户端可以对文本进行分类 * /
```

```java
   public void load() {
     loadModel();
   }

   /** 加载 TF Lite 模型 */
   private synchronized void loadModel() {
     try {
       //加载 TF Lite 模型
       ByteBuffer buffer = loadModelFile(this.context.getAssets(), MODEL_PATH);
       tflite = new Interpreter(buffer);
       Log.v(TAG, "TFLite model loaded.");

       //使用元数据提取器提取字典和标签文件
       MetadataExtractor metadataExtractor = new MetadataExtractor(buffer);

       //提取并加载字典文件
       InputStream dictionaryFile = metadataExtractor.getAssociatedFile("vocab.
txt");
       loadDictionaryFile(dictionaryFile);
       Log.v(TAG, "Dictionary loaded.");

       //提取并加载标签文件
       InputStream labelFile = metadataExtractor.getAssociatedFile("labels.txt");
       loadLabelFile(labelFile);
       Log.v(TAG, "Labels loaded.");

     } catch (IOException ex) {
       Log.e(TAG, "Error loading TF Lite model.\n", ex);
     }
   }

   /** 释放资源，因为不再需要客户端 */
   public synchronized void unload() {
     tflite.close();
     dic.clear();
     labels.clear();
   }

   /** 对输入字符串进行分类并返回分类结果 */
   public synchronized List < Result > classify(String text) {
     // Pre-prosessing.
     int[][] input = tokenizeInputText(text);

     //运行推断
     Log.v(TAG, "Classifying text with TF Lite...");
     float[][] output = new float[1][labels.size()];
     tflite.run(input, output);

     //找到最好的分类
     PriorityQueue < Result > pq =
         new PriorityQueue < > (
```

```
          MAX_RESULTS,  (lhs,  rhs)  ->  Float.compare(rhs.getConfidence
(), lhs.getConfidence()));
      for (int i=0; i < labels.size(); i++) {
        pq.add(new Result("" + i, labels.get(i), output[0][i]));
      }
      final ArrayList<Result> results=new ArrayList<>();
      while (!pq.isEmpty()) {
        results.add(pq.poll());
      }

      Collections.sort(results);
      //返回每个类的概率
      return results;
    }


  /** 从 assets 目录加载 TF Lite 模型 */
    private static MappedByteBuffer loadModelFile(AssetManager assetManager,
String modelPath)
        throws IOException {
      try (AssetFileDescriptor fileDescriptor = assetManager.openFd(modelPath);
          FileInputStream inputStream = new FileInputStream(fileDescriptor.
getFileDescriptor())) {
        FileChannel fileChannel = inputStream.getChannel();
        long startOffset = fileDescriptor.getStartOffset();
        long declaredLength = fileDescriptor.getDeclaredLength();
        return fileChannel.map(FileChannel.MapMode.READ_ONLY, startOffset, declaredLength);
      }
    }


  /** 从模型文件加载字典 */
    private void loadLabelFile(InputStream ins) throws IOException {
      BufferedReader reader = new BufferedReader(new InputStreamReader(ins));
      //标签文件中的每一行都是一个标签
      while (reader.ready()) {
        labels.add(reader.readLine());
      }
    }


  /** 从模型文件加载标签 */
    private void loadDictionaryFile(InputStream ins) throws IOException {
      BufferedReader reader = new BufferedReader(new InputStreamReader(ins));
      //字典中的每一行有两列。
      //第一列是一个单词,第二列是这个单词的索引
      while (reader.ready()) {
        List<String> line=Arrays.asList(reader.readLine().split(" "));
        if (line.size() < 2) {
          continue;
        }
        dic.put(line.get(0), Integer.parseInt(line.get(1)));
      }
```

```
    }

    /** 预处理:标记输入字并将其映射到浮点数组中 * /
    int[][] tokenizeInputText(String text) {
      int[] tmp = new int[SENTENCE_LEN];
       List < String > array = Arrays. asList (text. split (SIMPLE _ SPACE _ OR _
PUNCTUATION));

      int index = 0;
      //如果它在词汇表文件中,则预先结束 < START >
      if (dic.containsKey(START)) {
        tmp[index + +] = dic.get(START);
      }

      for (String word : array) {
        if (index > = SENTENCE_LEN) {
          break;
        }
        tmp[index + +] = dic.containsKey(word) ? dic.get(word) : (int) dic.get
(UNKNOWN);
      }
      //填充和包装
      Arrays.fill(tmp, index, SENTENCE_LEN - 1, (int) dic.get(PAD));
      int[][] ans = {tmp};
      return ans;
    }

    Map < String, Integer > getDic() {
      return this.dic;
    }

    Interpreter getTflite() {
      return this.tflite;
    }

    List < String > getLabels() {
      return this.labels;
    }
  }
```

(2)文件 Result. java:其功能根据用户的输入返回情感分析的识别结果。代码如下:

```
/** TextClassifier 用于返回描述分类内容的结果。* /
public class Result implements Comparable < Result > {
  /**
   * 已分类内容的唯一标识符。特定于类,而不是对象的实例
   * /
  private final String id;

  /** 显示结果的名称 * /
  private final String title;
```

```
/** 识别结果相对于其他结果有多个可排序的成绩,成绩越高越好 */
private final Float confidence;

public Result(final String id, final String title, final Float confidence) {
  this.id = id;
  this.title = title;
  this.confidence = confidence;
}

public String getId() {
  return id;
}

public String getTitle() {
  return title;
}

public Float getConfidence() {
  return confidence;
}

@Override
public String toString() {
  String resultString = "";
  if (id != null) {
    resultString += "[" + id + "] ";
  }

  if (title != null) {
    resultString += title + " ";
  }

  if (confidence != null) {
    resultString += String.format("(%.1f%%) ", confidence * 100.0f);
  }

  return resultString.trim();
}

@Override
public int compareTo(Result o) {
  return o.confidence.compareTo(confidence);
}
}
```

至此,整个项目工程全部开发完毕。单击 Android Studio 顶部的运行按钮运行本项目,在 Android 设备中将会显示执行效果。在屏幕下方分别显示一个文本输入框和一个"识别"按钮,当用户输入文本信息单击"识别"按钮后,会在屏幕上方显示对应的识别结果。例如输入"the film is very good"后的执行效果如图 14-3 所示。

图 14-3　执行效果

第 15 章　开发实时电影推荐系统

推荐系统是指通过网站向用户提供商品、电影、新闻和音乐等信息的建议，帮助用户尽快找到自己感兴趣的信息。本章使用 Scikit-learn 开发一个实时电影推荐系统。

15.1　系统介绍

推荐系统最早源于电子商务，在电子商务网站中向客户提供商品信息和建议，帮助用户决定应该购买什么产品，模拟销售人员帮助客户完成购买过程。个性化推荐能够根据用户的兴趣特点和购买行为，向用户推荐用户感兴趣的信息和商品。

15.1.1　背景介绍

随着电子商务规模的不断扩大，商品个数和种类快速增长，顾客需要花费大量的时间才能找到自己想买的商品。这种浏览大量无关的信息和产品过程无疑会使淹没在信息过载问题中的消费者不断流失。为了解决这些问题，个性化推荐系统应运而生。个性化推荐系统是建立在海量数据挖掘基础上的一种高级商务智能平台，以帮助电子商务网站为其顾客购物提供完全个性化的决策支持和信息服务。

互联网的出现和普及给用户带来了大量的信息，满足了用户在信息时代对信息的需求，但随着网络的迅速发展而带来的网上信息量的大幅增长，使得用户在面对大量信息时无法从中获得对自己真正有用的那部分信息，对信息的使用效率反而降低了，这就是信息超载（information overload）问题。

解决信息超载问题一个非常有潜力的办法是推荐系统，它能够根据用户的信息需求、兴趣等，将用户感兴趣的信息、产品等推荐给用户的个性化信息推荐系统。和搜索引擎相比，推荐系统通过研究用户的兴趣偏好进行个性化计算，由系统发现用户的兴趣点，从而引导用户发现自己的信息需求。一个好的推荐系统不仅能为用户提供个性化的服务，还能和用户之间建立密切关系，让用户对推荐产生依赖。

推荐系统现已广泛应用于很多领域，其中最典型并具有良好的发展和应用前景的领域就是电子商务领域。同时学术界对推荐系统的研究热度一直很高，逐步形成了一门独立的学科。

15.1.2　推荐系统和搜索引擎

当我们提到推荐引擎时，经常联想到的技术也是搜索引擎。不必惊讶，因为这两者都是为了解决信息过载而提出的两种不同的技术，一个问题，两个出发点。推荐系统和搜索引擎有共同的目标，即解决信息过载问题，但具体的做法因人而异。

搜索引擎更倾向于人们有明确的目的，可以将人们对于信息的寻求转换为精确的关键字，然后交给搜索引擎最后返回给用户一系列列表，用户可以对这些返回结果进行反馈，并且是对于用户有主动意识的，但它会有马太效应的问题，即会造成越流行的东西随着搜索过程的迭代会越流行，使得那些越不流行的东西石沉大海。

而推荐引擎更倾向于人们没有明确的目的，或者说他们的目的是模糊的。通俗来讲，用户连自己都不知道他想要什么,这时候正是推荐引擎的用武之地,推荐系统通过用户的历史行为或者用户的兴趣偏好、用户的人口统计学特征来送给推荐算法,然后推荐系统运用推荐算法来产生用户可能感兴趣的项目列表,同时用户对于搜索引擎是被动的。其中,长尾理论(人们只关注曝光率高的项目,而忽略曝光率低的项目)可以很好地解释推荐系统的存在,试验表明:位于长尾位置的曝光率低的项目产生的利润不低于只销售曝光率高的项目的利润。推荐系统正好可以给所有项目提供曝光的机会,以此来挖掘长尾项目的潜在利润。

如果说搜索引擎体现马太效应,那么长尾理论则阐述了推荐系统所发挥的价值。

15.1.3　项目介绍

在本项目中,将提取训练过去几年在全球上映的电影信息,分别训练模型,并提取用户情感数据。然后使用 Fask 开发一个 Web 网站,提供一个搜索表单供用户检索自己感兴趣的电影信息。当用户输入电影名字中的一个单词时,会自动弹出推荐的电影名字。即使用户输入的单词错误,也会提供推荐信息。选择某个推荐信息后,会在新页面中显示这部电影的相关信息,包括用户对这部电影的评价信息。

15.2　系统模块

本项目的模块结构如图 15-1 所示。

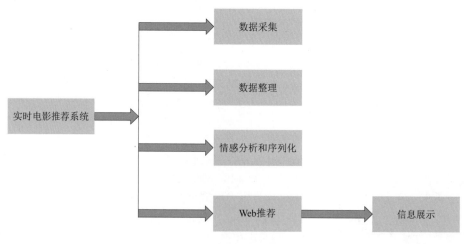

图 15-1　系统模块结构

15.3　数据采集和整理

本项目使用了多个数据集文件,包含 IMDB 5000 电影数据集、电影数据集、2018 年电影列表、2019 年电影列表和 2020 年电影列表。在本节的内容中,将介绍使用这些数据集提取整理数据并创建模型的知识。

15.3.1　数据整理

编写文件 preprocessing 1. ipynb,基于数据集 movie_metadata. csv 整理其中的数据。文件

preprocessing 1. ipynb 的具体实现流程如下：

（1）导入头文件和数据集文件，查看前 10 条数据。代码如下：

```
import pandas as pd
import numpy as np
data = pd.read_csv('movie_metadata.csv')
data.head(10)
```

执行后会输出数据集中的前 10 条数据，部分数据如图 15-2 所示。

	color	director_name	num_critic_for_reviews	duration	director_facebook_likes	actor_3_facebook_likes	actor_2_name	actor_1_facebook_likes
0	Color	James Cameron	723.0	178.0	0.0	855.0	Joel David Moore	1000.0
1	Color	Gore Verbinski	302.0	169.0	563.0	1000.0	Orlando Bloom	40000.0
2	Color	Sam Mendes	602.0	148.0	0.0	161.0	Rory Kinnear	11000.0
3	Color	Christopher Nolan	813.0	164.0	22000.0	23000.0	Christian Bale	27000.0
4	NaN	Doug Walker	NaN	NaN	131.0	NaN	Rob Walker	131.0
5	Color	Andrew Stanton	462.0	132.0	475.0	530.0	Samantha Morton	640.0
6	Color	Sam Raimi	392.0	156.0	0.0	4000.0	James Franco	24000.0
7	Color	Nathan Greno	324.0	100.0	15.0	284.0	Donna Murphy	799.0
8	Color	Joss Whedon	635.0	141.0	0.0	19000.0	Robert Downey Jr.	26000.0
9	Color	David Yates	375.0	153.0	282.0	10000.0	Daniel Radcliffe	25000.0

图 15-2　前 10 条数据

（2）查看数据集矩阵的长度。代码如下：

```
data.shape
```

执行后会输出：

```
(5043, 28)
```

（3）返回数据集索引列表。代码如下：

```
data.columns
```

执行后会输出：

```
Index(['color', 'director_name', 'num_critic_for_reviews', 'duration',
       'director_facebook_likes', 'actor_3_facebook_likes', 'actor_2_name',
       'actor_1_facebook_likes', 'gross', 'genres', 'actor_1_name',
       'movie_title', 'num_voted_users', 'cast_total_facebook_likes',
       'actor_3_name', 'facenumber_in_poster', 'plot_keywords',
       'movie_imdb_link', 'num_user_for_reviews', 'language', 'country',
       'content_rating', 'budget', 'title_year', 'actor_2_facebook_likes',
       'imdb_score', 'aspect_ratio', 'movie_facebook_likes'],
      dtype = 'object')
```

（4）统计近年来的电影数量。代码如下：

```
import matplotlib.pyplot as plt
```

```
    data.title_year.value_counts(dropna = False).sort_index().plot(kind = 'barh',
figsize = (15,16))
    plt.show()
```

执行效果如图 15-3 所示。由此可见,最早的电影数据是 1916 年。

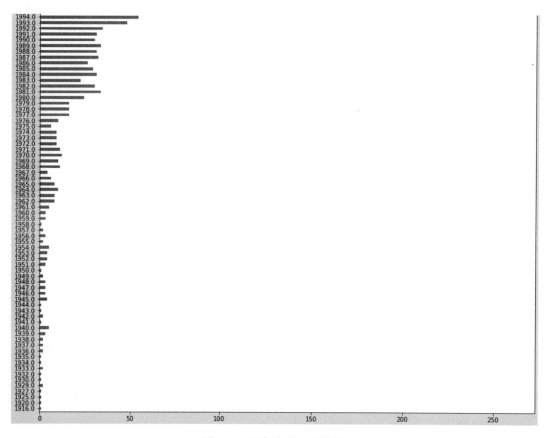

图 15-3　近年来的电影数量

(5)查看数据集中的前 10 条数据,只提取其中的几个字段。代码如下:

```
    data = data.loc[:,['director_name',
'actor_1_name','actor_2_name','actor_3_name',
'genres','movie_title']]
```

执行后会输出:

	director_name	actor_1_name	actor_2_name	actor_3_name	genres	movie_title
0	James Cameron	CCH Pounder	Joel David Moore	Wes Studi	Action|Adventure|Fantasy|Sci-Fi	Avatar
1	Gore Verbinski	Johnny Depp	Orlando Bloom	Jack Davenport	Action|Adventure|Fantasy	Pirates of the Caribbean: At World's End
2	Sam Mendes	Christoph Waltz	Rory Kinnear	Stephanie Sigman	Action|Adventure|Thriller	Spectre
3	Christopher Nolan	Tom Hardy	Christian Bale	Joseph Gordon-Levitt	Action|Thriller	The Dark Knight Rises
4	Doug Walker	Doug Walker	Rob Walker	NaN	Documentary	Star Wars: Episode VII - The Force Awakens ...

5	Andrew Stanton	Daryl Sabara	Samantha Morton	Polly Walker	Action|Adventure|Sci-Fi	John Carter
6	Sam Raimi	J.K. Simmons	James Franco	Kirsten Dunst	Action|Adventure|Romance	Spider-Man 3
7	Nathan Greno	Brad Garrett	Donna Murphy	M.C. Gainey	Adventure|Animation|Comedy|Family|Fantasy|Musi...	Tangled
8	Joss Whedon	Chris Hemsworth	Robert Downey Jr.	Scarlett Johansson	Action|Adventure|Sci-Fi	Avengers: Age of Ultron
9	David Yates	Alan Rickman	Daniel Radcliffe	Rupert Grint	Adventure|Family|Fantasy|Mystery	Harry Potter and the Half-Blood Prince

（6）如果数据集中的某个值为空，则替换为"unknown"。代码如下：

```
data['actor_1_name'] = data['actor_1_name'].replace(np.nan, 'unknown')
data['actor_2_name'] = data['actor_2_name'].replace(np.nan, 'unknown')
data['actor_3_name'] = data['actor_3_name'].replace(np.nan, 'unknown')
data['director_name'] = data['director_name'].replace(np.nan, 'unknown')
data
```

执行后会输出：

	director_name	actor_1_name	actor_2_name	actor_3_name	genres	movie_title
0	James Cameron	CCH Pounder	Joel David Moore	Wes Studi	Action|Adventure|Fantasy|Sci-Fi	Avatar
1	Gore Verbinski	Johnny Depp	Orlando Bloom	Jack Davenport	Action|Adventure|Fantasy	Pirates of the Caribbean: At World's End
2	Sam Mendes	Christoph Waltz	Rory Kinnear	Stephanie Sigman	Action|Adventure|Thriller	Spectre
3	Christopher Nolan	Tom Hardy	Christian Bale	Joseph Gordon-Levitt	Action|Thriller	The Dark Knight Rises
4	Doug Walker	Doug Walker	Rob Walker	unknown	Documentary	Star Wars: Episode VII - The Force Awakens ...
...	...	...	...	...	...	...
5038	Scott Smith	Eric Mabius	Daphne Zuniga	Crystal Lowe	Comedy|Drama	Signed Sealed Delivered
5039	unknown	Natalie Zea	Valorie Curry	Sam Underwood	Crime|Drama|Mystery|Thriller	The Following
5040	Benjamin Roberds	Eva Boehnke	Maxwell Moody	David Chandler	Drama|Horror|Thriller	A Plague So Pleasant
5041	Daniel Hsia	Alan Ruck	Daniel Henney	Eliza Coupe	Comedy|Drama|Romance	Shanghai Calling
5042	Jon Gunn	John August	Brian Herzlinger	Jon Gunn	Documentary	My Date with Drew

5043 rows × 6 columns

（7）将"genres"列中的"|"替换为空格。代码如下：

```
data['genres'] = data['genres'].str.replace('|', ' ')
data
```

执行后会输出：

	director_name	actor_1_name	actor_2_name	actor_3_name	genres	movie_title
0	James Cameron	CCH Pounder	Joel David Moore	Wes Studi	Action Adventure Fantasy Sci-Fi	Avatar
1	Gore Verbinski	Johnny Depp	Orlando Bloom	Jack Davenport	Action Adventure Fantasy	Pirates of the Caribbean: At World's End
2	Sam Mendes	Christoph Waltz	Rory Kinnear	Stephanie Sigman	Action Adventure Thriller	Spectre
3	Christopher Nolan	Tom Hardy	Christian Bale	Joseph Gordon-Levitt	Action Thriller	The Dark Knight Rises
4	Doug Walker	Doug Walker	Rob Walker	unknown	Documentary	Star Wars: Episode VII - The Force Awakens ...
...	...	...	...	...	...	...
5038	Scott Smith	Eric Mabius	Daphne Zuniga	Crystal Lowe	Comedy Drama	Signed Sealed Delivered
5039	unknown	Natalie Zea	Valorie Curry	Sam Underwood	Crime Drama Mystery Thriller	The Following
5040	Benjamin Roberds	Eva Boehnke	Maxwell Moody	David Chandler	Drama Horror Thriller	A Plague So Pleasant
5041	Daniel Hsia	Alan Ruck	Daniel Henney	Eliza Coupe	Comedy Drama Romance	Shanghai Calling
5042	Jon Gunn	John August	Brian Herzlinger	Jon Gunn	Documentary	My Date with Drew

5043 rows × 6 columns

（8）将"movie_title"列的数据变成小写。代码如下：

```
data['movie_title'] = data['movie_title'].str.lower()
data['movie_title'][1]
```

执行后会输出：

```
"pirates of the caribbean: at world's end\xa0"
```

（9）删除"movie_title"结尾处的 null 终止字符。代码如下：

```
data['movie_title'] = data['movie_title'].apply(lambda x : x[:-1])
data['movie_title'][1]
```

执行后会输出：

```
"pirates of the caribbean: at world's end"
```

（10）最后保存数据。代码如下：

```
data.to_csv('data.csv', index = False)
```

15.3.2 电影详情数据

编写文件 preprocessing 2.ipynb，基于数据集文件 credits.csv 和 movies_metadata.csv 获取电影信息的详细数据。文件 preprocessing 2.ipynb 的具体实现流程如下：

（1）读取数据集文件 credits.csv 中的数据。代码如下：

```
credits = pd.read_csv('credits.csv')
credits
```

执行后会输出：

	cast	crew	id
0	[{'cast_id': 14, 'character': 'Woody (voice)', 'credit_id': '52fe4284c3...	[{'credit_id': '52fe4284c3a36847f8024f49', 'department': 'Directing', '...	862
1	[{'cast_id': 1, 'character': 'Alan Parrish', 'credit_id': '52fe44bfc3a3...	[{'credit_id': '52fe44bfc3a36847f80a7cd1', 'department': 'Production', ...	8844
2	[{'cast_id': 2, 'character': 'Max Goldman', 'credit_id': '52fe466a92514...	[{'credit_id': '52fe466a9251416c75077a89', 'department': 'Directing', '...	15602
3	[{'cast_id': 1, 'character': "Savannah 'Vannah' Jackson", 'credit_id': ...	[{'credit_id': '52fe44779251416c91011acb', 'department': 'Directing', '...	31357
4	[{'cast_id': 1, 'character': 'George Banks', 'credit_id': '52fe44959251...	[{'credit_id': '52fe44959251416c75039ed7', 'department': 'Sound', 'gend...	11862
...	...	...	...
45471	[{'cast_id': 0, 'character': '', 'credit_id': '5894a909925141427e0079a5...	[{'credit_id': '5894a97d925141426c00818c', 'department': 'Directing', '...	439050
45472	[{'cast_id': 1002, 'character': 'Sister Angela', 'credit_id': '52fe4af1...	[{'credit_id': '52fe4af1c3a36847f81e9b15', 'department': 'Directing', '...	111109
45473	[{'cast_id': 6, 'character': 'Emily Shaw', 'credit_id': '52fe4776c3a368...	[{'credit_id': '52fe4776c3a368484e0c8387', 'department': 'Directing', '...	67758
45474	[{'cast_id': 2, 'character': '', 'credit_id': '52fe4ea59251416c7515d7d5...	[{'credit_id': '533bccebc3a36844cf0011a7', 'department': 'Directing', '...	227506
45475	[]	[{'credit_id': '593e676c92514105b702e68e', 'department': 'Directing', '...	461257

45476 rows × 3 columns

（2）读取数据集文件 movies_metadata.csv 中的内容，然后根据年时间统计信息。代码如下：

```
meta = pd.read_csv('movies_metadata.csv')
meta['release_date'] = pd.to_datetime(meta['release_date'], errors = 'coerce')
meta['year'] = meta['release_date'].dt.year


meta['year'].value_counts().sort_index()
```

执行后会输出：

```
1874.0      1
1878.0      1
1883.0      1
```

```
1887.0     1
1888.0     2
         ...
2015.0  1905
2016.0  1604
2017.0   532
2018.0     5
2020.0     1
Name: year, Length: 135, dtype: int64
```

（3）因为在数据集中没有足够的 2018 年、2019 年和 2020 年的电影数据，因此只能获得 2017 年之前的电影信息。通过以下代码，预处理文件中 2017 年及其以前年份的电影数据。

```
new_meta = meta.loc[meta.year < = 2017,['genres','id','title','year']]
new_meta
```

执行后会输出：

	genres	id	title	year
0	[{'id': 16, 'name': 'Animation'}, {'id': 35, 'name': 'Comedy'}, {'id': ...	862	Toy Story	1995.0
1	[{'id': 12, 'name': 'Adventure'}, {'id': 14, 'name': 'Fantasy'}, {'id':...	8844	Jumanji	1995.0
2	[{'id': 10749, 'name': 'Romance'}, {'id': 35, 'name': 'Comedy'}]	15602	Grumpier Old Men	1995.0
3	[{'id': 35, 'name': 'Comedy'}, {'id': 18, 'name': 'Drama'}, {'id': 1074...	31357	Waiting to Exhale	1995.0
4	[{'id': 35, 'name': 'Comedy'}]	11862	Father of the Bride Part II	1995.0
...	...	...	...	...
45460	[{'id': 18, 'name': 'Drama'}, {'id': 28, 'name': 'Action'}, {'id': 1074...	30840	Robin Hood	1991.0
45462	[{'id': 18, 'name': 'Drama'}]	111109	Century of Birthing	2011.0
45463	[{'id': 28, 'name': 'Action'}, {'id': 18, 'name': 'Drama'}, {'id': 53, ...	67758	Betrayal	2003.0
45464	[]	227506	Satan Triumphant	1917.0
45465	[]	461257	Queerama	2017.0

45370 rows × 4 columns

（4）在数据中添加两列"cast"和"crew"。代码如下：

```
new_meta['id'] = new_meta['id'].astype(int)
data = pd.merge(new_meta, credits, on = 'id')

pd.set_option('display.max_colwidth', 75)
data
```

执行后会输出：

	genres	id	title	year	cast	crew
0	[{'id': 16, 'name': 'Animation'}, {'id': 35, 'name': 'Comedy'}, {'id': ...	862	Toy Story	1995.0	[{'cast_id': 14, 'character': 'Woody (voice)', 'credit_id': '52fe4284c3...	[{'credit_id': '52fe4284c3a36847f8024f49', 'department': 'Directing', ...
1	[{'id': 12, 'name': 'Adventure'}, {'id': 14, 'name': 'Fantasy'}, {'id':...	8844	Jumanji	1995.0	[{'cast_id': 1, 'character': 'Alan Parrish', 'credit_id': '52fe44bfc3a3...	[{'credit_id': '52fe44bfc3a36847f80a7cd1', 'department': 'Production', ...

2	[{'id': 10749, 'name': 'Romance'}, {'id': 35, 'name': 'Comedy'}]	15602	Grumpier Old Men	1995.0	[{'cast_id': 2, 'character': 'Max Goldman', 'credit_id': '52fe466a92514...	[{'credit_id': '52fe466a9251416c75077a89', 'department': 'Directing', '...
3	[{'id': 35, 'name': 'Comedy'}, {'id': 18, 'name': 'Drama'}, {'id': 1074...	31357	Waiting to Exhale	1995.0	[{'cast_id': 1, 'character': "Savannah 'Vannah' Jackson", 'credit_id'...	[{'credit_id': '52fe44779251416c91011acb', 'department': 'Directing', '...
4	[{'id': 35, 'name': 'Comedy'}]	11862	Father of the Bride Part II	1995.0	[{'cast_id': 1, 'character': 'George Banks', 'credit_id': '52fe44959251...	[{'credit_id': '52fe44959251416c75039ed7', 'department': 'Sound', 'gend...
...	...	...	...	...	...	...
45440	[{'id': 18, 'name': 'Drama'}, {'id': 28, 'name': 'Action'}, {'id': 1074...	30840	Robin Hood	1991.0	[{'cast_id': 1, 'character': 'Sir Robert Hode', 'credit_id': '52fe44439...	[{'credit_id': '52fe44439251416c9100a899', 'department': 'Directing', '...
45441	[{'id': 18, 'name': 'Drama'}]	111109	Century of Birthing	2011.0	[{'cast_id': 1002, 'character': 'Sister Angela', 'credit_id': '52fe4af1...	[{'credit_id': '52fe4af1c3a36847f81e9b15', 'department': 'Directing', '...
45442	[{'id': 28, 'name': 'Action'}, {'id': 18, 'name': 'Drama'}, {'id': 53, ...	67758	Betrayal	2003.0	[{'cast_id': 6, 'character': 'Emily Shaw', 'credit_id': '52fe4776c3a368...	[{'credit_id': '52fe4776c3a368484e0c8387', 'department': 'Directing', '...
45443	[]	227506	Satan Triumphant	1917.0	[{'cast_id': 2, 'character': '', 'credit_id': '52fe4ea59251416c7515d7d5...	[{'credit_id': '533bccebc3a36844cf0011a7', 'department': 'Directing', '...
45444	[]	461257	Queerama	2017.0	[]	[{'credit_id': '593e676c92514105b702e68e', 'department': 'Directing', '...

（5）计算表达式节点或包含 Python 文本或容器显示的字符串，通过函数 make_genresList()统计电影的类型。代码如下：

```python
import ast
data['genres'] = data['genres'].map(lambda x: ast.literal_eval(x))
data['cast'] = data['cast'].map(lambda x: ast.literal_eval(x))
data['crew'] = data['crew'].map(lambda x: ast.literal_eval(x))


def make_genresList(x):
    gen = []
    st = " "
    for i in x:
        if i.get('name') == 'Science Fiction':
            scifi = 'Sci - Fi'
            gen.append(scifi)
        else:
            gen.append(i.get('name'))
    if gen == []:
        return np.NaN
    else:
        return (st.join(gen))


data['genres_list'] = data['genres'].map(lambda x: make_genresList(x))

data['genres_list']
```

执行后会输出：

```
0          Animation Comedy Family
1         Adventure Fantasy Family
2                  Romance Comedy
3          Comedy Drama Romance
4                         Comedy
                ...
```

```
45440        Drama Action Romance
45441                      Drama
45442      Action Drama Thriller
45443                        NaN
45444                        NaN
Name: genres_list, Length: 45445, dtype: object
```

（6）编写自定义函数 get_actor1(x)和 get_actor2(x)获取 actor 1 和 actor 2 的信息。代码如下：

```
def get_actor1(x):
    casts = []
    for i in x:
        casts.append(i.get('name'))
    if casts == []:
        return np.NaN
    else:
        return (casts[0])

data['actor_1_name'] = data['cast'].map(lambda x: get_actor1(x))

def get_actor2(x):
    casts = []
    for i in x:
        casts.append(i.get('name'))
    if casts == [] or len(casts) < =1:
        return np.NaN
    else:
        return (casts[1])data['actor_2_name'] = data['cast'].map(lambda x: get_
actor2(x))

    data['actor_2_name'] = data['cast'].map(lambda x: get_actor2(x))

    data['actor_2_name']
```

执行后会输出：

```
0              Tim Allen
1          Jonathan Hyde
2            Jack Lemmon
3         Angela Bassett
4          Diane Keaton
               ...
45440        Uma Thurman
45441        Perry Dizon
45442        Adam Baldwin
45443   Nathalie Lissenko
45444              NaN
Name: actor_2_name, Length: 45445, dtype: object
```

（7）编写自定义函数 get_actor3(x)获取演员 3 的信息。代码如下：

```
def get_actor3(x):
    casts = []
```

293

```
    for i in x:
        casts.append(i.get('name'))
    if casts == [] or len(casts) <=2:
        return np.NaN
    else:
        return (casts[2])


data['actor_3_name']=data['cast'].map(lambda x: get_actor3(x))

data['actor_3_name']
```

执行后会输出：

```
0              Don Rickles
1              Kirsten Dunst
2              Ann - Margret
3              Loretta Devine
4              Martin Short
                 ...
45440       David Morrissey
45441       Hazel Orencio
45442       Julie du Page
45443       Pavel Pavlov
45444                  NaN
Name: actor_3_name, Length: 45445, dtype: object
```

(8)编写自定义函数 get_directors()获取导演信息。代码如下：

```
def get_directors(x):
    dt =[]
    st =" "
    for i in x:
        if i.get('job') == 'Director':
            dt.append(i.get('name'))
    if dt == []:
        return np.NaN
    else:
        return (st.join(dt))


data['director_name']=data['crew'].map(lambda x: get_directors(x))

data['director_name']
```

执行后会输出：

```
0              John Lasseter
1              Joe Johnston
2              Howard Deutch
3              Forest Whitaker
4              Charles Shyer
                 ...
45440          John Irvin
45441           Lav Diaz
```

```
45442      Mark L. Lester
45443      Yakov Protazanov
45444      Daisy Asquith
Name: director_name, Length: 45445, dtype: object
```

（9）分别获取数据集中列"actor_1_name""actor_1_name""actor_2_name""actor_2_name""genres_list"和"title"的信息。代码如下：

```
movie=data.loc[:,['director_name','actor_1_name','actor_2_name',
'actor_3_name','genres_list','title']]
movie
```

执行后会输出：

	director_name	actor_1_name	actor_2_name	actor_3_name	genres_list	title
0	John Lasseter	Tom Hanks	Tim Allen	Don Rickles	Animation Comedy Family	Toy Story
1	Joe Johnston	Robin Williams	Jonathan Hyde	Kirsten Dunst	Adventure Fantasy Family	Jumanji
2	Howard Deutch	Walter Matthau	Jack Lemmon	Ann-Margret	Romance Comedy	Grumpier Old Men
3	Forest Whitaker	Whitney Houston	Angela Bassett	Loretta Devine	Comedy Drama Romance	Waiting to Exhale
4	Charles Shyer	Steve Martin	Diane Keaton	Martin Short	Comedy	Father of the Bride Part II
...	...	...	...	...	...	...
45440	John Irvin	Patrick Bergin	Uma Thurman	David Morrissey	Drama Action Romance	Robin Hood
45441	Lav Diaz	Angel Aquino	Perry Dizon	Hazel Orencio	Drama	Century of Birthing
45442	Mark L. Lester	Erika Eleniak	Adam Baldwin	Julie du Page	Action Drama Thriller	Betrayal
45443	Yakov Protazanov	Iwan Mosschuchin	Nathalie Lissenko	Pavel Pavlov	NaN	Satan Triumphant
45444	Daisy Asquith	NaN	NaN	NaN	NaN	Queerama

45445 rows × 6 columns

（10）统计数据集中的数据数目。代码如下：

```
movie.isna().sum()
```

执行后会输出：

```
director_name     835
actor_1_name     2354
actor_2_name     3683
actor_3_name     4593
genres_list      2384
title               0
dtype: int64
```

（11）将"movie_title"列改为小写，然后打印输出定制的信息。代码如下：

```
movie=movie.rename(columns={'genres_list':'genres'})
movie=movie.rename(columns={'title':'movie_title'})

movie['movie_title']=movie['movie_title'].str.lower()

movie['comb']=movie['actor_1_name'] + ' ' + movie['actor_2_name'] + ' ' +
movie['actor_3_name'] + ' '+ movie['director_name'] +' ' + movie['genres']
```

```
movie
```

执行后会输出：

	director_name	actor_1_name	actor_2_name	actor_3_name	genres	movie_title	comb
0	John Lasseter	Tom Hanks	Tim Allen	Don Rickles	Animation Comedy Family	toy story	Tom Hanks Tim Allen Don Rickles John Lasseter Animation Comedy Family
1	Joe Johnston	Robin Williams	Jonathan Hyde	Kirsten Dunst	Adventure Fantasy Family	jumanji	Robin Williams Jonathan Hyde Kirsten Dunst Joe Johnston Adventure Fanta...
2	Howard Deutch	Walter Matthau	Jack Lemmon	Ann-Margret	Romance Comedy	grumpier old men	Walter Matthau Jack Lemmon Ann-Margret Howard Deutch Romance Comedy
3	Forest Whitaker	Whitney Houston	Angela Bassett	Loretta Devine	Comedy Drama Romance	waiting to exhale	Whitney Houston Angela Bassett Loretta Devine Forest Whitaker Comedy Dr...
4	Charles Shyer	Steve Martin	Diane Keaton	Martin Short	Comedy	father of the bride part ii	Steve Martin Diane Keaton Martin Short Charles Shyer Comedy
...	...	...	...	...	...	...	...
45438	Ben Rock	Monty Bane	Lucy Butler	David Grammer	Horror	the burkittsville 7	Monty Bane Lucy Butler David Grammer Ben Rock Horror
45439	Aaron Osborne	Lisa Boyle	Kena Land	Zaneta Polard	Sci-Fi	caged heat 3000	Lisa Boyle Kena Land Zaneta Polard Aaron Osborne Sci-Fi
45440	John Irvin	Patrick Bergin	Uma Thurman	David Morrissey	Drama Action Romance	robin hood	Patrick Bergin Uma Thurman David Morrissey John Irvin Drama Action Romance
45441	Lav Diaz	Angel Aquino	Perry Dizon	Hazel Orencio	Drama	century of birthing	Angel Aquino Perry Dizon Hazel Orencio Lav Diaz Drama
45442	Mark L. Lester	Erika Eleniak	Adam Baldwin	Julie du Page	Action Drama Thriller	betrayal	Erika Eleniak Adam Baldwin Julie du Page Mark L. Lester Action Drama Th...

39201 rows × 7 columns

（12）使用函数 drop_duplicates()根据"movie_title"列实现去重处理。代码如下：

```
movie.drop_duplicates(subset = "movie_title", keep = 'last', inplace = True)
movie
```

执行后会输出：

	director_name	actor_1_name	actor_2_name	actor_3_name	genres	movie_title	comb
0	John Lasseter	Tom Hanks	Tim Allen	Don Rickles	Animation Comedy Family	toy story	Tom Hanks Tim Allen Don Rickles John Lasseter Animation Comedy Family
1	Joe Johnston	Robin Williams	Jonathan Hyde	Kirsten Dunst	Adventure Fantasy Family	jumanji	Robin Williams Jonathan Hyde Kirsten Dunst Joe Johnston Adventure Fanta...
2	Howard Deutch	Walter Matthau	Jack Lemmon	Ann-Margret	Romance Comedy	grumpier old men	Walter Matthau Jack Lemmon Ann-Margret Howard Deutch Romance Comedy
3	Forest Whitaker	Whitney Houston	Angela Bassett	Loretta Devine	Comedy Drama Romance	waiting to exhale	Whitney Houston Angela Bassett Loretta Devine Forest Whitaker Comedy Dr...
4	Charles Shyer	Steve Martin	Diane Keaton	Martin Short	Comedy	father of the bride part ii	Steve Martin Diane Keaton Martin Short Charles Shyer Comedy
...	...	...	...	...	...	...	...
45438	Ben Rock	Monty Bane	Lucy Butler	David Grammer	Horror	the burkittsville 7	Monty Bane Lucy Butler David Grammer Ben Rock Horror
45439	Aaron Osborne	Lisa Boyle	Kena Land	Zaneta Polard	Sci-Fi	caged heat 3000	Lisa Boyle Kena Land Zaneta Polard Aaron Osborne Sci-Fi
45440	John Irvin	Patrick Bergin	Uma Thurman	David Morrissey	Drama Action Romance	robin hood	Patrick Bergin Uma Thurman David Morrissey John Irvin Drama Action Romance
45441	Lav Diaz	Angel Aquino	Perry Dizon	Hazel Orencio	Drama	century of birthing	Angel Aquino Perry Dizon Hazel Orencio Lav Diaz Drama
45442	Mark L. Lester	Erika Eleniak	Adam Baldwin	Julie du Page	Action Drama Thriller	betrayal	Erika Eleniak Adam Baldwin Julie du Page Mark L. Lester Action Drama Th...

36341 rows × 7 columns

15.3.3　提取电影特征

编写文件 preprocessing 3. ipynb,其功能是提取 2018 年电影数据的特征。文件 preprocessing
3. ipynb 的具体实现流程如下:

(1)设置要读取数据信息的 URL,然后读取并显示数据。代码如下:

```
link = "https://en.wikipedia.org/wiki/List_of_American_films_of_2018"
df1 = pd.read_html(link, header = 0)[2]
df2 = pd.read_html(link, header = 0)[3]
df3 = pd.read_html(link, header = 0)[4]
df4 = pd.read_html(link, header = 0)[5]

df
df1.append(df2.append(df3.append(df4,ignore_index = True),ignore_index = True),
ignore_index = True)

df
```

执行后会输出:

	Opening	Opening.1	Title	Production company	Cast and crew	Ref.
0	JANUARY	5	Insidious: The Last Key	Universal Pictures / Blumhouse Productions / S...	Adam Robitel (director); Leigh Whannell (scree...	[2]
1	JANUARY	5	The Strange Ones	Vertical Entertainment	Lauren Wolkstein (director); Christopher Radcl...	[3]
2	JANUARY	5	Stratton	Momentum Pictures	Simon West (director); Duncan Falconer, Warren...	[4]
3	JANUARY	10	Sweet Country	Samuel Goldwyn Films	Warwick Thornton (director); David Tranter, St...	[5]
4	JANUARY	12	The Commuter	Lionsgate / StudioCanal / The Picture Company	Jaume Collet-Serra (director); Byron Willinger...	[6]
...	...	...	...	...	...	...
263	DECEMBER	25	Holmes & Watson	Columbia Pictures / Gary Sanchez Productions	Etan Cohen (director/screenplay); Will Ferrell...	[162]
264	DECEMBER	25	Vice	Annapurna Pictures / Plan B Entertainment	Adam McKay (director/screenplay); Christian Ba...	[136]
265	DECEMBER	25	On the Basis of Sex	Focus Features	Mimi Leder (director); Daniel Stiepleman (scre...	[223]
266	DECEMBER	25	Destroyer	Annapurna Pictures	Karyn Kusama (director); Phil Hay, Matt Manfre...	[256]
267	DECEMBER	28	Black Mirror: Bandersnatch	Netflix	David Slade (director); Charlie Brooker (scree...	[257]

268 rows × 6 columns

(2)登录 themoviedb 官网,注册会员,然后申请一个 API 密钥,如图 15-4 所示。

(3)编写自定义函数 get_genre(x)获取 themoviedb 网站中的电影信息,在此需要用到
themoviedb API 密钥。代码如下:

```
from tmdbv3api import TMDb
import json
import requests
tmdb = TMDb()
tmdb.api_key = 'YOUR_API_KEY'

from tmdbv3api import Movie
tmdb_movie = Movie()
def get_genre(x):
    genres = []
    result = tmdb_movie.search(x)
    movie_id = result[0].id
```

```
        response = requests.get('https://api.themoviedb.org/3/movie/{}? api_key =
{}'.format(movie_id,tmdb.api_key))
        data_json = response.json()
        if data_json['genres']:
            genre_str = " "
            for i in range(0,len(data_json['genres'])):
                genres.append(data_json['genres'][i]['name'])
            return genre_str.join(genres)
        else:
            np.NaN

    df['genres'] = df['Title'].map(lambda x: get_genre(str(x)))

    df
```

图 15-4　themoviedb API 密钥

执行后会输出：

	Opening	Opening.1	Title	Production company	Cast and crew	Ref.	genres
0	JANUARY	5	Insidious: The Last Key	Universal Pictures / Blumhouse Productions / S...	Adam Robitel (director); Leigh Whannell (scree...	[2]	Mystery Horror Thriller
1	JANUARY	5	The Strange Ones	Vertical Entertainment	Lauren Wolkstein (director); Christopher Radcl...	[3]	Thriller Drama
2	JANUARY	5	Stratton	Momentum Pictures	Simon West (director); Duncan Falconer, Warren...	[4]	Action Thriller
3	JANUARY	10	Sweet Country	Samuel Goldwyn Films	Warwick Thornton (director); David Tranter, St...	[5]	Drama History Western
4	JANUARY	12	The Commuter	Lionsgate / StudioCanal / The Picture Company	Jaume Collet-Serra (director); Byron Willinger...	[6]	Action Thriller
...	...	...	...	...	...	...	...
263	DECEMBER	25	Holmes & Watson	Columbia Pictures / Gary Sanchez Productions	Etan Cohen (director/screenplay); Will Ferrell...	[162]	Mystery Adventure Comedy Crime

264	DECEMBER	25	Vice	Annapurna Pictures / Plan B Entertainment	Adam McKay (director/screenplay); Christian Ba...	[136]	Thriller Science Fiction Action Adventure
265	DECEMBER	25	On the Basis of Sex	Focus Features	Mimi Leder (director); Daniel Stiepleman (scre...	[223]	Drama History
266	DECEMBER	25	Destroyer	Annapurna Pictures	Karyn Kusama (director); Phil Hay, Matt Manfre...	[256]	Thriller Crime Drama Action
267	DECEMBER	28	Black Mirror: Bandersnatch	Netflix	David Slade (director); Charlie Brooker (scree...	[257]	Science Fiction Mystery Drama Thriller TV Movie

268 rows × 7 columns

（4）只展示列"Title""Cast and crew"和"genres"中的内容。代码如下：

```
df_2018 = df[['Title','Cast and crew','genres']]
df_2018
```

执行后会输出：

	Title	Cast and crew	genres
0	Insidious: The Last Key	Adam Robitel (director); Leigh Whannell (scree...	Mystery Horror Thriller
1	The Strange Ones	Lauren Wolkstein (director); Christopher Radcl...	Thriller Drama
2	Stratton	Simon West (director); Duncan Falconer, Warren...	Action Thriller
3	Sweet Country	Warwick Thornton (director); David Tranter, St...	Drama History Western
4	The Commuter	Jaume Collet-Serra (director); Byron Willinger...	Action Thriller
...	...	...	...
263	Holmes & Watson	Etan Cohen (director/screenplay); Will Ferrell...	Mystery Adventure Comedy Crime
264	Vice	Adam McKay (director/screenplay); Christian Ba...	Thriller Science Fiction Action Adventure
265	On the Basis of Sex	Mimi Leder (director); Daniel Stiepleman (scre...	Drama History
266	Destroyer	Karyn Kusama (director); Phil Hay, Matt Manfre...	Thriller Crime Drama Action
267	Black Mirror: Bandersnatch	David Slade (director); Charlie Brooker (scree...	Science Fiction Mystery Drama Thriller TV Movie

268 rows × 3 columns

（5）分别编写自定义函数获取导演和演员的信息。代码如下：

```
def get_director(x):
    if " (director)" in x:
        return x.split(" (director)")[0]
    elif " (directors)" in x:
        return x.split(" (directors)")[0]
    else:
        return x.split(" (director/screenplay)")[0]

df_2018['director_name'] = df_2018['Cast and crew'].map(lambda x: get_director
(x))
```

```
def get_actor1(x):
    return ((x.split("screenplay); ")[-1]).split(", ")[0])

df_2018['actor_1_name'] = df_2018['Cast and crew'].map(lambda x: get_actor1(x))


def get_actor2(x):
    if len((x.split("screenplay); ")[-1]).split(", ")) < 2:
        return np.NaN
    else:
```

```
    return ((x.split("screenplay); ")[-1]).split(", ")[1])
df_2018['actor_2_name'] = df_2018['Cast and crew'].map(lambda x: get_actor2(x))

def get_actor3(x):
    if len((x.split("screenplay); ")[-1]).split(", ")) < 3:
        return np.NaN
    else:
        return ((x.split("screenplay); ")[-1]).split(", ")[2])

df_2018['actor_3_name'] = df_2018['Cast and crew'].map(lambda x: get_actor3(x))
df_2018
```

执行后会输出：

	Title	Cast and crew	genres	director_name	actor_1_name	actor_2_name	actor_3_name
0	Insidious: The Last Key	Adam Robitel (director); Leigh Whannell (scree...	Mystery Horror Thriller	Adam Robitel	Lin Shaye	Angus Sampson	Leigh Whannell
1	The Strange Ones	Lauren Wolkstein (director); Christopher Radcl...	Thriller Drama	Lauren Wolkstein	Alex Pettyfer	James Freedson-Jackson	Emily Althaus
2	Stratton	Simon West (director); Duncan Falconer, Warren...	Action Thriller	Simon West	Dominic Cooper	Austin Stowell	Gemma Chan
3	Sweet Country	Warwick Thornton (director); David Tranter, St...	Drama History Western	Warwick Thornton	Bryan Brown	Sam Neill	NaN
4	The Commuter	Jaume Collet-Serra (director); Byron Willinger...	Action Thriller	Jaume Collet-Serra	Liam Neeson	Vera Farmiga	Patrick Wilson
...	...	...	...	...	...	...	...
263	Holmes & Watson	Etan Cohen (director/screenplay); Will Ferrell...	Mystery Adventure Comedy Crime	Etan Cohen	Will Ferrell	John C. Reilly	Rebecca Hall
264	Vice	Adam McKay (director/screenplay); Christian Ba...	Thriller Science Fiction Action Adventure	Adam McKay	Christian Bale	Amy Adams	Steve Carell
265	On the Basis of Sex	Mimi Leder (director); Daniel Stiepleman (scre...	Drama History	Mimi Leder	Felicity Jones	Armie Hammer	Justin Theroux
266	Destroyer	Karyn Kusama (director); Phil Hay, Matt Manfre...	Thriller Crime Drama Action	Karyn Kusama	Nicole Kidman	Sebastian Stan	Toby Kebbell
267	Black Mirror: Bandersnatch	David Slade (director); Charlie Brooker (scree...	Science Fiction Mystery Drama Thriller TV Movie	David Slade	Fionn Whitehead	Will Poulter	Asim Chaudhry

268 rows × 7 columns

（6）将列"Title"重命名为"movie_title"，然后获取指定列的电影信息。代码如下：

```
df_2018 = df_2018.rename(columns = {'Title':'movie_title'})
new_df18 = df_2018.loc[:,['director_name','actor_1_name','actor_2_name','actor_3_name','genres','movie_title']]
new_df18
```

执行后会输出：

	director_name	actor_1_name	actor_2_name	actor_3_name	genres	movie_title
0	Adam Robitel	Lin Shaye	Angus Sampson	Leigh Whannell	Mystery Horror Thriller	Insidious: The Last Key
1	Lauren Wolkstein	Alex Pettyfer	James Freedson-Jackson	Emily Althaus	Thriller Drama	The Strange Ones
2	Simon West	Dominic Cooper	Austin Stowell	Gemma Chan	Action Thriller	Stratton
3	Warwick Thornton	Bryan Brown	Sam Neill	NaN	Drama History Western	Sweet Country
4	Jaume Collet-Serra	Liam Neeson	Vera Farmiga	Patrick Wilson	Action Thriller	The Commuter
...	...	...	...	...	...	...
263	Etan Cohen	Will Ferrell	John C. Reilly	Rebecca Hall	Mystery Adventure Comedy Crime	Holmes & Watson
264	Adam McKay	Christian Bale	Amy Adams	Steve Carell	Thriller Science Fiction Action Adventure	Vice
265	Mimi Leder	Felicity Jones	Armie Hammer	Justin Theroux	Drama History	On the Basis of Sex
266	Karyn Kusama	Nicole Kidman	Sebastian Stan	Toby Kebbell	Thriller Crime Drama Action	Destroyer
267	David Slade	Fionn Whitehead	Will Poulter	Asim Chaudhry	Science Fiction Mystery Drama Thriller TV Movie	Black Mirror: Bandersnatch

268 rows × 6 columns

（7）修改其他演员的数值为"unknown"，将列"movie_title"的值转换为小写。代码如下：

```
new_df18['actor_2_name'] = new_df18['actor_2_name'].replace(np.nan, 'unknown')
new_df18['actor_3_name'] = new_df18['actor_3_name'].replace(np.nan, 'unknown')
new_df18['movie_title'] = new_df18['movie_title'].str.lower()
new_df18['comb'] = new_df18['actor_1_name'] + ' ' + new_df18['actor_2_name'] +
' ' + new_df18['actor_3_name'] + ' ' + new_df18['director_name'] + ' ' + new_df18['genres']
```

执行后会输出：

	director_name	actor_1_name	actor_2_name	actor_3_name	genres	movie_title	comb
0	Adam Robitel	Lin Shaye	Angus Sampson	Leigh Whannell	Mystery Horror Thriller	insidious: the last key	Lin Shaye Angus Sampson Leigh Whannell Adam Ro...
1	Lauren Wolkstein	Alex Pettyfer	James Freedson-Jackson	Emily Althaus	Thriller Drama	the strange ones	Alex Pettyfer James Freedson-Jackson Emily Alt...
2	Simon West	Dominic Cooper	Austin Stowell	Gemma Chan	Action Thriller	stratton	Dominic Cooper Austin Stowell Gemma Chan Simon...
3	Warwick Thornton	Bryan Brown	Sam Neill	unknown	Drama History Western	sweet country	Bryan Brown Sam Neill unknown Warwick Thornton...
4	Jaume Collet-Serra	Liam Neeson	Vera Farmiga	Patrick Wilson	Action Thriller	the commuter	Liam Neeson Vera Farmiga Patrick Wilson Jaume ...
...	...	...	...	...	...	...	...
263	Etan Cohen	Will Ferrell	John C. Reilly	Rebecca Hall	Mystery Adventure Comedy Crime	holmes & watson	Will Ferrell John C. Reilly Rebecca Hall Etan ...
264	Adam McKay	Christian Bale	Amy Adams	Steve Carell	Thriller Science Fiction Action Adventure	vice	Christian Bale Amy Adams Steve Carell Adam McK...
265	Mimi Leder	Felicity Jones	Armie Hammer	Justin Theroux	Drama History	on the basis of sex	Felicity Jones Armie Hammer Justin Theroux Mim...
266	Karyn Kusama	Nicole Kidman	Sebastian Stan	Toby Kebbell	Thriller Crime Drama Action	destroyer	Nicole Kidman Sebastian Stan Toby Kebbell Kary...
267	David Slade	Fionn Whitehead	Will Poulter	Asim Chaudhry	Science Fiction Mystery Drama Thriller TV Movie	black mirror: bandersnatch	Fionn Whitehead Will Poulter Asim Chaudhry Dav...

268 rows × 7 columns

（8）按照上述流程从提取 2019 年电影数据信息的特征，使用函数 isna() 实现去重处理，并保存处理后的数据集文件为 final_data.csv。代码如下：

```
final_df.isna().sum()

director_name    0
actor_1_name     0
actor_2_name     0
actor_3_name     0
genres           4
movie_title      0
comb             4
dtype: int64

final_df = final_df.dropna(how = 'any')

final_df.to_csv('final_data.csv', index = False)
```

15.4 情感分析和序列化操作

编写文件 sentiment.ipynb，其功能是使用 pickle 模块实现数据序列化操作。通过 pickle 模块的序列化操作能够将程序中运行的对象信息保存到文件中，永久存储；通过 pickle 模块的反序列化操作能够从文件中创建上一次程序保存的对象。文件 sentiment. ipynb 的具体实现流程如下：

（1）使用函数 nltk. download()下载 stopwords，然后读取文件 reviews. txt 的内容。代码如下：

```
nltk.download("stopwords")

dataset = pd.read_csv('reviews.txt',sep = '\t', names =['Reviews','Comments'])
dataset
```

执行后会输出：

	Reviews	Comments
0	1	The Da Vinci Code book is just awesome.
1	1	this was the first clive cussler i've ever rea...
2	1	i liked the Da Vinci Code a lot.
3	1	i liked the Da Vinci Code a lot.
4	1	I liked the Da Vinci Code but it ultimatly did...
...	...	...
6913	0	Brokeback Mountain was boring.
6914	0	So Brokeback Mountain was really depressing.
6915	0	As I sit here, watching the MTV Movie Awards, ...
6916	0	Ok brokeback mountain is such a horrible movie.
6917	0	Oh, and Brokeback Mountain was a terrible movie.

6918 rows × 2 columns

（2）使用函数 TfidfVectorizer()将文本转换为可用作估算器输入的特征向量，然后将数据保存到文件 tranform. pkl 中，并计算准确度评分。代码如下：

```
topset = set(stopwords.words('english'))

vectorizer = TfidfVectorizer(use_idf = True, lowercase = True, strip_accents = '
ascii',stop_words = stopset)

X = vectorizer.fit_transform(dataset.Comments)
y = dataset.Reviews
pickle.dump(vectorizer, open('tranform.pkl', 'wb'))

X_train, X_test, y_train, y_test = train_test_split(X, y, test_size =0.20, random
_state =42)

clf = naive_bayes.MultinomialNB()
clf.fit(X_train,y_train)
accuracy_score(y_test,clf.predict(X_test))* 100

clf = naive_bayes.MultinomialNB()
clf.fit(X,y)
```

执行后会分别输出准确度评分：

```
97.47109826589595
98.77167630057804
```

（3）最后将数据保存到文件 nlp_model. pkl。代码如下：

```
filename = 'nlp_model.pkl'
pickle.dump(clf, open(filename, 'wb'))
```

15.5　Web 端实时推荐

使用 Flask 编写前端程序，然后调用前面创建的文件 nlp_model. pkl 和 tranform. pkl 中的数据，在搜索电影时利用 Ajax 技术实现实时推荐功能，并通过 themoviedb API 展示要搜索电影的详细信息。

15.5.1　Falsk 启动页面

文件 main. py 是 Flask 的启动页面，功能是调用文件 nlp_model. pkl 和 tranform. pkl 中的数据，根据用在表单中输入的数据提供实时推荐功能。文件 main. py 的主要实现代码如下：

```
# 从磁盘加载 nlp 模型和 tfidf 矢量器
filename = 'nlp_model.pkl'
clf = pickle.load(open(filename, 'rb'))
vectorizer = pickle.load(open('tranform.pkl','rb'))

# 将字符串列表转换为列表
def convert_to_list(my_list):
    my_list = my_list.split('","')
    my_list[0] = my_list[0].replace('["','')
    my_list[-1] = my_list[-1].replace('"]','')
    return my_list

# 将数字列表转换为列表(eg. "[1,2,3]" to [1,2,3])
def convert_to_list_num(my_list):
    my_list = my_list.split(',')
    my_list[0] = my_list[0].replace("[","")
    my_list[-1] = my_list[-1].replace("]","")
    return my_list

def get_suggestions():
    data = pd.read_csv('main_data.csv')
    return list(data['movie_title'].str.capitalize())

app = Flask(__name__)

@app.route("/")
@app.route("/home")
def home():
    suggestions = get_suggestions()
    return render_template('home.html',suggestions = suggestions)

@app.route("/recommend",methods = ["POST"])
def recommend():
```

```
# 从 AJAX 请求获取数据
title = request.form['title']
cast_ids = request.form['cast_ids']
cast_names = request.form['cast_names']
cast_chars = request.form['cast_chars']
cast_bdays = request.form['cast_bdays']
cast_bios = request.form['cast_bios']
cast_places = request.form['cast_places']
cast_profiles = request.form['cast_profiles']
imdb_id = request.form['imdb_id']
poster = request.form['poster']
genres = request.form['genres']
overview = request.form['overview']
vote_average = request.form['rating']
vote_count = request.form['vote_count']
rel_date = request.form['rel_date']
release_date = request.form['release_date']
runtime = request.form['runtime']
status = request.form['status']
rec_movies = request.form['rec_movies']
rec_posters = request.form['rec_posters']
rec_movies_org = request.form['rec_movies_org']
rec_year = request.form['rec_year']
rec_vote = request.form['rec_vote']

# 获取自动完成的电影推荐
suggestions = get_suggestions()

# 为每个需要转换为列表的字符串调用 convert_to_list 函数
rec_movies_org = convert_to_list(rec_movies_org)
rec_movies = convert_to_list(rec_movies)
rec_posters = convert_to_list(rec_posters)
cast_names = convert_to_list(cast_names)
cast_chars = convert_to_list(cast_chars)
cast_profiles = convert_to_list(cast_profiles)
cast_bdays = convert_to_list(cast_bdays)
cast_bios = convert_to_list(cast_bios)
cast_places = convert_to_list(cast_places)

# 将字符串转换为列表 (eg. "[1,2,3]" to [1,2,3])
cast_ids = convert_to_list_num(cast_ids)
rec_vote = convert_to_list_num(rec_vote)
rec_year = convert_to_list_num(rec_year)

# 将字符串呈现为 python 字符串
for i in range(len(cast_bios)):
    cast_bios[i] = cast_bios[i].replace(r'\n', '\n').replace(r'\"','\"')

for i in range(len(cast_chars)):
    cast_chars[i] = cast_chars[i].replace(r'\n', '\n').replace(r'\"','\"')
```

```
        # 将多个列表组合为一个字典, 该字典可以传递到 html 文件, 以便轻松处理该文件, 并保留信息顺序
        movie_cards = {rec_posters[i]: [rec_movies[i], rec_movies_org[i], rec_vote
[i], rec_year[i]] for i in range(len(rec_posters))}

        casts = {cast_names[i]:[cast_ids[i], cast_chars[i], cast_profiles[i]] for i
in range(len(cast_profiles))}

        cast_details = {cast_names[i]:[cast_ids[i], cast_profiles[i], cast_bdays
[i], cast_places[i], cast_bios[i]] for i in range(len(cast_places))}

        # 从 IMDB 站点获取用户评论的网页抓取
        sauce = urllib.request.urlopen('https://www.imdb.com/title/{}/reviews? ref
_=tt_ov_rt'.format(imdb_id)).read()
        soup = bs.BeautifulSoup(sauce, 'lxml')
        soup_result = soup.find_all("div", {"class":"text show-more__control"})

        reviews_list = [] # 审查清单
        reviews_status = [] # 留言清单(good or bad)
        for reviews in soup_result:
            if reviews.string:
                reviews_list.append(reviews.string)
                # 将评审传递给我们的模型
                movie_review_list = np.array([reviews.string])
                movie_vector = vectorizer.transform(movie_review_list)
                pred = clf.predict(movie_vector)
                reviews_status.append('Positive' if pred else 'Negative')

        # 获取当前日期
        movie_rel_date = ""
        curr_date = ""
        if(rel_date):
            today = str(date.today())
            curr_date = datetime.strptime(today, '% Y-% m-% d')
            movie_rel_date = datetime.strptime(rel_date, '% Y-% m-% d')

        # 将评论和审查合并到词典中
        movie_reviews = {reviews_list[i]: reviews_status[i] for i in range(len
(reviews_list))}

        # 将所有数据传递到 html 文件
        return
render_template('recommend.html', title = title, poster = poster, overview = overview,
vote_average = vote_average,
            vote_count = vote_count, release_date = release_date, movie_rel_date =
movie_rel_date, curr_date = curr_date, runtime = runtime, status = status, genres =
genres, movie_cards = movie_cards, reviews = movie_reviews, casts = casts, cast_details
= cast_details)

    if __name__ == '__main__':
        app.run(debug = True)
```

15.5.2 模板文件

在 Flask Web 项目中，使用模板文件实现前端功能。

（1）本 Web 项目的主页是由模板文件 home. html 实现的，其功能是提供了一个表单供用户搜索电影。主要实现代码如下：

```
    < link rel = "stylesheet" type = "text/css" href = "{{ url_for ('static',
filename = 'style.css') }}" >

    < script type = "text/javascript" >
     var films = {{suggestions |tojson}};
     $ (document) .ready(function () {
       $ ("# myModal") .modal('show');
     });
    </script >

   </head >

   < body id = "content" style = "font - family: 'Noto Sans JP', sans - serif;" >
   < div class = "body - content" >
    < div class = "ml - container" style = "display: block;" >
     < a href = "https://github.com/kishan0725/The - Movie - Cinema" target = "_
blank" class = "github - corner" title = "View source on GitHub" >
       < svg data - toggle = "tooltip"
       data - placement = "left" width = "80" height = "80" viewBox = "0 0 250 250"
       style = "fill:# e50914; color:# fff; position: fixed; z - index:100; top: 0;
border: 0; right: 0;" aria - hidden = "true" >
        < path d = "M0,0 L115,115 L130,115 L142,142 L250,250 L250,0 Z" > </path >
        < path
        d = "M128.3,109.0 C113.8,99.7 119.0,89.6 119.0,89.6 C122.0,82.7 120.5,78.
6 120.5,78.6 C119.2,72.0 123.4,76.3 123.4,76.3 C127.3,80.9 125.5,87.3 125.5,87.3
C122.9,97.6 130.6,101.9 134.4,103.2"
          fill = "currentColor" style = "transform - origin: 130px 106px;" class = "
octo - arm" > </path >
         < path
         d = "M115.0,115.0 C114.9,115.1 118.7,116.5 119.8,115.4 L133.7,101.6
C136.9,99.2 139.9,98.4 142.2,98.6 C133.8,88.0 127.5,74.4 143.8,58.0 C148.5,53.4
154.0,51.2 159.7,51.0 C160.3,49.4 163.2,43.6 171.4,40.1 C171.4,40.1 176.1,42.5 178.
8,56.2 C183.1,58.6 187.2,61.8 190.9,65.4 C194.5,69.0 197.7,73.2 200.1,77.6 C213.8,
80.2 216.3,84.9 216.3,84.9 C212.7,93.1 206.9,96.0 205.4,96.6 C205.1,102.4 203.0,
107.8 198.3,112.5 C181.9,128.9 168.3,122.5 157.7,114.1 C157.9,116.9 156.7,120.9
152.7,124.9 L141.0,136.5 C139.8,137.7 141.6,141.9 141.8,141.8 Z"
           fill = "currentColor" class = "octo - body" > </path >
         </svg >
        </a >
     < center > < h1 class = "app - title" >电影推荐系统 </h1 > </center >
     < div class = "form - group shadow - textarea" style = "margin - top: 30px; text
- align: center; color: white;" >
       < input type = "text" name = "movie" class = "movie form - control" id = "
autoComplete" autocomplete = "off" placeholder = "Enter the Movie Name" style = "
```

```
background - color: # ffffff; border - color: # ffffff; width: 60% ; color: # 181818"
required = "required" / >
            < br >
        </div >

        < div class = "form - group" style = "text - align: center;" >
            < button class = "btn btn - primary btn - block movie - button" style = "
background - color: # e50914; text - align: center; border - color: # e50914; width:
120px;" disabled = "true" >Enter </button > < br > < br >
        </div >
    </div >

    < div id = "loader" class = "text - center" >
    </div >

    < div class = "fail" >
        < center > < h3 >很抱歉您请求的电影不在我们的数据库中,请检查拼写或尝试其他电影!
</h3 > </center >
    </div >

    < div class = "results" >
        < center >
            < h2 id = "name" class = "text - uppercase" > </h2 >
        </center >
    </div >

    < div class = "modal fade" id = "myModal" tabindex = " - 1" role = "dialog" aria -
labelledby = "exampleModalLabel3" aria - hidden = "true" >
        < div class = "modal - dialog modal - md" role = "document" >
            < div class = "modal - content" >
                < div class = "modal - header" style = "background - color: # e50914; color:
white;" >
                    < h5 class = "modal - title" id = "exampleModalLabel3" >Hey there! </
h5 >
                    < button type = "button" class = "close" data - dismiss = "modal" aria -
label = "Close" >
                        < span aria - hidden = "true" style = "color: white" >&times; </span >
                    </button >
                </div >
                < div class = "modal - body" >
                    < p >如果您正在寻找的电影在输入时没有获得实时推荐,请不要担心,只需输入电影
名称并按下回车键即可。即使你犯了一些打字错误,也可以得到推荐。</p >
                </div >
                < div class = "modal - footer" style = "text - align: center;" >
                    < button type = "button" class = "btn btn - secondary" data - dismiss = "
modal" >知道了 </button >
                </div >
            </div >
        </div >
    </div >
```

```
    <footer class="footer">
      <br/>
      <div class="social" style="margin-bottom: 8px">
      </div>
    </footer>
      </div>

      <script src="https://cdn.jsdelivr.net/npm/@tarekraafat/autocomplete.js
@7.2.0/dist/js/autoComplete.min.js"></script>
      <script type="text/javascript" src="{{url_for('static', filename='
autocomplete.js')}}"></script>

      <script type="text/javascript" src="{{url_for('static', filename='
recommend.js')}}"></script>
      <script src="https://cdnjs.cloudflare.com/ajax/libs/popper.js/1.12.9/umd/
popper.min.js" integrity="sha384 - ApNbgh9B + Y1QKtv3Rn7W3mgPxhU9K/
ScQsAP7hUibX39j7fakFPskvXusvfa0b4Q" crossorigin="anonymous"></script>
      <script src="https://maxcdn.bootstrapcdn.com/bootstrap/4.0.0/js/bootstrap
.min.js" integrity="sha384 - JZR6Spejh4U02d8jOt6vLEHfe/JQGiRRSQQxSfFWpi1MquVdAyj
Uar5 + 76PVCmYl" crossorigin="anonymous"></script>

    </body>
```

（2）编写模板文件 recommend.html，其功能是当用户阻碍表单中输入某电影名并按下回车键后，会在此页面显示这部电影的详细信息。文件 recommend.html 的主要实现代码如下：

```
    <body id="content">

      <div class="results">
        <center>
          <h2 id="name" class="text-uppercase" style="font-family: 'Rowdies',
cursive;">{{title}}</h2>
        </center>
      </div>
      <br/>

      <div id="mycontent">
        <div id="mcontent">
          <div class="poster-lg">
            <img class="poster" style="border-radius: 40px;margin-left: 90px;"
height="400" width="250" src={{poster}}>
          </div>
          <div class="poster-sm text-center">
            <img class="poster" style="border-radius: 40px;margin-bottom: 5% ;"
height="400" width="250" src={{poster}}>
          </div>
          <div id="details">
            <br/>
            <h6 id="title" style="color:white;">电影名:  {{title}}</h6>
```

```
        <h6 id="overview" style="color:white;max-width: 85%">简介:<br/>
<br/>       {{overview}}</h6>
        <h6 id="vote_average" style="color:white;">星级: {{vote_
average}}/10 ({{vote_count}} votes)</h6>
        <h6 id="genres" style="color:white;">类型: {{genres}}</h6>
        <h6 id="date" style="color:white;">上映日期: {{release_date}}
</h6>
        <h6 id="runtime" style="color:white;">上映时长: {{runtime}}</
h6>
        <h6 id="status" style="color:white;">状态: {{status}}</h6>
      </div>
    </div>
  </div>
  <br/>


    {% for name, details in cast_details.items() if not cast_details.hidden %}
    <div class="modal fade" id="{{details[0]}}" tabindex="-1" role="dialog"
aria-labelledby="exampleModalLabel3" aria-hidden="true">
      <div class="modal-dialog modal-lg" role="document">
        <div class="modal-content">
          <div class="modal-header" style="background-color: #e50914;color:
white;">
            <h5 class="modal-title" id="exampleModalLabel3">{{name}}</h5>
            <button type="button" class="close" data-dismiss="modal" aria-
label="Close">
              <span aria-hidden="true" style="color: white">&times;</span>
            </button>
          </div>

          <div class="modal-body">
            <img class="profile-pic" src="{{details[1]}}" alt="{{name}} -
profile" style="width: 250px;height:400px;border-radius: 10px;" />
            <div style="margin-left: 20px">
              <p><strong>B生日:</strong> {{details[2]}}</p>
              <p><strong>出生地:</strong> {{details[3]}}</p>
              <p>
                <p><strong>传记:</strong><p>
                {{details[4]}}
              </p>
            </div>
          </div>
          <div class="modal-footer">
            <button type="button" class="btn btn-secondary" data-dismiss="
modal">Close</button>
          </div>
        </div>
      </div>
    </div>
    {% endfor %}
```

```
    <div class = "container">

    {% if casts |length > 1 %}
      <div class = "movie" style = "color: #E8E8E8;">
        <center>
          <h2 style = "font - family: 'Rowdies', cursive;">演员列表</h2>
          <h5>(单击演员表了解更多信息)</h5>
        </center>
      </div>


      <div class = "movie - content">
        {% for name, details in casts.items() if not casts.hidden %}
          <div class = "castcard card" style = "width: 14rem;" title = "Click to
know more about {{name}}" data - toggle = "modal" data - target = "#{{details[0]}}">
            <div class = "imghvr">
              <img class = "card - img - top cast - img" id = "{{details[0]}}"
height = "360" width = "240" alt = "{{name}} - profile" src = "{{details[2]}}">
              <figcaption class = "fig">
                <button class = "card - btn btn btn - danger"> Know More </
button>
              </figcaption>
            </div>
            <div class = "card - body" style = "font - family: 'Rowdies', cursive;
font - size: 18px;">
              <h5 class = "card - title">{{name |upper}}</h5>
              <h5 class = "card - title" style = "font - size: 18px"> <span style
= "color:#756969;font - size: 18px;">AS {{details[1] |upper}}</span> </h5>
            </div>
          </div>
        {% endfor %}
      </div>
    {% endif %}
    <br/>


  <center>
    {% if reviews %}
    <h2 style = "font - family: 'Rowdies', cursive;color:white">USER REVIEWS </
h2>
      <div class = "col - md - 12" style = "margin: 0 auto; margin - top:25px;">
        <table class = "table table - bordered" bordercolor = "white" style = "
color:white">
          <thead>
            <tr>
              <th class = "text - center" scope = "col" style = "width: 75%">
评论</th>
              <th class = "text - center" scope = "col">情感</th>
            </tr>
          </thead>
```

```
        <tbody>
    {% for review, status in reviews.items() if not reviews.hidden %}
        <tr style = "background - color:#e5091485;">
                <td>{{review}}</td>
                <td>
                  <center>
                    {{status}} :
                    {% if status == 'Positive' %}
                      &#128515;
                    {% else %}
                      &#128534;
                    {% endif %}
                  </center>
                </td>
            </tr>
          {% endfor %}
        </tbody>
      </table>
    </div>


    {% if (curr_date) and (movie_rel_date) %}
      {% elif curr_date < movie_rel_date %}
      <div style = "color:white;">
        <h1 style = "color:white"> This movie is not released yet. Stay tuned!
</h1>
      </div>
      {% else %}
      <div style = "color:white;">
        <h1 style = "color:white"> Sorry, the reviews for this movie are not
available! :( </h1>
      </div>
      {% endif %}
    {% else %}
      <div style = "color:white;">
        <h1 style = "color:white"> Sorry, the reviews for this movie are not
available! :( </h1>
      </div>
    {% endif %}
  </center>
  <br/>


  {% if movie_cards |length > 1 %}

    <div class = "movie" style = "color: #E8E8E8;">
      <center><h2 style = "font - family: 'Rowdies', cursive;"> RECOMMENDED
MOVIES FOR YOU</h2><h5>(Click any of the movies to get recommendation)</h5></
center>
    </div>
```

```
            < div class = "movie - content" >
                {%  for poster, details in movie_cards. items () if not movie_cards.
hidden % }
                    < div class = "card" style = "width: 14rem;" title = "{{details[1]}}"
onclick = "recommendcard(this)" >
                        < div class = "imghvr" >
                            < img class = "card - img - top" height = "360" width = "240" alt = "
{{details[0]}} - poster" src = {{poster}} >
                            < div class = "card - img - overlay" >
                                < span class = "card - text" style = "font - size:15px;background: #
000000b8;color:white;padding:2px 5px;border - radius: 10px;" > < span class = "fa fa
- star checked" >   {{details[2]}}/10 </span> </span>
                            </div>
                            < div class = ".card - img - overlay" style = "position: relative;" >
                                < span class = "card - text" style = "font - size:15px;position:
absolute;bottom:20px;left:15px;background: # 000000b8;color:white;padding: 5px;
border - radius: 10px;" >{{details[3]}} </span>
                            </div>
                            < figcaption class = "fig" >
                                < button class = "card - btn btn btn - danger" > Click Me </button>
                            </figcaption>
                        </div>
                        < div class = "card - body" >
                            < h5 class = "card - title" style = "font - family: 'Rowdies',
cursive;font - size: 17px;" >{{details[0] |upper}} </h5>
                        </div>
                    </div>
                {% endfor % }
            </div>
        {% endif % }
    < br/ > < br/ > < br/ > < br/ >
    </div>
```

15.5.3　后端处理

在本 Flask Web 项目中,除了使用主文件 main. py 实现后端处理功能外,还使用 JS 技术实现了后端功能。编写文件 recommend. js,其功能是调用 themoviedb API 实现实时推荐,并根据电影名获取这部电影的详细信息。文件 recommend. js 的具体实现流程如下:

(1)监听用户是否在电影搜索页面的文本框中输入内容,并监听是否按下 Enter 键。代码如下:

```
$ (function() {
    //按钮将被禁用,直到我们在输入字段中输入内容
    const source = document.getElementById('autoComplete');
    const inputHandler = function(e) {
        if(e.target.value == ""){
            $ ('.movie - button').attr('disabled', true);
        }
        else{
            $ ('.movie - button').attr('disabled', false);
```

```
    }
  }
  source.addEventListener('input', inputHandler);

  $('.fa - arrow - up').click(function(){
    $('html, body').animate({scrollTop:0}, 'slow');
  });

  $('.app - title').click(function(){
    window.location.href = '/';
  })

  $('.movie - button').on('click',function(){
    var my_api_key = '你的 API 密钥';
    var title = $('.movie').val();
    if (title == "") {
      $('.results').css('display','none');
      $('.fail').css('display','block');
    }

    if ((($('.fail').text() && ($('.footer').css('position') == 'absolute'))) {
      $('.footer').css('position', 'fixed');
    }

    else{
      load_details(my_api_key,title);
    }
  });
});
```

（2）编写函数 recommendcard()，将在单击推荐的电影选项时调用此函数。代码如下：

```
function recommendcard(e){
  $("# loader").fadeIn();
  var my_api_key = '你的 API 密钥';
  var title = e.getAttribute('title');
  load_details(my_api_key,title);
}
```

（3）编写函数 recommendcard()，其功能是从 API 获取电影的详细信息（基于电影名称）。代码如下：

```
function load_details(my_api_key,title){
  $.ajax({
    type: 'GET',

  url:'https://api.themoviedb.org/3/search/movie? api_key = ' + my_api_key + '
&query = ' + title,
    async: false,
    success: function(movie){
      if(movie.results.length <1){
```

313

```
          $('.fail').css('display','block');
          $('.results').css('display','none');
          $("#loader").delay(500).fadeOut();
        }
        else if(movie.results.length==1) {
          $("#loader").fadeIn();
          $('.fail').css('display','none');
          $('.results').delay(1000).css('display','block');
          var movie_id=movie.results[0].id;
          var movie_title=movie.results[0].title;
          var movie_title_org=movie.results[0].original_title;
          get_movie_details(movie_id,my_api_key,movie_title,movie_title_org);
        }
        else{
          var close_match={};
          var flag=0;
          var movie_id="";
          var movie_title="";
          var movie_title_org="";
          $("#loader").fadeIn();
          $('.fail').css('display','none');
          $('.results').delay(1000).css('display','block');
          for(var count in movie.results){
            if(title==movie.results[count].original_title){
              flag=1;
              movie_id=movie.results[count].id;
              movie_title=movie.results[count].title;
              movie_title_org=movie.results[count].original_title;
              break;
            }
            else{
              close_match[movie.results[count].title]=similarity(title,
movie.results[count].title);
            }
          }
          if(flag==0){
            movie_title=Object.keys(close_match).reduce(function(a, b){ return
close_match[a] > close_match[b] ? a : b });
            var index=Object.keys(close_match).indexOf(movie_title)
            movie_id=movie.results[index].id;
            movie_title_org=movie.results[index].original_title;
          }
          get_movie_details(movie_id,my_api_key,movie_title,movie_title_org);
        }
      },
      error: function(error){
        alert('出错了 - '+error);
        $("#loader").delay(100).fadeOut();
      },
    });
  }
```

（4）编写函数 similarity()，其功能是使用距离参数 length 获取与请求的电影名称最接近的匹配。代码如下：

```
function similarity(s1, s2) {
  var longer = s1;
  var shorter = s2;
  if (s1.length < s2.length) {
    longer = s2;
    shorter = s1;
  }
  var longerLength = longer.length;
  if (longerLength == 0) {
    return 1.0;
  }
   return (longerLength - editDistance (longer, shorter)) / parseFloat
(longerLength);
  }


function editDistance(s1, s2) {
  s1 = s1.toLowerCase();
  s2 = s2.toLowerCase();

  var costs = new Array();
  for (var i = 0; i <= s1.length; i ++) {
    var lastValue = i;
    for (var j = 0; j <= s2.length; j ++) {
      if (i == 0)
        costs[j] = j;
      else {
        if (j > 0) {
          var newValue = costs[j - 1];
          if (s1.charAt(i - 1) != s2.charAt(j - 1))
            newValue = Math.min(Math.min(newValue, lastValue),
              costs[j]) + 1;
          costs[j - 1] = lastValue;
          lastValue = newValue;
        }
      }
    }
    if (i > 0)
      costs[s2.length] = lastValue;
  }
  return costs[s2.length];
}
```

（5）编写函数 get_movie_details()，其功能是根据电影 id 获取这部电影的所有详细信息。代码如下：

```
function get_movie_details(movie_id,my_api_key,movie_title,movie_title_org) {
  $.ajax({
    type:'GET',
```

```
      url:'https://api.themoviedb.org/3/movie/' + movie_id + '? api_key = ' + my_
api_key,
        success: function(movie_details){
          show_details(movie_details,movie_title,my_api_key,movie_id,movie_title_
org);
        },
        error: function(error){
          alert("API Error! - " + error);
          $ ("# loader").delay(500).fadeOut();
        },
    });
  }
```

（6）编写函数 show_details()，其功能是将电影的详细信息传递给 Flask，以便使用 imdb id 显示和抓取这部电影的评论信息。代码如下：

```
    function
show_details(movie_details,movie_title,my_api_key,movie_id,movie_title_org){
      var imdb_id = movie_details.imdb_id;
      var poster;
      if(movie_details.poster_path){
        poster = 'https://image.tmdb.org/t/p/original' + movie_details.poster_path;
      }
      else {
        poster = 'static/default.jpg';
      }
      var overview = movie_details.overview;
      var genres = movie_details.genres;
      var rating = movie_details.vote_average;
      var vote_count = movie_details.vote_count;
      var release_date = movie_details.release_date;
      var runtime = parseInt(movie_details.runtime);
      var status = movie_details.status;
      var genre_list = [];
      for (var genre in genres){
        genre_list.push(genres[genre].name);
      }
      var my_genre = genre_list.join(", ");
      if(runtime% 60 == 0){
        runtime = Math.floor(runtime/60) + " hour(s)"
      }
      else {
        runtime = Math.floor(runtime/60) + " hour(s) " + (runtime% 60) + " min(s)"
      }

      //调用"get_movie_cast"以获取所查询电影的最佳演员阵容
      movie_cast = get_movie_cast(movie_id,my_api_key);

      //调用"get_individual_cast"以获取个人演员阵容的详细信息
      ind_cast = get_individual_cast(movie_cast,my_api_key);
```

```
    //调用'get_Recommensions',从 TMDB API 获取给定电影 id 的推荐电影
    recommendations = get_recommendations(movie_id, my_api_key);

    details = {
        'title':movie_title,
        'cast_ids':JSON.stringify(movie_cast.cast_ids),
        'cast_names':JSON.stringify(movie_cast.cast_names),
        'cast_chars':JSON.stringify(movie_cast.cast_chars),
        'cast_profiles':JSON.stringify(movie_cast.cast_profiles),
        'cast_bdays':JSON.stringify(ind_cast.cast_bdays),
        'cast_bios':JSON.stringify(ind_cast.cast_bios),
        'cast_places':JSON.stringify(ind_cast.cast_places),
        'imdb_id':imdb_id,
        'poster':poster,
        'genres':my_genre,
        'overview':overview,
        'rating':rating,
        'vote_count':vote_count.toLocaleString(),
        'rel_date':release_date,
        'release_date':new Date(release_date).toDateString().split(' ').slice
(1).join(' '),
        'runtime':runtime,
        'status':status,
        'rec_movies':JSON.stringify(recommendations.rec_movies),
        'rec_posters':JSON.stringify(recommendations.rec_posters),
        'rec_movies_org':JSON.stringify(recommendations.rec_movies_org),
        'rec_year':JSON.stringify(recommendations.rec_year),
        'rec_vote':JSON.stringify(recommendations.rec_vote)
    }

    $.ajax({
      type:'POST',
      data:details,
      url:"/recommend",
      dataType: 'html',
      complete: function(){
        $("#loader").delay(500).fadeOut();
      },
      success: function(response) {
        $('.results').html(response);
        $('#autoComplete').val('');
        $('.footer').css('position','absolute');
        if ($('.movie-content')) {
          $('.movie-content').after('<div class="gototop"><i title="Go to
Top" class="fa fa-arrow-up"></i></div>');
        }
        $(window).scrollTop(0);
      }
    });
  }
```

（7）编写函数 get_individual_cast()，其功能是获取某个演员的详细信息。代码如下：

```javascript
function get_individual_cast(movie_cast,my_api_key) {
    cast_bdays =[];
    cast_bios =[];
    cast_places =[];
    for(var cast_id in movie_cast.cast_ids){
      $.ajax({
        type:'GET',

url:'https://api.themoviedb.org/3/person/'+movie_cast.cast_ids[cast_id] + '? api
_key = '+my_api_key,
        async:false,
        success: function(cast_details){
          cast_bdays.push((new
Date(cast_details.birthday)).toDateString().split(' ').slice(1).join(' '));
          if(cast_details.biography){
            cast_bios.push(cast_details.biography);
          }
          else {
            cast_bios.push("Not Available");
          }
          if(cast_details.place_of_birth){
            cast_places.push(cast_details.place_of_birth);
          }
          else {
            cast_places.push("Not Available");
          }
        }
      });
    }
    return {cast_bdays:cast_bdays, cast_bios:cast_bios, cast_places:cast_
places};
  }
```

（8）编写函数 get_movie_cast()，其功能是获取所请求电影演员阵容的详细信息。代码如下：

```javascript
function get_movie_cast(movie_id,my_api_key){
    cast_ids = [];
    cast_names =[];
    cast_chars =[];
    cast_profiles =[];
    top_10 =[0,1,2,3,4,5,6,7,8,9];
    $.ajax({
      type:'GET',

url:"https://api.themoviedb.org/3/movie/"+movie_id+"/credits? api_key = "+my_
api_key,
      async:false,
      success: function(my_movie){
        if(my_movie.cast.length>0){
          if(my_movie.cast.length >=10){
```

```
                top_cast=[0,1,2,3,4,5,6,7,8,9];
            }
            else {
                top_cast=[0,1,2,3,4];
            }
            for(var my_cast in top_cast){
                cast_ids.push(my_movie.cast[my_cast].id)
                cast_names.push(my_movie.cast[my_cast].name);
                cast_chars.push(my_movie.cast[my_cast].character);
                if(my_movie.cast[my_cast].profile_path){
cast_profiles.push("https://image.tmdb.org/t/p/original"+my_movie.cast[my_
cast].profile_path);
                }
                else {
                    cast_profiles.push("static/default.jpg");
                }
            }
        }
    },
    error: function(error){
        alert("出错了! - "+error);
        $("#loader").delay(500).fadeOut();
    }
});

    return
{cast_ids:cast_ids,cast_names:cast_names,cast_chars:cast_chars,cast_profiles:
cast_profiles};
    }
```

（9）编写函数 get_recommendations()，其功能是获得实时推荐的电影信息。代码如下：

```
    function get_recommendations(movie_id, my_api_key) {
        rec_movies=[];
        rec_posters=[];
        rec_movies_org=[];
        rec_year=[];
        rec_vote=[];

        $.ajax({
            type: 'GET',
            url: " https://api.themoviedb.org/3/movie/"+movie_id+"/
recommendations? api_key="+my_api_key,
            async: false,
            success: function(recommend) {
                for(var recs in recommend.results) {
                    rec_movies.push(recommend.results[recs].title);
                    rec_movies_org.push(recommend.results[recs].original_title);
                    rec_year.push(new
Date(recommend.results[recs].release_date).getFullYear());
```

```
            rec_vote.push(recommend.results[recs].vote_average);
            if(recommend.results[recs].poster_path){

rec_posters.push("https://image.tmdb.org/t/p/original" + recommend.results[recs].
poster_path);
            }
            else {
              rec_posters.push("static/default.jpg");
            }
          }
      },
      error: function(error) {
        alert("出错了! - " + error);
         $("#loader").delay(500).fadeOut();
      }
    });
    return
{rec_movies:rec_movies,rec_movies_org:rec_movies_org,rec_posters:rec_posters,rec
_year:rec_year,rec_vote:rec_vote};
      }
```

至此,整个项目介绍完毕。运行 Flask 主程序文件 main.py,然后在浏览器中输入 http://
127.0.0.1:5000/ 显示 Web 主页,如图 15-5 所示。

图 15-5　系统主页

在表单中输入电影名中的单词,系统会实时推荐与之相关的电影名。例如输入“love”后的
效果如图 15-6 所示。

如果选择实时推荐的第 3 个选项“Immortal beloved”,按下 Enter 键后会在新页面中显示这
部电影的详细信息,如图 15-7 所示。

图 15-6　输入“love”后的实时推荐

图 15-7　电影详情信息